Sitzungsberichte

der

mathematisch-naturwissenschaftlichen Abteilung

der

Bayerischen Akademie der Wissenschaften

zu München

1928. Heft III

November-Dezembersitzung

München 1928

Verlag der Bayerischen Akademie der Wissenschaften

in Kommission des Verlags R. Oldenbourg München

Herr R. WILLSTÄTTER trägt vor:

1. Über eine gemeinsam mit H. KRAUT und K. LOBINGER ausgeführte Untersuchung:

Über die einfachsten Kieselsäuren.

Es wurde erkannt, daß die aus Siliciumchlorid durch Hydrolyse entstehende molekular gelöste Kieselsäure in ihrer Beständigkeit eine scharfe p_H-Abhängigkeit aufweist. Sie ist zwischen $p_H = 2$ und 3 am beständigsten und kondensiert sich viel rascher in stärker und in schwächer saurem Medium. Es gelingt daher, indem bei der Bildung der Kieselsäure durch Eintragen von Silberoxyd konstant die optimale Acidität aufrecht erhalten wird, Lösungen darzustellen, die gemäß den kryoskopischen Molekulargewichtsbestimmungen über 95 % wahre Monokieselsäure enthalten.

2. Über eine gemeinsam mit E. BAMANN ausgeführte Arbeit:

Über die eiweißspaltenden Enzyme der Magenschleimhaut.

Pepsin des Handels enthält eine Beimischung von Protease, die in schwach saurem Medium Eiweißkörper spaltet. Viel reichlicher als beim üblichen Ausziehen der Mucosa durch Salzsäure entstehen mit schonenderen Lösungsverfahren, z. B. mit Glycerin, Auszüge, die bei $p_H = 4$ optimal wirkende Proteinase sowie Erepsin enthalten. Um das ubiquitäre Auftreten der in schwach saurem Medium wirksamen Proteinase und des Erepsins zu erklären, wird die Annahme entwickelt, daß diese Enzyme nicht von Drüsen rezerniert werden, sondern in der Magenschleimhaut und in anderen Geweben und Organen als Leukocyptenenzyme vorkommen. (Die Arbeiten werden an anderer Stelle veröffentlicht.)

Herr F. BROILI spricht

3. Über ein Fossil aus den unterdevonischen Dachschiefern des Hunsrücks, welches möglicherweise ein Stammstück eines Angehörigen der Lycopodiales darstellt, welche Abteilung der Gefäßkryptogamen bis jetzt nur in kleinen, krautartigen Gewächsen aus dem Mitteldevon bekannt war.

4. Über zwei Crustaceen aus den gleichen Ablagerungen, einen neuen Typus von Krebsgliedmaßen und ein Abdominalende mit Furca eines Archaeostracen, welcher auf Grund des vorliegenden Fragmentes schätzungsweise mindestens $^1/_2$ m groß war. Diese Reste wurden von der Staatssammlung für Paläontologie und historische Geologie von Herrn Diplom-Ingenieur Mauches hier erworben.

(Die Arbeiten erscheinen in den Sitzungsberichten.)

5. Herr S. Finsterwalder trägt über eine Arbeit von H. Graf (Karlsruhe) vor:

Über Geflechte von kongruenten oder ähnlichen Kurven.

Geflechte sind Verbindungen von Kurven, die sich zu je dreien in Punkten schneiden. Es werden die allgemeinsten Geflechte in der Ebene und im Raume untersucht, bei denen die Kurven unter sich kongruent oder ähnlich sind und entweder durch Parallelverschiebung oder Drehung um feste Achsen auseinander hervorgehen.   (Erscheint in den Sitzungsberichten.)

6. Er berichtet ferner über eine Arbeit von L. Föppl:

Über Untersuchungen ebener Spannungszustände mit Hilfe der Doppelbrechung.

Es wird eine neue Methode der Experimentaluntersuchung angegeben, welche den Spannungszustand durch Vermittlung des Feldes der Hauptschubspannungstrajektorien bestimmt, woran sich theoretische Erörterungen über deren Verlauf in der Umgebung singulärer Punkte und Linien schließen, in denen die Hauptschubspannungen verschwinden. Als Beispiel wird der Spannungszustand eines Rechtwinkelprofiles mit innerer Abrundung gewählt, das auf reine Biegung beansprucht ist.

(Erscheint in den Sitzungsberichten.)

7. Herr G. Faber berichtet über eine Arbeit von J. Lense (München):

Über die konforme Abbildung durch die Gammafunktion.

Der Verfasser untersucht den Verlauf der Eulerschen Gammafunktion und ihrer Umkehrung und gibt an der Hand von Zeichnungen ein anschauliches Bild der durch die Gammafunktion bewirkten konformen Abbildung. (Erscheint in den Sitzungsberichten.)

8. Weiter über eine Note von Fr. Karl Schmidt (Erlangen):
Über die Primidealzerlegung der Hauptideale eines
Integritätsbereiches.

Der Verfasser gibt notwendige und hinreichende Bedingungen
dafür, daß in einem Integritätsbereiche jedes Element als Potenzprodukt von Primelementen darstellbar ist.

(Erscheint in den Sitzungsberichten.)

9. Herr W. von Dyck trägt über eine Abhandlung von Jos.
E. Hofmann (Günzburg a. d. D.) vor:
Über algebraische insbesondere lineare Integrale algebraischer Differentialgleichungen 1. Ordnung, 1. Grades,
in welcher der Aufbau des allgemeinen Integrals aus hinreichend
vielen algebraischen partikulären Integralen dargetan und die Gestalt der Integralkurven aus Lage und Charakter der singulären
Punkte der Differentialgleichung abgeleitet wird.

(Erscheint in den Sitzungsberichten.)

Sitzung am 15. Dezember

1. Herr E. Stromer legt eine Abhandlung von Herr Dr. W.
Weiler (Worms) über

Die mittel- und obereocänen Fischfaunen Ägyptens

vor, die den 3. Abschnitt der Abteilung V Tertiäre Wirbeltiere
der „Ergebnisse der Forschungsreisen Prof. E. Stromer's in den
Wüsten Ägyptens" bildet. Der Verfasser bestimmt nicht nur die
zahlreichen, von dem Sammler Markgraf und Prof. Stromer, aller-
meist in Mokattam bei Kairo und nördlich der Fajum-Oase ge-
sammelten Fischreste, sondern behandelt auch die von früheren
Autoren veröffentlichten, gleichalterigen Reste, meistens einzelne
Zähne, mit. Es gelingt ihm dabei, hauptsächlich durch Struktur-
untersuchungen, die systematische Stellung der allermeisten festzustellen und viele frühere Angaben damit zu berichtigen; er
weist auch das Vorkommen mehrerer, bisher völlig oder doch aus
Ägypten bisher unbekannter Gattungen und Arten nach. Durch
Vergleiche mit noch lebenden Verwandten zeigt er, daß es sich

wesentlich um Seichtwasserbewohner eines tropischen Meeres handelt. Umfangreiche Vergleiche mit gleichzeitigen Fischfaunen anderer Gebiete zeigen schließlich, daß die aus Haifischen, Rochen, Ganoid- und Knochenfischen zusammengesetzte, reiche Fauna sich völlig in die des damals erdumspannenden Tethysoceans einfügt, von dem das heutige Mittelmeer nur ein kleiner Rest ist.

(Erscheint in den Abhandlungen.)

2. Herr E. v. Drygalski spricht über

„Die Gleichgewichtslage der Erdkruste
und ihre Bewegungen“.

Diese folgt aus den Schweremessungen und wird entweder nach Pratt durch verschiedene Dichte der Krustenmassen über gleichen Querschnitten oder nach Airy durch ein Schwimmen der Kontinente im Magma erklärt. Der letzten Auffassung widersprechen die neuen Ergebnisse der Erdbebenforschung über die Starrheit der Erde. Es ist nur möglich die Entstehung von plastischen Herden in den Entwickelungen durch Zusatzdrucke in der Erdrinde anzunehmen. Damit entfallen die weitgehenden Folgerungen, die man an die Vorstellung von geschlossenen Magmazonen geknüpft hat. Diese Folgerungen werden im einzelnen besprochen und der geringe Einschlag von Bewegungen der Gleichgewichtslage auf tektonische Vorgänge in der Erdkruste erläutert. Insbesondere kann man auch die postglacialen Bewegungen früher vereister Länder nicht isostatisch, sondern eher thermisch begründen.

(Erscheint in den Sitzungsberichten.)

3. Herr L. Döderlein legt ein der Paläontologischen Staatssammlung gehöriges

„Exemplar von Rhamphorhynchus Gemmingi“,

eines Flugsauriers aus dem lithographischen Schiefer von Solnhofen vor, das einen Teil des Flügels mit der Flughaut und vor allem in ganz vorzüglicher Erhaltung das vollständige Schwanzsegel zeigt. Es gelang ihm mit aller Bestimmtheit nachzuweisen, daß dieses Schwanzsegel ein vertikales und nicht, wie es von sehr ernst zu nehmender Seite angenommen wird, ein horizontales ist. Es dürfte hauptsächlich als Schwanzflosse beim Schwimmen und Tauchen gedient haben. Das Exemplar zeigt auch an verschiedenen

Stellen der Körperoberfläche büschelartige Bildungen, die vielleicht als Behaarung aufzufassen sind.

Ferner sprach der Vortragende über

„Anurognathus Ammoni".

Weiterhin legte der Vortragende

„Ein Exemplar von Pterodactylus"

vor, an welchem die vollständigen Umrisse der den Hals und den hinteren Teil des Kopfes bedeckenden Haut noch sichtbar sind. Diese Haut ist an der Kehle so umfangreich, daß daraus auf das Vorhandensein eines richtigen Kehlsacks geschlossen werden kann, wie er bei manchen fischfressenden Vögeln vorkommt. Dasselbe Exemplar läßt auch in überraschend deutlicher Erhaltung eine Schwimmhaut erkennen, die die fünf Zehen des Hinterfußes miteinander verbindet.

(Die Arbeiten erscheinen in den Sitzungsberichten.)

4. Herr A. PRINGSHEIM trägt vor über

„Kritisch - historische Bemerkungen zur Funktionentheorie. I. Über den sogenannten Vivanti-Dienes'schen Satz".

Unter dem obigen Gesamttitel beabsichtige ich in zwangloser Folge einige Bemerkungen teils sachlicher, teils historischer Natur zu veröffentlichen, die sich auf verschiedene der Berichtigung, Ergänzung oder verbesserten Darstellung bedürftigen Punkte aus dem Gebiete der Funktionentheorie beziehen.

Ich beginne mit dem in der Überschrift genannten Satze, zeige zunächst, daß der erste Teil seiner Benennung auf einem nachweisbaren Irrtum beruht, der leider schon in die Encyclopädie der Mathematischen Wissenschaften übergegangen ist, knüpfe daran einige Bemerkungen prinzipieller Natur gegen die überhand nehmende Unsitte beliebige Sätze und Sätzchen sogleich mit Erfindermarken zu versehen. Gegen den zweiten Teil der obigen Benennung wird keinerlei Einwand erhoben, jedoch wird gezeigt, daß der Satz selbst allzu wenig leistet und leicht durch einen wesentlich besseren ersetzt werden kann. Dieser letztere führt dann schließlich zu einer Verallgemeinerung, die bisher noch nicht ausgesprochen zu sein scheint und dennoch einiger Beachtung wert sein dürfte.

(Erscheint in den Sitzungsberichten.)

5. Herr G. Faber berichtet über eine Note des Herrn O. Haupt (Erlangen):

„Über einen Satz von E. Steinitz".

Es handelt sich um den Beweis eines Satzes aus der Theorie der algebraischen Zahlkörper, den der inzwischen verstorbene Kieler Professor der Mathematik E. Steinitz ohne Beweis mitgeteilt hatte.   (Erscheint in den Sitzungsberichten.)

6. Herr S. Finsterwalder trägt über eine Arbeit von Richard Baldus (Karlsruhe) vor:

„Zur Klassifikation der ebenen und räumlichen Kollineationen".

Von einfachen Grundlagen ausgehend wird auf elementarem Wege eine Aufzählung der verschiedenen Typen der Kollineationen gegeben und deren Vollständigkeit nachgewiesen.

(Erscheint in den Sitzungsberichten.)

7. Herr A. Wilkens legt für die Abhandlungen eine Arbeit vor mit dem Titel:

„Ergebnisse der Beobachtungen am Breslauer Vertikalkreise 1922—25 zur Kontrolle des Fundamentalsystems in Deklination."

Die von mir an dem Repsoldschen 6-zölligen Vertikalkreise der Breslauer Universitäts-Sternwarte angestellten Beobachtungen betreffen eine 3-jährige Reihe absoluter Messungen von Meridianzenitdistanzen eines speziell ausgewählten Systems von 110 Fundamentalsternen längs und außerhalb der Ekliptik, wobei 55 Sterne auch in unterer Kulmination beobachtet werden konnten. Das Ziel war erstens ein unabhängiges Deklinationssystem zu schaffen und zweitens auf Grund der gleichzeitigen Messungen am Passagen-Instrument die Lage des Aequinoktiums zu bestimmen. Beides ist zur Zeit eines der dringendsten Bedürfnisse der modernen Astronomie, um vor allem zu exakten Eigenbewegungen der Fixsterne zu gelangen und damit der Stellar-Astronomie eine einwandfreie

Basis zu geben. In der vorliegenden Abhandlung sind zunächst die systematischen Korrektionen des Fundamentalkataloges abgeleitet worden. In Bezug auf die Beobachtungsmethode wurde für den Polarstern eine besondere neue Methode eingeschlagen, indem eine Messung in allen Stundenwinkeln, also durchwegs extrameridional, stattfand, sodaß prinzipiell drei Zenitdistanzmessungen am gleichen Tage genügen, um die Polhöhe und die beiden Koordinaten des Sterns in der Form $\xi = p \cos a$ und $\eta = p \sin a$, wo $p = $ Polabstand und $a = $ Rektascension zu bestimmen und auf diesem unabhängigen Wege die individuelle Korrektion der Koordinaten zu erlangen, von denen die Rektascension schon lange als beträchtlich unsicher gilt. In Rektascension ergab sich die große Korrektion $\Delta a = + 0\overset{s}{.}60$ und in Deklination die unwesentliche Verbesserung $\Delta \delta = 0\overset{"}{.}04$, in bester Übereinstimmung in Rektascension mit dem aus den Meridiankreisreihen abgeleiteten Resultat des Berliner Astronomischen Recheninstitutes. Für die Programmsterne ergab sich nach gründlicher Berücksichtigung der Instrumentalfehler der anormalen Strahlenbrechung im Beobachtungshause etc., daß das System des Breslauer Vertikalkreises einen systematischen Gang mit der Deklination aufweist, in dem Sinne, daß die Abweichungen gegen das Standard-System des Auwers-Peters'schen „Neuen Fundamentalkataloges" eine zu südliche Orientierung des letzteren ergeben. Die Abweichungen sind im Nordpol verschwindend und wachsen von hier nach dem Äquator hin dauernd an, sodaß die Abweichung auf der südlichen Halbkugel bei 30^0 Deklination auf $+ 1\overset{"}{.}9$ ansteigt. Bemerkenswert ist, daß die von mir abgeleiteten Abweichungen im Vergleich zu den von den Beobachtern der Pulkowoer Hauptsternwarte Kudrjawtzew 1900 und Bonsdorff 1910 gefundenen und auch beträchtlichen Abweichungen nach den Messungen am Pulkowoer Repsoldschen Vertikalkreise sehr nahe die Mitte einnehmen, sodaß die drei Systeme stark gestützt sind. Da die definitive Neubearbeitung der Deklinationen der früheren und neueren Beobachtungsreihen durch das Astronomische Recheninstitut in Berlin noch nicht vorliegt ist ein Vergleich mit diesem neuen System erst später möglich.

(Erscheint in den Abhandlungen.)

8. Herr A. Wilkens legt eine Mitteilung von Herrn Strebel (München) vor

„Über Aufnahmen der Sonne durch Ultraviolettstrahlen und Fluorescenzlicht."

Die Sonne wurde unter Zwischenschaltung eines Ultraviolett-filters auf Platten, die durch Baden in Äsculinlösung fluorescierend gemacht waren, aufgenommen. Das Filter zeigte bei der Prüfung eine Durchlässigkeit von der Linie B bis ins Ultrarot, dann eine vollständige Absorption des visuellen Spektrums bis an H heran, von da ab wieder eine gute Durchlässigkeit bis zur Linie P. Das Ergebnis der Sonnenaufnahmen ist das Sichtbarwerden schwächster Strahlungsdifferenzen, die bei Normalphotogrammen unter der Schwelle bleiben. Die neue Methode ergibt Bilder reichsten Details und noch größerer Kraft, als bei den monochromatischen Auf-nahmen nach der Haleschen Methode. Die Scheibe der Sonne zeigt überall gleichdeutliche Granulationen, die Filamente der monochromatischen Aufnahmen, als neue Erscheinung eine Rathenauordnung von Fackelgebilden, die sich über die ganze Scheibe ausdehnen, sich mit einer ebenso großen zweiten Guirlande im Äquator der Sonne kreuzen und mehrere Rotationsperioden überdauern können, wie die Deslandres'schen „alignements", mit denen sie vielleicht identisch sind. Die Erscheinungen werden natürlich auf verschiedenen Platten festgestellt. Insgesamt ist der Beweis erbracht, daß man ohne selektive Spaltwirkungen auf Grund einer einfachen Aufnahmetechnik Formgebilde erlangen kann, die bisher nur mittels der Haleschen monochromatischen spektrogra-phischen Methode möglich waren. Darüber hinaus liefert die neue Methode ein reiches vielseitiges Material zur Erlangung weiterer und tieferer Einsicht in die Verhältnisse der Sonnenoberfläche, deren Ableitung eingeleitet worden ist.

(Erscheint in den Sitzungsberichten.)

9. Herr R. Willstätter überreicht der Abteilung sein soeben erschienenes zweibändiges Werk

„Untersuchungen über Enzyme",

in welchem seine langjährigen Arbeiten auf diesem Gebiete zu-sammengefaßt sind. Der Vorsitzende dankt für diese wertvolle Zuwendung, die der Staatsbibliothek übergeben wird.

Verzeichnis
der im Jahre 1927 und 1928 eingelaufenen Druckschriften.

Die Gesellschaften und Institute, mit welchen unsere Akademie in Tauschverkehr steht, werden gebeten, nachstehendes Verzeichnis als Empfangsbestätigung zu betrachten.

Aachen. Geschichtsverein:
— — Zeitschrift, Bd. 47 (1925). 48/49 (1926/27).
— Ignatiuskolleg Valkenburg:
— — Naturhist. Maandblad 13 (1924)—16 (1927). 17.

Aarau. Historische Gesellschaft des Kantons Aarau:
— — Taschenbuch 1927.

Aberdeen. University:
— — Studies 95. 98. 99. 100—104.

Abisko. Observatorium:
— — Observations météorol. 1917. 1923. 1924. 1925.

Abo. Akademie:
— — Acta a) Humaniora 4. b) Mathematica 4.

Adelaide. R. Society of South Australia:
— — Transactions 50. 51.

Agram. Akademie:
— — Rad 234. 235.
— — Opera separatim edita 17.
— — Musič, Beitr. z. griech. Satzlehre 1927.

Albany. New York State Library:
— — Annual Report of Education Departm. 22. 23, 1. 2.
— — Bulletin New York State Museum 272—278.

Allegheny. Observatory:
— — Publications 6, 9. 7, 1.

Amsterdam. Academie van Wetenschappen:
— — Verhandelingen Afd. Natuurkunde 34, 3. 4. 35, 1.
— —   „   Afd. Letterkunde 25, 3. 26, 1.
— — Mededeelingen   „   „   Ser. A. 59, B. 60.
— K. N. aardrijkskundig Genootschap:
— — Tijdschrift 44, 1—6.

Amsterdam. Wiskundig Genootschap:
— — Nieuw Archief, 15, 3. 4.
— — Wiskundige Opgaven 14, 2. 3.
— — Revue des publications mathématiques 32, 2. 33, 1.
— Nederl. botanische Vereeniging:
— — Recueil des travaux botaniques 23, 3—4. 24, 1—4. 25, 1. 2.

Annaberg. Verein f. Gesch. v. Annaberg:
— — Mitteilungen 16.

Ann Arbor. University:
— — Papers 6. 7. 8.
— — Studies (Hum. Ser.) 11, 2. 12. 13. 14. 15. 16.
— — Engineering Research Bulletin 4—9.
— — Occas. Papers of the Museum of Zoology 179—184.
— — Miscell. Publ. 1—16.

Antwerpen. Archiv:
— — Antwerpsch Archievenblad 2. R. 1, 1. 2.

Athen. Akademie:
— — Praktika 1926, 2. 3. 1927. 1928, 1—6.
— Bibliothèque de l'école française:
— — Bulletin du correspondance hellénique 49, 7—12. 50. 51.
— Archäologische Gesellschaft:
— — Ephemeris 1924.
— Νέος Ἑλληνομνήμων:
— — Ἑλληνοιμνήμων 20, 2. 4. 21.
— Wissenschaftliche Gesellschaft:
— — Athena 38. 39.

Baltimore. John Hopkins University:
— — Journal of mathematics 48. 49.
— — Journal of philology 186—192.
— — Studies in historical and political Science 44. 45.
— — Circular 1926. 1927.

Bamberg. Histor. Verein:
— — Bericht 79. 80.

Barcelona. R. Academia de ciencias y artes:
— — Boletin 5, 4. 5.
— — Memorias 19, 15—17. 20, 1—14.
— — Nomina de personel 1926/27. 1927/28.
— Institut d'estudis Catalans:
— — Estudis de bibliografia Luliana 1.
— Institucio Catalana d'Historia Natural:
— — Butlleti 1926. 1927.

Bari. R. Università:
— — Annali 1927, 1. 2. 1928, 1.

Basel. Schweizerische chemische Gesellschaft:
— — Helvetica chimica acta 10. 11.
— Naturforschende Gesellschaft:
— — Verhandlungen 37. 38.
— Historisch-antiquarische Gesellschaft:
— — Basler Zeitschrift 26.
— Universitätsbibliothek:
— — Jahresverzeichnis der Schweizer Univ.-Schriften 1925/26.
— — Dissertationen 1927.

Batavia. Topographischer Dienst:
— — Jaarverslaag 22 (1926). 23 (1927).
— Batav. Genootschap van Kunsten en Wetenschappen:
— — Verhandelingen 67, 1—3. 68, 1—3.
— — Oudheidkundig verslag 1926. 1927.
— — Publicaties v. d. oudheidk. dienst 1.
— Magnet.-meteorol. Observatorium:
— — Verhandelingen 19.
— — Observations 45. 46.
— — Regenwarnemingen 48.
— Naturkundige Vereenigung in Nederlandsch-Indie:
— ' — Tijdschrift 86, 3. 87. 88, 1. 2.

Bautzen. Naturwiss. Gesellschaft:
— — Mitteilungen 1—14. ·
— — Bericht 1910—27.

Belgrad. Serbische Akademie der Wissenschaften:
— — Godisnjak 34. 35.
— — Glas 120—129.
— — Zbornik, Srpski etnografski 36—41.
— — Zbornik Istorijski 14—16.
— — Posena Izdania 59—68.

Bergen. Museum:
— — Aarbok 1926. 1927.
— — Aarsberetning 1925/26. 1926/27. 1927/28.

Berkeley. University:
— — Bulletin 20, 6. 7.
— — Bulletin of College of Agriculture 403—452.
— — Chronicle 28, 3. 4. 29. 30, 1. 2.
— — Hilgardia 1, 16—20. 2, 1—3. 6—14.
— — Publications American Archaeology 23, 2—7.
— —   „   Botany 13, 8—19. 14, 1—8.
— —   „   Entomology 4, 1—11.
— —   „   Geography 2, 4—11.
— —   „   Geology 16, 5—12. 17, 1—7.
— —   „   Classical Philology 9, 2. 4. 5.

Berkeley. University: Publications Philosophy 8. 9.
— —   „   Physiology 6. 7, 1—3.
— —   „   Zoology 29, 1—8. 30, 1—5. 8—11.
                                              31, 1—11.

Berlin. Akademie der Wissenschaften:
— — Abhandlungen phil.-hist. Kl. 1927. 1928.
— —   „   phys.-math. Kl. 1926. 1927, 1.
— — Sitzungsberichte phil.-hist. Kl. 1927. 1928.
— —   „   physik.-math. Kl. 1927. 1928.
— — Polit. Korresp. Friedr. d. Gr. 40.
— — Acta Borussica 12.
— Gartenbaugesellschaft:
— — Gartenflora 1927. 1928.
— Deutsche Chemische Gesellschaft:
— — Berichte 60. 61.
— Deutsche Geologische Gesellschaft:
— — Abhandlungen 79. 80.
— — Monatsberichte 1927. 1928, 1—7.
— Medizinische Gesellschaft:
— — Verhandlungen 55—58.
— Deutsches Archäologisches Institut:
— — Jahrbuch 41, 3. 4. 42, 1—4.
— — Mitteilungen. Röm. Abt. 41. 42.
— — Mitteilungen. Athen. Abt. 50. 51.
— Meteorologisches Institut:
— — Veröffentlichungen 344—46. 348—51. 353. 354—59.
— Deutsches Kali-Institut:
— — Die Ernährung der Pflanze. 23. 24.
— Preußische Geologische Landesanstalt:
— — Abhandlungen 99—106. 108. 110.
— Astronomisches Recheninstitut:
— — Berliner Astronomisches Jahrbuch 1929. 1930.
— — Kleine Planeten 1928. 1929.
— Universitätssternwarte:
— — Veröffentlichungen 7, 1. 2. 3.
— — Kleinere Veröffentlichungen 2—4.
— Verein für die Geschichte Berlins:
— — Mitteilungen 1927, 1. 2. 1928, 1. 2.
— Zeitschrift für Instrumentenkunde:
— — Zeitschrift 47. 48.
— Zentralstelle für Balneologie:
— — Veröffentlichungen N.F. 5. 6. 7. 8.
— — Zeitschrift für wissensch. Bäderkunde 1926, 6—12. 1927. 1928, 1—3.

Bern. Historischer Verein des Kantons Bern:
— — Archiv 29, 1. 2.
— Schweizer Naturforschende Gesellschaft:
— — Actes 107. 108.
— — Neue Denkschriften 64, 1.
— Universitätskanzlei:
— — Jahrbuch der philos. Fakultät 7.
— Allgem. geschichtsforsch. Gesellschaft d. Schweiz:
— — Zeitschrift 1927. 1928, 1. 2.

Beuron. Erzabtei:
— — Benediktinische Monatsschrift 9. 10.
— — Mehrere kleinere Einzelschriften.

Beyrouth. Université de St. Joseph:
— — Mélanges 12 et Table methodique 1906—26.

Birmingham. Natural history and philosophical Society:
— — Annual Report 1927. 1928.

Bologna. Accademia:
— — Rendiconto Cl. di scienze morali 10. Ser. 3, 1.
— — „ „ „ „ fisiche 30. 31.
— R. Deputazione di storia patria per le prov. di Romagna:
— — Atti e memorie 15—18.
— Unione matematica Italiana:
— — Bollettino 6. 7.

Bonn. Verein von Altertumsfreunden im Rheinland:
— — Bonner Jahrbücher 131. 132.
— Naturhist. Verein der preuß. Rheinlande:
— — Sitzungsberichte 1926. 1927.
— — Verhandlungen 83. 84.

Bordeaux. Société des sciences physiques et naturelles:
— — Procès-verbaux 1924—27.

Boston. American Academy of Arts and sciences:
— — Proceedings 61, 12. 62, 1—9.
— Museum of Fine Arts:
— — Bulletin 149—156.
— Society of Natural History:
— — Proceedings 38, 4—10.

Bozen. Städt. Museum:
— — Archivio per l'Alto Adige 1, 1. 2. 3, 1. 4. 5, 3. 4. 9, 3. 4.

Braunsberg. Akademie:
— — Verzeichnis der Vorlesungen 1927 und 1928 W.- u. S.-S.

Braunschweig. Archiv der Stadt:
— — Werkstücke aus Museum und Archiv 1. 2. 3.

Bremen. Wissenschaftliche Gesellschaft:
— — Bremisches Jahrbuch 30. 31.
— — Schriften Reihe E. 4, 1—4. 5, 1—4. 6.
— — Abhandlungen und Vorträge 1, 1—4. 2, 1—3.
— — Schauinsland-Festschrift 1927.

Breslau. Schlesische Gesellschaft für vaterländische Kultur:
— — Jahresbericht 99. 100.
— Technische Hochschule:
— — Programm 1926/27. 1927/28.

Brisbane. Queensland Museum:
— — Memoirs 8, 1. 2. 3. 9, 1. 2.
— Geographical Society:
— — Geographical Journal 28. 29. 32. 33. 38. 40/41.
— R. Society of Queensland:
— — Proceedings 38.

Brünn. Verein für die Geschichte Mährens und Schlesiens:
— — Zeitschrift 29.
— Masarykovy University:
—- — Spisy 80—95.
— —· Publications de la Faculté de Médécine 4. 5.
— — Bulletin de l'École Sup. d'Agronomie C 9—11. D 4—11.
— —· Acta Societatis Scient. Nat. Moraviae 1. 2.

Brüssel. Bibliothèque de Belgique:
— — Catalogue des manuscrits 11.
— Musée d'histoire naturelle de Belgique:
— — Mémoires 36.
— Société des Bollandistes:
— — Analecta Bollandiana 45. 46, 1. 2
— Société botanique de Belgique:
— — Bulletin 59.
— Bryn Mawr. College:
—· — Monograph Series 18—20.

Budapest. Akademie:
— — Chalcondylas: Historiarum demonstrationes 2, 2.
— — Madzsar, Imre, Farádi Vörös Ignac. 1927.
— — Miskolczy, G., A Horvát Kérelés 1. 1927.
— Ethnographische Gesellschaft:
— — Ethnographia 37. 38, 1—4. 39, 1. 2.
— Geographische Gesellschaft:
— — Mitteilungen 55, 1—10. 56, 1—8.
— — Resultate der wissensch. Erforsch. d. Balatonsees 1, 2. 1, 4. 2, 2, 1.
— Gesellschaft für Naturwissenschaften:
— — Közlemények Botanikai 24, 1—6.
—·· —   „   Allatani 23, 3. 4. 24, 1—4.

Budapest. Philosophische Gesellschaft:
— — Athenaeum 13, 1—6. 14, 1—6.
— Sprachwissenschaftl. Gesellschaft:
— — Magyar Nyelv 22, 5—10. 23. 24, 1—8.
— Ungar. protest. Gesellschaft:
— — Protestáns szemle 36. 37.
— Ungar. Geol. Reichsanstalt:
— — Földtani Közlöny 55. 56. 57.
— Konkoly Observatorium:
— — Stella 1927. 1928.
— Nemzeti Museum:
— — Magyar Jogi Szemle 8, 1—10. 9, 1—8.
— — Magyar Chemiai folyóirat 33, 1—4.

Buenos Aires. Sociedad cientifica:
— — Anales 102—105.
— Deutsch-akad. Vereinigung:
— — Phoenix 7, 1—4.

Buitenzorg. Department van landbouw:
— — Bulletin du jardin botanique 8, 1—4. 9, 1—4.
— — Mededeelingen van het allg. Proefstation 23—27.
— — 　　　　　 „ 　　 voor thee 99.
— — 　　　　　 „ 　　 van Inst. voor plantenziekten 71—73.
— — 　　　　　 „ 　　 van het statist. Bureau 51—58.

Bukarest. Academia Română:
— — Memoriile (sect. hist.) 6. 7. ·
— — Memoriile (sect. stint.) 3, 3.
— — Bulletin (sect. hist.) 12. 13.
— — Bulletin (sect. stint.) 11.
— — Publ. fond. Adamachi 9.
— — Studii şi cercetari 11. 12. 13.

Calcutta. Indian Association for the cultivation of science:
— — Proceedings 9, 3. 4.
— — Indian Journal of Physics 1, 1—4. 2, 1—4.
— Indian Museum:
— — Records 28, 1—4. 29, 1—4.
— R. Asiatic Society:
— — Bibliotheca Indica 1438—1486.
— — Journal and proceedings 21, 4—6. 22, 1—6.
— — Memoirs 10, 2.
— Indian Chemical Society:
— — Quarterly Journal 4. 5.
— Mathematical Society:
— — Bulletin 17, 2. 3. 18, 1—4. 19, 1—3.

Cambridge. Observatory:
— — Observations 1926/27.
— Antiquarian Society:
— — Proceedings 28. 29.
— Philosophical Society:
— — Transactions 23, 10. 11. 12.

Cambridge (Mass). Museum of compar. zoology:
— — Bulletin 68, 1—7.
— Astronomical Observatory:
— — Annals 100, 3. 4.
— — Bulletin 844—862.
— — Circulars 298—334.
— — Annual Report 81.

Catania. Accademia Gioenia di scienze naturali:
— — Atti 99/100.
— — Bollettino 56.

Charlottenburg. Physikal.-techn. Reichsanstalt:
— — Die Tätigkeit 1926. 1927.
— — Wissenschaftliche Abhandlungen 10, 1. 2. 11, 1. 2. 12, 1.

Chicago. Academy of sciences:
— — Bulletin of the nat. history 8.
— Wilson Ornithol. Club:
— — Laboratory Bulletin 49.
— Field Museum of Natural History:
— — Publications 236. 239—248.

Chosen. Government General:
— — Special Report. Vol. 3. 4.

Chur. Hist. Antiqu. Gesellsch.:
— — Jahresbericht 57.

Cincinnati. University Library:
— — Record 23, 3—4.

Cleveland. Archaeological Institute:
— — Americ. Journal of archaeology 31. 32, 1—3.

Coimbra. O Instituto. Redaccão:
— — O Instituto 74, 2—5. 75.

Colmar. Naturhistorische Gesellschaft:
— — Mitteilungen N. S. 18. 19.

Columbia. University Library:
— — University Studies 2, 1. 3, 1. 2.

Columbus (Ohio). American Chemical Society:
— — Journal 49. 50.

Cordoba. (Argentinien.) Academia nacional de ciencias:
— — Boletin 29, 2. 3. 4. 30.
— — Actas 9, 3/4. 10, 1.

Danzig. Westpreußischer Geschichtsverein:
— — Zeitschrift 67. 68.
— — Quellen und Darstellungen 12. 13.

Darmstadt. Firma E. Merck:
— — Jahresbericht 40. 41.

Davos. Meteorolog. Station:
— — Jahresbericht der Beobachtungen 1926. 1927.

Dessau. Verein für Anhalt. Geschichte:
— — Anhaltische Geschichtsblätter 3.

Dinkelsbühl. Historischer Verein:
— — Alt-Dinkelsbühl 1926.

Dorpat. Observatorium:
— — Meteorol. Jahrbuch 5.
— — Beobachtungen des Meereises 1925/26.
— Naturforschende Gesellschaft:
—· — Sitzungsberichte 34, 1. 2. 35, 1. 2.
— Universitätsbibliothek:
— — Acta et commentationes A 9—11. B 7—12.

Dresden. Sächsischer Altertumsverein:
— — Neues Archiv für sächs. Gesch. 47, 1. 2.
— — Jahresbericht 1925.
— Flora. Gesellschaft für Botanik:
— — Festschrift 1926.
— Isis:
— — Sitzungsberichte und Abhandlungen 1926. 1928.
— Journal für praktische Chemie:
·— — Journal 1927. 1928.
— Verein für Geschichte Dresdens:
— — Dresdener Geschichtsblätter 33. 34. 35, 1. 2.

Dublin. Royal Irish Academy:
— — Proceedings Vol. 37 A 2—9. B 9—27. C 4—12.
— Royal Dublin Society:
— — Scientific Proceedings 18, 17—47.

Edinburgh. R. College of Physicians:
— — Reports 16.
— R. Botanical Garden:
— — Notes 74—77.
— Royal Society:
— — Proceedings 47, 1—4. 48, 1. 2.
— — Transactions 55, 1. 2. 3.

Eisenberg. Geschichts- und altertumsforsch. Verein:
— — Mitteilungen 39. 40.

Emden. Gesellschaft f. bild. Kunst und vaterl. Altertümer:
— — Jahrbuch 22.
— — Upstalsboom-Blätter 13, 1—4.

Erfurt. Verein für Geschichte und Altertumsk.:
— — Mitteilungen 44.

Erlangen. Universitäts-Bibliothek:
— — Dissertationen 1925/26. 1926/7.

Fiume. Deputazione Fiumana di storia patria:
— — Fiume 4. 5. 6.

Florenz. Società di studi geografici:
— — Rivista geografica 31, 5—12. 34, 3—6.

Frankfurt a. M. Senckenbergische Bibliothek:
— — Bericht 18—20.
— Senckenbergische naturforsch. Gesellschaft:
— — Abhandlungen 40, 2. 3.
— — Senckenbergiana 9. 10, 1—4.
— — Bericht 56, 10—12. 57, 1—4. 12. 58, 1—3. 6—8.
— Römisch-german. Kommission des „Deutschen archäolo-
gischen Instituts":
— — Germania 11, 1. 2. 12, 1—4.
— — Kataloge Hanau und Eichstätt.
— Physikalischer Verein:
— — Jahresbericht 1925—27.

Freiburg i. Br. Naturforschende Gesellschaft:
— — Berichte 27. 28, 1, 2.
— Kirchengeschichtlicher Verein:
— — Freiburger Diözesanarchiv 54. 55.
— Universitätsbibliothek:
— — Dissertationen 1927. 1928.

Friedrichshafen. Verein für Geschichte des Bodensees:
— — Schriften 54. 55.

Fukuoka. Universität:
— — Mitt. a. d. mediz. Fakultät 9, 1. 2. 10.
— — Acta medica 20, 1—12. 21, 1—12.

Fulda. Verein für Naturkunde:
— — Bericht 10.
— Geschichtsverein:
— — Fuldaer Geschichtsblätter 19. 20.
— — Veröffentlichung 19.

Geneva. U. St. Agricultural Experiment Station:
— — Bulletin 537—552.
— — Technical Bulletin 123—133.

Genf. Conservatoire et jardin botanique:
— — Candollea 2.
— Institut National:
— — Bulletin 47.
— Journal de chimie physique:
— — Journal 24. 1—4. 6
— Musée d'Art et d'Histoire:
— — Bulletin 5. 6.
— Société de physique et d'histoire naturelle:
— — Mémoires 40, 3.
— — Comptes rendus 44, 1—3. 45, 1. 2.
— Universitätsbibliothek:
— — Thesen 1926. 1927.

Giessen. Oberhessische Gesellschaft für Natur- und Heilkunde:
— — Bericht d. naturwiss. Abt. 11.
— Oberhessischer Geschichtsverein:
— — Mitteilungen 28.

Görlitz. Naturforschende Gesellschaft:
— — Abhandlungen 30, 1. 2.
— Oberlausitz. Gesellschaft der Wissenschaften:
—· — Neues Lausitz. Magazin 102. 103.

Göteborg. Högskola:
— — Handlingar 31—33.

Göttingen. Gesellschaft der Wissenschaften:
— — Abhandlungen phil.-hist. Kl. 19, 2—4. 20, 1—3, 21, 2. 3. 22, 1.
— — „ math.-physik. Kl. 12, 1. 2. 3. 13, 1. 2.
— — Gelehrte Anzeigen 188, 7—12. 189, 1—12. 190, 1—8.
— — Nachrichten der phil.-hist. Klasse 1926, 2. 3. 1927, 2. 3.
— — „ „ mathem. Klasse 1926, 2. 3. 1927, 2. 3. 4.

Granville. Scientific Association of Denison University:
— — Bulletin 22, 1—9. 23, 1. 2.

Graz. Universitätsbibliothek:
— — Inauguration des Rektors 1926/27. 1927/28.
— Historischer Verein der Steiermark:
— — Zeitschrift 22, 1—4. 23, 1—4.

Grenoble. Université:
— — Annales Sect. Lettres — Droit 3, 3. 4, 1—3.
— — Annales Sect. Sciences — Médecine 3, 3. 4, 1—3.

Grimma. Fürstenschule:
— — Jahresbericht 1926/27. 1927/28.

Groningen. Astronom. Laboratorium:
— — Publications 41. 42.
— Verlag Wolters:
— — Neophilologus 12. 13.

Haag. Allgem. Rijksarchief:
— — Archievenblad 34, 1—3. 35.
— K. Instituut voor de taal-, land- en volkenkunde van
   Nederlandsch-Indie:
— — Bijdragen 83, 1—4. 84, 1—3.
— — Naamlijst 1927.

Haarlem. Hollandsche Maatschappij der wetenschappen:
— — Archives Néerlandaises Ser. 3 A 10, 2. 11, 1. 2. C 12, 1—4.

Halifax. Nova Scotian Institute of Science:
— — Proceedings and transactions 17, 1.

Hall i. W. Histor. Verein für das würtemb. Franken:
— — Würtemberg. Franken 14.

Halle. Deutsche Morgenländische Gesellschaft:
— — Zeitschrift 81. 82, 1. 2.
— Verlag Wilhelm Knapp:
— — Metall und Erz 24. 25.
— Naturwissenschaftlicher Verein für Sachsen und Thüringen
— — Zeitschrift für Naturwissenschaften 88, 1—·6.
— Thüringisch-sächsischer Verein für Erforschung der vater-
   ländischen Altertümer:
— — Zeitschrift 15, 1. 2. 16, 1. 2.
— Universitätsbibliothek:
— — Dissertationen 1927. 1928.

Hamburg. Bibliothek Warburg:
— — Vorträge 1924/25. 1925/26.
— — Studien 8. 9. 10.
— Stadt- und Universitätsbibliothek:
— — Entwurf des Staatshaush. 1926. 1927. 1928.
— — Verhandlungen zwischen Senat und Bürgerschaft 1926. 1927.
— — Mitteilungen aus dem Zool. Staatsinstitut 42.
— —   „   „   „ Mineral.-geol. „   9.
— — Universitätsschriften 1926.
— Mathemat. Gesellschaft:
— — Mitteilungen 6, 6. 7. 8.
— Hauptstation für Erdbebenforschung:
— — Monatliche Mitteilungen 1927, 1—12. 1928, 1—3. 7—9.

Hamburg. Deutsche Seewarte:
— — Annalen der Hydrographie 55. 56.
— — Jahresbericht 49. 50.
— — Ergebnisse der meteorol. Beobachtungen 46—48.
— Verein für Hamburgische Geschichte:
— -· Hamburgische Geschichtsblätter 2. 3.
— Verein für naturwiss. Unterhaltung:
— — Verhandlungen 18.

Hanau. Geschichtsverein:
—· — Hanauer Geschichtsblätter 7. 8.
— — Hanauisches Magazin 6.

Hannover. Naturhistorische Gesellschaft:
— — Jahresbericht des niedersächs. geol. Vereins 18. 19. 20. 21.
— Technische Hochschule:
— — Dissertationen 1927.
— Verein für Geschichte der Stadt Hannover:
— — Hannoversche Geschichtsblätter 29. 30.

Hartford. Geolog. and Natural History Survey:
— — Bulletin 38—42.

Heidelberg. Akademie der Wissenschaften:
— — Abhandlungen math.-naturw. Kl. 14.
— — Sitzungsberichte der philos. Kl. 1926/27. 1927/28.
— — Sitzungsberichte der math.-naturwiss. Kl. 1927. 1928.
— Historisch-philologischer Verein:
— — Neue Heidelberger Jahrbücher N. F. 1927. 1928.

Helsingfors. Finnische Akademie der Wissenschaften:
— — Annales Ser. A 22—29.
— —   „   Ser. B 18. 21.
— — FF. Communications 56—67. 70—75.
— Finnische Altertumsgesellschaft:
— — Suomen Museo 33—35.
— Commission géologique:
— — Bulletin 77—84.
— Forstwissensch. Gesellschaft:
— — Acta forestalia 31. 32.
— Finnländische Gesellschaft der Wissenschaften:
— — Acta Nova Series 1, 1—5.
— — Årsbok 5.
— — Commentationes physico-mathematicae 3. 4, 1—12.
— —   „   humanar. litterarum 1, 6—8.
— —   „   biologicae 2, 4—11.
— Finnische Literaturgesellschaft:
— — Suomi 20.

Helsingfors. Sälskapet för Finlands geografi
— — Fennia 47. 50.
— Societas pro fauna et flora fennica:
— — Flora Fennica 1.
— — Acta zoologica fennica 1—5.
— — Memoranda 1. 2. 3.
— Societas Zoologico-botanica Fennica:
— — Annales 5—7.
— Universitätsbibliothek:
— — Schriften 1926/27.
— Zentralanstalt für Meteorologie:
— — Meteorol. Jahrbuch 22. 23. 24.
— — Mitteilungen 17. 18. 19.
— — Erdmagnet. Untersuchungen 15. 16.

Hermannstadt. Siebenbürgischer Verein für Naturwissenschafte
— — Verhandlungen 77.
— Verein für siebenbürgische Landeskunde:
— — Archiv 43, 1 - 3. 44, 1.

Hildburghausen. Verein für Sachsen-Meining. Geschichte:
— — Schriften 85. 86. 87.

Hobart Town. R. Society of Tasmania:
— — Papers and proceedings 1926. 1927.

Indianapolis. Academy of sciences:
— — Proceedings 36.

Ingolstadt. Historischer Verein:
— — Sammelblatt 45.

Jassy. Société des médecins et naturalistes:
— — Bulletin 37, 1—4.
— Societatea de stinti:
— — Annales scientifiques 14, 3. 4. 15, 1. 2.

Jena. Verein für thüring. Geschichte:
— — Zeitschrift 27, 1. 2. 28, 1.

Jerusalem. Universität:
— — Kirjath Sepher 4, 1—4. 5, 1—3 und mehrere hebr. Schriften.

Johannisburg. Union Observatory:
— — Circular 71—77.
— Geological Society of South Africa:
— — Transactions and Proceedings 29. 30.

Jowa City. University:
— — Studies in Natural history 11, 9—12.

Kahla. Verein für Geschichte und Altertumskunde:
— — Mitteilungen 8, 1.

Kapstadt. R. Society of South Africa:
— — Transactions 15. 16, 1—4.

Karlsruhe. Badische Historische Kommission:
— — Zeitschrift für Geschichte des Oberrheins 41, 1. 2. 3. 42, 2. 3.
— Naturwissenschaftlicher Verein:
— — Verhandlungen 30.

Kasan. Universitätsbibliothek:
— — Ucenija Zapiski 86. 87. 88.

Kassel. Verein für hess. Geschichte und Landeskunde:
— — Zeitschrift 55. 56.
— — Mitteilungen 1925/26. 1926/27.

Kaufbeuren. „Heimat":
— — Deutsche Gaue 1927.

Kesmark. Karpathen-Verein:
— Touristik und Alpinismus 1925 und 1926.

Kiel. Gesellschaft für schleswig-holsteinische Geschichte:
— — Quellen und Forschungen 13.
— — Zeitschrift 57.
— Naturwissenschaftlicher Verein f. Schleswig-Holstein:
— — Schriften 17, 2. 18, 1.

Kiew. Académie des sciences:
— — Sbirnik hist. phil. 46. 48. 51. 55. 57. 58. 67. 69. 74.
— — Mémoires de la classe des sciences phys. et math. 4. 5.
— — Sapiski hist. phil. 10—14. 15. 17. 18.
— — Die jiddische Sprache 1—12.
— — Zahlreiche Einzelpublikationen.
— Polytechn. Institut:
— — Annales 20, 1. 2.

Klagenfurt. Landesmuseum:
— — Carinthia 1 117. 118. II 117/118.

Köln. Gesellschaft für rhein. Geschichtskunde:
— — Jahresbericht 46. 47.

Königsberg. Altertumsgesellschaft „Prussia":
— — Sitzungsberichte 26.
— Physikal.-ökonom. Gesellschaft:
— — Schriften 65, 1. 2.
— Gelehrte Gesellschaft:
— — Schriften Geisteswiss. und naturwiss. Klasse je Jg. 2—4.
— — Jahresbericht 1. 2. 4.

Konstantinopel. Institut d'histoire turque:
— — Revue historique 17. 18.

Kopenhagen. Akademie der Wissenschaften:
— — Oversigt 1926/27. 1927/28.
— — Meddelelser Biologiske 6.
— —   „   Hist.-filol. 12. 13. 14.
— —   „   Mathem.-phys. 8. 1—8.
— — Skrifter hist.-filol. 5, 1.
— —   „   (Naturvidenskab. Afd.) 11, 1—5.
— Carlsberg-Laboratorium:
— — Comptes rendus 17, 1—8.
— Astronomisches Observatorium:
— — Publikationer 58. 59. 60.
— Dän. biolog. Station:
— — Report 32. 33.

Krakau. Akademie:
— — Anzeiger (Cl. de philol.) 1927, 1—3.
— — Anzeiger (Cl. des sciences) 1927, 1—3.
— — Prace komis. etnograf. 1. 2. 4. 5.
— — Roznik 1925/26.
— — Rozprawy II, 23 A B
— — Sprawozdania 32.
— Poln. Mathematische Gesellschaft:
— — Schriften 4. 5. 6.

Kuraschiki (Japan). Ohara-Institut für Landwirtschaft:
— — Berichte 3, 3. 4. 5.

Kyoto. University:
— — Acta scholae medicinalis 8, 4. 9, 1—4.

La Plata. Museo:
— — Revista 26. 27.
— Universidad Nacional:
— — Annuario 16. 17.
— — Contribucion a l'estudio de las ciencias Ser. mat. 4, 1. 2.
— — Publicaciones de la Faculd. de ciencias fisico-mat. 74. 81. 82. 83. 85.

Lausanne. Société Vaudoise des sciences naturelles:
— — Bulletin 219—221.
— — Mémoires 2, 7—9.

Leeds. University:
— — Proceedings Scientif. Sect. 1, 3—7. Hist. Sect. 1, 3—6.

Leiden. Maatschappij der nederl. letterkunde:
— — Tijdschrift 45—47.
— Rijks Herbarium:
— — Mededeelingen 54. 54 A B. 55. 56.
— Physikalisches Laboratorium:
— — Communications 184—186. Suppl. 62.

Leiden. Niederländisches Kultusministerium:
— — Bijdragen voor vaderlandsche geschiednis R. 6, 5. 6.
— — Mnemosyne 55.
— — Museum 34. 35.

Leipzig. Akademie der Wissenschaften:
— — Abhandlungen phil.-hist. Klasse 38, 3. 4. 5. 39, 1—5.
— — „ math.-phys. Klasse 39, 7. 40, 1. 2. 3.
— — Berichte über die Verhandlungen phil.-hist. Kl. 78, 4. 79, 1. 80, 1—3.
— — „ „ „ „ math.-nat. Kl. 78, 4. 5. 79, 1—4. 80, 1—3.

Lemberg. Société Polonaise des Naturalistes:
— — Kosmos 51. 52.
— Sevčenko-Gesellschaft:
— — Mitteilungen 144—147. 149.
— — Sbirnik 26. 27.
— — Sitzungsberichte der math.-naturwiss.-ärztl. Sekt. 6. 7. 8. 9.
— Wissenschaftliche Gesellschaft:
— — Archiwum B 3, 1—4. C 4, 6.
— Verein für Volkskunde:
— — Lud Ser. 2 t. 5, 1/2.

Leningrad. Akademie der Wissenschaften:
— — Bulletin 1927. 1928.
— — Comptes rendus 1927. 1928.
— — Memoires (Cl. phys.-math.) 37, 1. 2.
— — Byzantina Chronika 25.
— — Geologisches Museum Trudy 4. 5.
— — Zoologisches Museum Annuaire 27.
— Comité géologique:
— — Mémoires 174. 175.
— — Materiaux pour la géol. generale 65—87. 111—123.
— Geographische Gesellschaft:
— — Isvestija 58. 59. 60.
— Mineralogische Gesellschaft:
— — Verhandlungen 55, 1. 2.
— Physikalisch-chemische Gesellschaft:
— — Schurnal physik. Abt. 59. 60.

Leoben. Montanistische Hochschule:
— — Berg- und hüttenmännisches Jahrbuch 75. 76.

Lille. Société des sciences:
— — Mémoires 4, 28. 5, 7. 8.

Linz. Museum:
— — Jahresbericht 81. 82.

Lissabon. Sociedade de geografia:
— — Boletim 45, 1—12. 46, 1—6.

Liverpool. Marine Biological Station:
— — Report 41.

Löwen. Société scientifique de Bruxelles:
— — Annales 45. 46. 47. 48.
— Universität:
— — Thesen und andere Einzelschriften.
— — L'Université de Louvain à travers cinq siècles 1927.

London. University Library:
— — Brit. Association Report 95.
— Astronomical Association:
— — Journal 37. 38.
— The illuminating Engineer:
— — The ill. Eng. 20, 21.
— South Kensington Museum:
— -- Verschiedene Kataloge.
— — Report 1920—26.
— India Office:
— — Mehrere Bände von District Gazetteers.
— Meteorological Office:
— — Geophysical Memoirs 27—42.
— — Professional Notes 41—50.
— Royal Society:
— — Proceedings Ser. A. 767—788. B. 708—728.
— — Philosophical Transactions A 640—657. B. 427—441.
— — Yearbook 1928.
— Royal Astronomical Society:
— — Monthly Notices 87, 88.
— Chemical Society:
— — Journal 1927. 1928.
— Geological Society:
— — Quarterly Journal 83. 84.
— — List of members 1926.
— — Geological literature 1926. 1927.
— Linnean Society:
— — Journal a) Botany 317—319. b) Zoology 248.
— — Proceedings 1926/27. 1927/28.
— Zoological Society:
— — Proceedings 1927, 1. 2. 3. 4. 1928, 1—3.
— — Transactions 22, 2. 3. 4. 5.

Lund. Botaniska Notiser:
— — Notiser 1927. 1928.
— Vetenskaps Societeten:
— -- Skrifter 5—10.
— — Årsbok 1926. 1927.

Lund. Universität:
— — Acta Afd. 1, 22. 23. Afd. 2, 22. 23.
— — Arskrift, kyrkhistorisk 26.

Luxemburg. Société des naturalistes:
— — Bulletins 20. 21.
— Institut Grand-ducal:
— — Publications de la section historique 61. 62.

Luzern. Historischer Verein der fünf Orte:
— — Geschichtsfreund 81. 82.

Madison. Wisconsin Academy:
— — Transactions 22. 23.
— Wisconsin Geolog. a. Nat. hist. Survey:
— — Bulletin 68.

Madras. Kodaikanal and Madras Observatories:
— — Bulletin 80—83.
— — Annual Report 1926. 1927.

Madrid. R. Academia de la historia de España:
— — Boletin 90. 91. 92.
— Sociedad española de fisica y quimica:
— — Anales 240—256.
— Universität:
— — Trabalos del laborat. biol. 24, 4. 25, 1—4.

Mailand. R. Istituto Lombardo di scienze e lettere:
— — Rendiconti 60, 1—20.
— — Nel centenario della morte di A. Volta. Discorsi e Note.

Manila. Bureau of Science:
— — Philosophical Journal of Science 32—36.

Mannheim. Altertumsverein:
— — Mannheimer Geschichtsblätter 28. 29.

Marburg. Gesellschaft zur Beförderung der Naturwissenschaften:
— — Sitzungsberichte 1926. 1927.

Maredsous. Abbaye:
— — Revue bénédictine 39. 40.

Marseille. Faculté des sciences:
— — Annales 26, 1. 2. ser. 1. 2, 1—3. 3.

Melbourne. R. Society of Victoria:
— — Proceedings 39, 1. 2. 40, 1. 2.

Mexico. Secretaria de Relaciones Exteriores:
— — Archivo historico diplomatico 23—27.
— — Monografias bibliograficas 9. 10. 11.

Mexico. Sociedad cientifica „Ant. Alzate":
— — Memorias y revista 45. 46. 47.

Middelburg. Seeländ. Gesellschaft der Wissenschaften:
— — Archief 1926. 1927. 1928.

Milwaukee. Public Museum:
— — Bulletin 6, 1—3.
— — Yearbook 1926. 1927.

Minneapolis. University Library:
— — Bulletin 214—239.
— — Studies in social sciences 10—18.
— — Geological Survey 19. 20.

Minsk. Université:
— — Annales 11—20.
— — Instit. de la Culture blanche-ruth. 5, 10—12.
— — Mehrere Einzelwerke.

Montserrat. Abtei:
— — Analecta 7.

Moskau. Association Russe pour les Etudes Orientales:
— — Nouvel Orient 4—22.
— Mathemat. Gesellschaft:
— — Sbornik 33, 1—4. 34, 1—4.
— Universitätsbibliothek:
— — Revue zoologique 6, 4. 7, 1. 2. 3. 4.

Mount Hamilton. Lick Observatory:
— — Bulletin 385—405.

München. Landeswetterwarte:
— — Deutsches meteorologisches Jahrbuch 48. 49.
— — Übersicht über die Witterungsverhältnisse 1927. 1928.
— Landesstelle für Gewässerkunde:
— — Monatsbericht 1927. 1928.

Münster. Landesmuseum der Prov. Westfalen:
— — Westfalen 13, 1—6.

Nantes. Société des sciences naturelles:
— — Bulletin Ser. 3 t. 4—6. Ser. 4 t. 1—7.

Neapel. Società R. di Napoli:
— — Accad. delle sc. morale Atti 50.
— —   „   „   „ fisiche Atti 17. Rendiconto 33, 1—8.
— —   „   di archeologia Atti 9.
— Stazione zoologica:
— — Pubblicazioni 8, 1—4.

Neuburg. Historischer Verein:
— — Kollektaneenblatt 91.

Neuchâtel. Société Neuchateloise de géographie:
— — Bulletin 35. 36. 37.
— Société des sciences naturelles:
— — Bulletin 50 –52.
— Bibliothèque de l'Université:
-- — Programme des cours 1926. 1927. 1928.
— — Dissertationen 1926.

New Castle upon Tyne. University:
— -- Proceedings 7, 1. 2. 3 4.

New Haven. Connecticut Academy of arts and sciences:
-- — Transactions 28. 29.
— Yale Observatory:
— — Transactions 4. 5. 6.
— American Oriental Society:
— — Journal 45, 1—2.
— Yale University Library:
— — Report 1925/26. 1926/27.
— — Yale Review 16. 17, 1—4.

New York. Academy of Sciences:
— — Annals 30, 31—128.
— Botanical Garden:
-- — Bulletin 47. 48. 49.
-- Rockefeller Institute for medical research:
— — Studies 56—64.
— American Museum of Natural History:
— — Bulletin 51. 52. 55.
— — Natural History 26. 27, 1. 2. 28, 1. 2. 4. 5.
— — Guide Leaflets 65. 68—73.
— — Novitates 203—337.
— Geographical Society:
— — Geographical Review 1926. 1927. 1928.
— Mathematical Society:
-- — Bulletin 342. 344 – 357.
-- — Transactions 28. 29. 30.
— Columbia University:
— — Dissertationen 1926. 1927. 1928.

Nördlingen. Historischer Verein:
-- — Jahrbuch 10. 11.

Nürnberg. Naturhistorische Gesellschaft:
— — Abhandlungen 22, 4—7.
— — Jahresbericht 1926.
— Höhere techn. Staatslehranstalt:
— — Jahresbericht 1921—27.

Odessa. Wissenschaftliche Forschungsinstitute:
— — Berichte 2, 1—4.

Omsk. Medizinische Gesellschaft:
— — Medical Journal 1926. 1927.

Orenburg. Société pour l'étude du pays Kirghise:
— — Trudy 7, 1. 2. 8, 1. 4.

Oslo. Meteorologisches Institut:
— — Jahrbuch 1924. 1925.
— — Geofysiske Publikationer 5, 1—9.
— Norske geografiske Selskab:
— — Tidskrift 1, 5—8.
— Videnskabs Selskabet:
— — Skrifter 1926. 1927.
— — Arbok 1926.
— Universität:
— — Aarsberetning 1923—1925.
— — Annaler 39—41.
— — Archiv for Mathematik 39.
— — Nyt Magazin for Naturvidenskaberne 62—65.

Osnabrück. Verein für Geschichte und Landeskunde:
— — Mitteilungen 49.

Ottawa. Departement of Mines:
— — Memoirs 149—152.
— — Summary Report 1925. 1926. 1927.
— R. Society of Canada:
— — Proceedings and transactions 21. 22.

Paderborn. Verein f. Geschichte u. Altertumskunde Westfalens
— — Zeitschrift 80, 2. 81, 2. 84, 2.

Padua. Accademia Veneto-Trentina-Istriana:
— — Atti 17. 18.
— R. Scuola d'ingegneria:
— — Anno 2. 3.

Palermo. Circolo Matematico:
— — Rendiconti 51, 1—3.
— Società Siciliana di scienze naturali:
— — Il Naturalista Siciliano 25, 1—12.
— Società di scienze naturali:
— — Giornale 33. 34.

Parenzo. Società Istriana di archeologia:
— — Atti e memorie 38. 39, 1. 40, 1.

Paris. Académie des inscriptions et belles lettres:
— — Journal des savants 1927. 1928.

Paris. Comité internationale des poids et mesures:
— — Travaux et mémoires 16. 17.
— — Procès-verbaux des séances 10. 11. 12.
— — École polytechnique:
— — Journal 19--25.
— Muséum d'histoire naturelle:
— — Bulletin 1927, 1—6. 1928, 1—3.
— Société de géographie:
— — La Geographie 47. 48. 49.
— Société ornithologique:
— — Public. No. 208—232.
— Société française de physique:
— — Le Journal de physique et le Radium 8. 9.

Peking. The Geological Survey:
— — Palaeontologia Sinica B 5, 1—3. C 2, 2—4. 4, 1. 5, 2. D 1, 1—3. 7, 1.

Perm. Institut des recherches biologiques:
— — Bulletin 5. 6, 1—5.

Perth. Geological Survey:
— — Bulletin 93.
— — Annual Report 1926.

Philadelphia. Academy of natural sciences:
— — Proceedings 78. 79.
— — Yearbook 1926.
— Franklin Institute:
— — Journal 203—206.

Pisa. R. Scuola d'Ingegneria:
— — Pubblicazioni 30—76.
— Società Toscana di scienze naturali:
— — Processi verbali 35. 36.
— Università:
— — Annali 43. 44.

Pistoja. R. Deput. di storia patria:
— — Bullettino 29. 30. Indice 28—30.

Plauen. Altertumsverein:
— — Mitteilungen 35. 36.

Plymouth. Marine Biological Association:
— — Journal 14, 4. 15, 1—3.

Port Arthur. Ryojun College of Engineering:
— — Memoirs 1, 1—3.

Portici. R. Scuola superiore di agricoltura:
— — Annali Ser. 3, 1. 2.

Posen. Historische Gesellschaft der Provinz Posen:
— — Deutsche Blätter in Polen 4. 5.
—· — Deutsche wissenschaftl. Zeitschrift für Polen 9—13.

Potsdam. Geodätisches Institut:
— — Veröffentlichung 97—100.

— Astrophysikal. Observatorium:
— — Publikationen 85.

Prag. Akademie der Wissenschaften:
— — Almanach 36. 37.
— — Biblioteka klassica 34.
— — Bulletin international 25. 26. 27.
— — Rozpravy Trida 1, 72. 73. 74. 2, 34—36. 3, 53—65.
— — Sbirka pramenu. Skup. 2, 25.
— — Památky Archaeologicke 34, 1—4.
— — Vajs, J., Evangel. sv. Marka 1 u. a. Einzelwerke.

— Comité d'organisation de l'Institut slave:
— — Eine größere Anzahl Einzelwerke.

— Böhm. entomol. Gesellschaft:
— — Časopis 23, 1—6. 24, 1—6.

— Deutsche Gesellschaft d. Wissenschaften und Künste:
— — Rechenschaftsbericht 1926.

— Böhmische Gesellschaft der Wissenschaften:
— — Sitzungsberichte 1926. 1927.

— Botanisches Institut:
— — Mycologica 3, 1—10. 4, 1—10.

— Verein für Geschichte der Deutschen in Böhmen:
— — Mitteilungen 65, 1—4. 66, 1. 2.

Riga. Herder-Institut:
— — Veröffentlichungen 2, 1—5.

— Universität:
— — Acta 15—18.
— — Acta horti botanici 2. 3, 1.

Rio de Janeiro. Museu nacional:
— — Archivos 27. 28.
— — Boletim 2, 3—6. 3, 1—4.

— Observatorio:
— — Annuario 44. 45.

Rochester. Académy of Science:
— — Proceedings 6, 6. 7.

Rolla. Bureau of geology and mines:
— — Biennial Report 1927.

Rom. R. Accademia dei Lincei:
— — Annuario 1927. 1928.
— — Memorie. Classe di scienze morali Ser. 6, 1. 2.
— — Memorie. Classe di scienze fisiche Ser. 6, 1. 2.
— — Notizie degli scavi Ser. 6, 2. 3, 1—12. 4, 1—6.
— — Rendiconti. Classe di scienze morali Ser. 6, 1. 2. 3.
— — Rendiconti. Classe di scienze fisiche Ser. 6, 3. 4—7
— Accademia Pontificiana dei Nuovi Lincei:
— — Atti 77—80.
— Biblioteca Apostolica Vaticana:
— — Studi e testi 45—48.
— R. Comitato geologico:
— — Bollettino 50—52.
— Istituto G. Ferraris:
— — Rassegna di matematica e fisica 6. 7.
— Società Romana di storia patria:
— — Archivio 48. 49.
— Specola Vaticana:
— — Catalogo Astrografico 9 e App. 2. 3.

Rostock. Naturforschende Gesellschaft:
— — Archiv NF. 2.
— Universität:
— — Universitätsschriften 1926. 1927.

Rostov. Universitas Tanaitica:
— — Isvestia 6. 7. 11—13.

Rovereto. R. Accademia degli Agiati:
— — Atti 7. 8.

Saarbrücken. Historischer Verein:
— — Mitteilungen 16.

Saint Louis. Academy of Science:
— — Transactions 25.
— Missouri Botanical Garden:
— — Report 13. 14.

Salzburg. Gesellschaft für Salzb. Landeskunde:
— — Mitteilungen 66. 67. 68.

Sanct Gallen. Naturwissenschaftliche Gesellschaft:
— — Jahrbuch 62. 63.
— Historischer Verein:
— — Neujahrsblätter 67. 68.

San Fernando. Instituto y observatorio:
— — Almanaque 1928. 1929. 1930.

San Franzisco. California Academy of sciences:
— — Proceedings 16, 1—24.

Santander. Biblioteca de Menendez y Pelayo:
— — Veröffentlichungen 7. 8. 9. 10.

São Paulo. Museu Paulista:
— — Revista 15.

Schleusingen. Henneberg. Geschichtsverein:
— — Schriften 15.

Schwerin. Verein für mecklenburg. Geschichte:
— — Jahrbücher 89. 90. 91.

Sendai. Universitätsbibliothek:
— — The Tohoku Mathematical Journal 27, 3. 4. 28. 29.
— — The Tohoku Journal of Experimental medicine 8. 9. 10. 11.
— — Mitteilungen über allgem. Pathologie 3, 1—3. 4, 1—3.
— — The Technology Reports 6, 3. 4. 7, 1—4.
— — The Science Reports 1, 15. 16. 2, 10. 4, 2. 3.
— The Saito Gratitude Foundation:
— — Monographs Repr. Series 1—3. 4, 1. 2.

Seoul. Service of Antiquities:
— — Special Report 4. 5.

Siena. Accademia dei fisiocratici:
— — Atti Ser. 10, 1. 2.

Simla. Indian Meteorological Department:
— — Rainfall data of India 1924. 1926.

Skoplje. Société scientifique:
— — Glasnik 2, 1. 2.

Sofia. Bulgarische Akademie der Wissenschaften:
— — Sbornik 17—22.
— — Sbornik za narodni . . . 37.
— –- Spisanie 36. 37.
-- Institut archéologique:
— — Bulletin 4.

Sousse. Société archéologique:
— — Bulletin 18.

Speyer. Historischer Verein der Pfalz:
— — Mitteilungen 43—48.

Stade. Geschichtsverein:
— — Stader Archiv 17. 18.

Stavanger. Museum:
— — Festschrift Femti Jar 1877—1927.

Stettin. Gesellschaft für pommersche Geschichte:
— — Baltische Studien 29.

Stockholm. K. Akademie der Wissenschaften:
— — Arkiv för botanik 21, 1—4.
— — Arkiv för matematik 20, 1. 2. 3.
— — Arkiv för zoologi 19, 1. 2. 3. 4.
— — Årsbok 1927.
— — Handlingar 3. Ser. Bd. 3, 1. 2. 4, 1—9.
— — Skrifter i naturskyddsären 7. 8. 9.
— K. Landbruks-Akademie:
— — Handlingar 66. 67.
— K. Vitterhets Historie och Antikvitets Akademi:
— — Fornvännen 22.
— — Handlingar, 36, 1—3. 37, 1. 38, 2.
— Generalstabens litografiska Anstalt:
— — Globen 1927. 1928.
— Statens meteorolog.-hydrografiske Anstalt:
— — Meddelanden 4, 1—4. 6. 9.
— — Årsbock 6. 7.
— Bibliothek:
— — Accessionskatalog 41.
— Entomologiska Föreningen:
— — Entomologisk Tidskrift 48.
— Geologiska Föreningen:
— — Förhandlingar 49. 50.
— Schwedische Gesellschaft für Anthropologie:
— — Annaler Geografiska 9, 1—3.
— — Ymer 47. 48.
— Ingeniör Vetenskaps Akademien:
— — Handlingar 54—87.
— Nordiska Museet:
— — Fataburen 1926. 1927.
— Reichsarchiv:
— — Meddelanden 66—70.
— — Handlingar rörande Sveriges historie 24—29.

Stonyhurst. Observatory:
— — Results 1926. 1927.

Straubing. Historischer Verein:
— — Jahresbericht 29.

Stuttgart. Landesbibliothek:
— — Vierteljahrshefte 33. 34, 1/2.
— Württemberg. Staatsarchiv:
— — Urkunden und Akten 2, 5—7.

Sydney. Linnean Society of New South Wales:
— — Proceedings 51. 52.
— R. Society of New South Wales:
— — Journal and Proceed. 59—61.

Tacubaya. Observatorio:
— — Annuario 48.
— — Boletim 9. 10.

Taschkent. Université de l'Asie Centrale:
— — Bulletin 14. 15. 16. 17.

Thorn. Copernicus-Verein:
— — Mitteilungen 35.

Tiflis. Jardin botanique:
— — Zapiski 5.
— Observatorium:
— — Monatsberichte 1927, 1—7.

Tokio. Imperial Academy:
— — Proceedings 2, 4.
— National Research Council:
— — Jap. Journal of botany 3, 3. 4, 1. 2.
— — Jap. Journal of astronomy 4. 5.
— — Jap. Journal of geology 4. 5.
— — Jap. Journal of physics 4. 5, 1. 2.
— — Jap. Journal of mathematics 3. 4.
— — Jap. Journal of zoology 1, 4.
— Deutsche Gesellschaft für Natur- u. Völkerkunde Ostasiens:
— — Meissner, K., Lehrbuch der jap. Sprache 1927.
— Imper. Fisheries Institute:
— — Journal 22.
— Institute of physical and chemical research·
— — Scientific Papers 70—170.
— Universität:
— — Journal of the Faculty of Science. 1, 6—10. 2, 2—6. 3, 1-4. 4, 1-4.
— — Journal of the College of Agriculture 9, 1—5.
— — Acta phytochymica 2, 4. 3, 1. 2. 4, 1.
— — Mitteilungen aus der mediz. Fakultät 32.
— — Report of the aeronautical research Institute I 20—30. II 1—11.

Tomsk. Comité géologique:
— — Otschet 4, 1-3. 6.

Toronto. R. Astronomical Society:
— — Journal 21. 22.
— — Handbook for 1928.
— University:
— — Geological Series 23—25.
— — Biological Series 29. 30.
— — Papers from chemical laboratories 155,
— — Anatomical Series 6. 7.

Trient. Biblioteca communale:
— — Studi Trentini 8, 1. 2. 9, 1.

Trinidad. Imperial College of tropical agriculture:
— — Tropical Agriculture 4. 5.

Tromsö. Museum:
— — Aarsberetning 1925—26.

Trontheim. Norske Videnskabens Selskab:
— — Aarsberetning 1926.
— — Skrifter 1927.

Tübingen. Universität:
— — Abhandlungen 10. 11.
— — Reden 1927. 1928.
— — Bericht über die Feier des 450 jähr. Bestehens T. 1928.

Turin. R. Accademia delle scienze:
— — Atti 62.
— Società Piemontese di archeologia:
— — Bollettino 10. 11. 12.

Udine. R. Deputazione di Storia patria per il Friuli:
— — Memorie 20—22.

Ulm. Verein für Kunst und Altertum:
— — Mitteilungen 25.

Upsala. Schwedische Literaturgesellschaft in Finnland:
— — Skrifter 190—202.
— Meteorologisches Observatorium:
— — Bulletin 58. 59.
— Humanistiska Vetenskaps Samfundet:
— — Skrifter 22—24.
— Universitätsbibliothek:
— — Zool. Bidrag 11.
— — Universitätsschriften 1927. 1928.

Urbana. Illinois State Laboratory:
— — Bulletin 16. 17.
— University:
— — Studies in social sciences 13.
— — Studies in language and literature 11. 12.
— — Biological Monographs 10, 2—4. 11, 1. 2.

Utrecht. Historisch Genootschap:
— — Bijdragen en mededeelingen 48.
— — Werken 49—51.
— Genootschap van Kunsten en wetenschapen:
— — Verslag 1925—1927.

Utrecht. Meteorolog. Instituut:
— — Oversicht 1927. 1928.

Vaduz. Hist. Ver. f. d. Fürstent. Lichtenstein:
— — Jahrbuch 26. 27.

Venedig. Ateneo Veneto:
— — Ateneo Veneto 46.
— R. Istituto Veneto:
— — Atti 86. 87.

Warschau. Naturwiss. Museum:
— — Annales zoologici 5. 6.
— Société botanique de Pologne:
— — Acta 4, 1. 2. 5, 1. 2.
— Universität. Mathem. Seminar:
— — Fundamenta mathematica 9. 10. 11. 12.

Washington. National Academy of Sciences:
— — Proceedings 13. 14.
— Bureau of American ethnology:
— — Bulletin 82. 83. 85. 87.
— Department of Agriculture:
— — Journal of agricultural Research 34—36.
— Smithsonian Institution:
— — Miscellaneous Collections 2864—76. 2911—26.
— — Report 1926.
— U. St. National Museum:
— — Bulletin 135—144.
— — Separata.
— U. St. Geological Survey:
— — Bulletin 787—795.
— — Professional Papers 148. 149. 151—153.
— — Water Supply Papers 561—590.

Wellington. New Zealand Institute:
— — Transactions and Proceedings 56. 57. 58. 59, 1. 2.

Wien. Akademie der Wissenschaften:
— — Anzeiger 1926. 1927.
— — Archiv für österr. Gesch. 110, 1. 2.
— — Denkschriften phil.-hist. Kl. 68, 1.
— —   „   math.-naturwiss. Kl. 100.
— — Sitzungsberichte 1. Klasse 203, 4. 5. 204, 2. 3. 205, 3—5. 206, 2—5.
— —   „   2. Klasse Abt. 1, 135—137.
— —   „   2. Klasse Abt. 2a, 135—137.
— —   „   2. Klasse Abt. 2b. 135—137.
— — Mitteilungen der Erdbebenkommission 64.

Wien. Geologische Bundesanstalt:
— — Jahrbuch 77. 78, 1. 2.
— — Verhandlungen 1927. 1928, 1—5.
— Gesellschaft der Ärzte:
— — Wiener klinische Wochenschrift 40. 41.
— Zoologisch-botanische Gesellschaft:
— — Verhandlungen 76. 77. 78.
— Mechitharisten Kongregation:
— — Handes Amsorya 1927. 1928.
— Naturhistorisches Museum:
— — Annalen 41.
— — Veröffentlichungen 13/14. 15/16.
— Verein zur Verbreitung naturwiss. Kenntnisse:
— — Schriften 65. 66. 67.

Wiesbaden. Verein für nassauische Altertumskunde:
— — Annalen 47. 48.
— — Mitteilungen 27. 28.

Winnitza. Nationalbibliothek der Ukraine:
— — Lief. 2—6. 12—15. 18. 20.

Woods Hole. Marine Biological Laboratory.
— — Biological Bulletin 52. 53. 54.

Worms. Altertumsverein:
— — Wormsgau 1, 4. 5.
— — Festschr. zur 400jähr. Feier des Gymn. 1927.

Woronesch. Universität:
— — Acta 3.

Zara. Società Dalmata di Storia patria:
— — Schriften Vol. 1.

Zaragoza. Academia de ciencias:
— — Revista 10. 11.

Zürich. Antiquarische Gesellschaft:
— — Mitteilungen 30, 4.
— Naturforschende Gesellschaft:
— — Neujahrsblatt 130.
— — Vierteljahrsschrift 72, 1. 2. 3. 4.
— Schweizerische Geodätische Kommission:
— — Procès verbal 73. 74.
— Schweizerisches Landesmuseum:
— — Anzeiger für schweizerische Altertumskunde 29. 30.
— Sternwarte:
— — Astronomische Mitteilungen 115. 116. 117.
— Schweizerische meteorologische Zentralanstalt:
— — Annalen 62. 63.

Geschenke von Privatpersonen, Geschäftsfirmen und Redaktionen:

Salomon, Wilh.: Verschiedene kleine Schriften.
Brandstetter: Wir Menschen der indones. Erde 5.
Lamberty: Das Werden 1926.
Heinsohn, A.: Malerische Perspektive 1927.
Christiansen, H.. Der Frauenstaat 1927.
Miller, W. A.: Isenkrahe-Bibliographie 1927.
Jørgensen, Th.: Materialier tvil Løsning of-Lev-By-Problemet 1927.
The Sexagint. Being a collection of Papers ded. to Prof. Osaka. Kyoto 1927.
Krüß: Deutschland und die internat. wissenschaftl. Zusammenarbeit 1927.
Festschrift zur 30. Hauptversammlung des deutschen Vereins zur Förderung
    des math. und naturwiss. Unterrichts 1928.
Draeger, Hans: Anklage und Widerlegung. Taschenbuch zur Kriegsschuld-
    frage 1928.
50 Jahre Gesundheitsingenieur. Festnummer.
Abderhalden: Mehrere Separata aus Fermentforsch. Bd. 9.
Brill, A.: Vorlesungen über allg. Mechanik 1928.

Ein ?Pflanzenrest aus den Hunsrückschiefern.

Von **Ferdinand Broili.**

Mit 2 Tafeln.

Vorgetragen in der Sitzung am 10. November 1928.

Aus den unterdevonischen Dachschiefern des Hunsrück und zwar aus der Kaisergrube bei Gemünden erwarb
die bayerische Staatssammlung für Paläontologie und historische
Geologie kürzlich von Herrn Diplom-Ingenieur Maucher hier
ein Fossil, das in den folgenden Zeilen besprochen werden soll.

Dasselbe nimmt die Mitte einer Schieferplatte ein und hat
den Umriß eines sich allmählich verschmälernden Bandes, dessen
breiterer Teil mit dem Plattenende abgeschnitten ist, während
der schmäler werdende Teil mit einem lappenförmigen Abriß endet.
Die größte Breite des fast 35 cm langen Fossils in der Nähe des
Plattenunterrandes beträgt 8,5 cm; am oberen Teil, soweit derselbe intakt ist, mißt es 5,5 cm. Das Ganze ist mäßig gewölbt,
diese Wölbung ist im mittleren Abschnitt am besten erhalten,
gegen die beiden Enden wird sie schwächer oder verliert sich
vollständig. Durch die Mitte der Versteinerung zieht sich der
Länge nach ein ziemlich kräftiger, den Seitenrändern mehr oder
weniger paralleler Riß.

Das Stück, welches von Herrn Maucher präpariert wurde,
zeigt an einzelnen Stellen noch Spuren der das Fossil umhüllen-
den Gesteinslage, welche eine runzlig-blasige Oberfläche aufweist.
An der Versteinerung selbst lassen sich deutlich **zwei** durch
abweichende Skulptur unterscheidbare **Lagen** auseinander halten.

Die **untere Lage** ist die besser erhaltene, sie fällt auch
durch die charakteristische Beschaffenheit ihrer Ornamentierung,

welche in einem feinmaschigen Gitter knötchenartige
Erhöhungen eingebettet zeigt, dem Beschauer sofort auf.

Unter der Lupe erscheinen diese feinen Maschen hervor-
gerufen durch zarte Leistchen, die kleine vertiefte Felder
umrahmen. Die Form der Maschen wechselt, überwiegend ist
sie vierseitig, doch kommen auch recht häufig fünf- und
sechsseitige Maschen vor. In der Regel sind die Maschen-
Ecken pustelartig verdickt, gelegentlich zeigen aber auch die
Leistchen selbst solche kleine Pustelchen.

Die aus diesem Gitternetz hervortretenden Knötchen besitzen eine rundliche bis ovale Gestalt; an ihren Seitenwandungen
läßt sich gelegentlich ein sehr dichtes Zusammentreten der Leistchen beobachten, die Oberfläche der Knötchen ist aber
glatt und die Leistchen ziehen nicht über dieselbe hinweg.

Der gegenseitige Abstand der einzelnen Knötchen hält sich
im wesentlichen in den gleichen Grenzen. Es war mir nicht möglich, eine sichere, bestimmte Gesetzmäßigkeit in ihrer Anordnung
zu finden; immerhin kann man von einer gewissen Tendenz
derselben sprechen, steil stehende Schrägreihen mit
Wechselständigkeit zu bilden.

Außer diesen Knötchen finden sich in dem Gitternetz —
allerdings als Seltenheiten — noch andere Einschaltungen in Gestalt von scharf umrandeten runden oder ovalen, seichten Vertiefungen; auch diese liegen innerhalb von schwachen Erhöhungen
und sie treten gewöhnlich in nächster Nachbarschaft der Knötchen auf. In einem Falle läßt sich innerhalb der Vertiefung eine
dem Außenrand parallele kleinere ringförmige Leiste beobachten.

Diese Ornamentierung ist am besten auf der rechten Seite
des Fossils und besonders gut in seinem schmäleren Abschnitt
erkennbar, wo die obere Lage fast vollständig entfernt ist; aber
auch links, wo die letztere sich weite Strecken hin erhalten hat,
ist das geschilderte charakteristische Bild in den auftretenden
Lücken der oberen Lage gut wahrzunehmen.

Im Gegensatz zu dieser gut erkennbaren Skulptur der unteren
Lage ist jene der **oberen**, die nur auf einzelnen Partieen des
Fossils sich erhielt, sehr unklar. Mit freiem Auge scheint ihre
Ornamentierung aus verschiedenen Büscheln von runzeligen Pyrit-

dendriten zu bestehen; unter der Lupe lösen sich die Runzeln aber
in Züge von schuppen- oder borkenartigen Bildungen auf,
welche ursprünglich anscheinend dicht aneinander lagen,
durch den Fossilisationsprozeß aber bereits in weitgehenden Zerfall übergeführt wurden. Die Form der Schuppen ist rundlich
bis lanzettlich und ihre Ränder erscheinen teilweise aufgewulstet,
teilweise — was seltener der Fall ist — unregelmäßig gezähnelt.
Die Oberfläche der Schuppen ist zu undeutlich erhalten, um
einigermaßen einwandfrei Beobachtungen daran anzustellen.

Im Zusammenhang mit der oberen Lage sind möglicher Weise
einzelne isolierte, der unteren Lage aufliegende, und aus dem
ursprünglichen Zusammenhang gelöste Bildungen zu bringen,
welche ungefähr in der Mitte in der Nähe des rechten Seiten-
randes liegen. Dieselben haben hier mehr die Gestalt spitz aus-
laufender Bändchen; eine dieser Bildungen läßt deutlich dichotome
mehrfach aufeinander folgende Gabelung erkennen. Irgend eine
Zeichnung ist auf diesem Bändchen nicht zu sehen.

Es erhebt sich nun die Frage, wo dieser organische
Überrest im System wohl unterzubringen ist?

Innerhalb der Tierwelt erinnern gewisse Trepostomata
unter den Bryozoen durch die Bauart ihrer Kolonie, bei welcher
einzelne Gruppen von Zoöcien als Erhöhungen — Monticuli —
sich aus den übrigen Individuen herausheben, sehr an die Ornamentierung der „unteren Lage" unseres Fossils. Aber während
bei diesen Trepostomata die Öffnungen der Zoöcien über die
ganze Kolonie — also auch über die Monticuli — verbreitet sind,
tritt bei dem hier beschriebenen Fund das Gitternetz nicht über
die knötchenartigen Erhöhungen, welche mit den Monticuli der
Trepostomata verglichen werden könnten. Dazu kommt bei unserem
Rest noch die eigentümliche obere Lage, welche nichts vergleich-
bares bei den Bryozoen hat.

Aus den übrigen Klassen des Tierreiches ist mir nichts weiteres bekannt, was zu einem Vergleiche mit herangezogen werden könnte.

Wie steht es nun mit den Abteilungen des Pflanzenreiches?

Die eigentümlich angeordneten Knötchen der unteren Lage
erinnerten mich an die Anordnung der Blattpolster der Lycopodiales und ich gelangte deshalb zu dem Glauben, daß mög-

14*

licher Weise unser Fossil in der Nähe dieser Abteilung des Pflanzenreiches unterzubringen sei. Herr Geheimrat v. Goebel und Herr
Prof. M. Hirmer, denen ich meine Ansicht äußerte, und denen ich
auch an dieser Stelle meinen herzlichsten Dank für ihre liebens-
würdige Unterstützung zum Ausdruck bringen möchte, bestätigten
meine Meinung und der letztere machte mich außerdem auf einen
Angehörigen der Lycopodiales incertae sed.: Pinacodendron, auf-
merksam, der in seinem Handbuch[1]) abgebildet sei, der am nächsten
mit unserem Fund verglichen werden könnte. In der Tat zeigen
diese Abbildungen, insbesondere aber die von Weiß[2]) und Kidston[3]) gegebenen Figuren große Ähnlichkeit. Die obercarbonische
Untergattung Pinacodendron besitzt nämlich auf der Rindenoberfläche eine zarte feinmaschige Gitterung, welche „durch er-
habene schräge Linien gebildet wird, welche vertiefte rhombische,
wie Täfelung oder Mosaik erscheinende Felderchen begrenzen“.
Innerhalb dieses Maschenwerkes liegen die Blattnarben, die rundlich oder eckig sind und „unter sich und über sich ein Feld haben,
welches im Ganzen den Umriß rhombisch oder lepidodendronartig erscheinen läßt“. Nahe der Blattnarbe fehlt die Gitterskulptur.

　　　Besonders mit P. musivum Weiß und P. Ohmanni Weiß[4])
ist eine größere äußere Ähnlichkeit gegeben, indem bei genannten
Formen stärker als bei den übrigen Arten der Untergattungen
von Cyclostigma: Eucyclostigma und Pinacodendron die Stamm-
oberfläche netzig skulptiert ist, wenn auch mit kleineren Maschen
als bei dem vorliegenden Fossil.

　　　Diese Gitterskulptur findet sich bei Pinacodendron auf der
Rindenoberfläche und Weiß sagt nicht, ob sie sich auf dem
Steinkern bemerkbar macht, welcher den Abdruck der Rinden-
innenfläche zeigt. T. III, Fig. 16 bei Weiß, welche am rechten

---

[1]) M. Hirmer, Handbuch der Paläobotanik, I, S. 309, Fig. 361 und 362.
München und Berlin 1927.

[2]) E. Weiß und J. Sterzel, Die Sigillarien der preußischen Stein-
kohlen- und Rotliegenden Gebiete. 11. Die Gruppe der Subsigillarien.
Abhandl. d. k. pr. geol. Landesanstalt. N. F. 2, 1893, S. 61/62, T. III,
Fig. 16—18.

[3]) R. Kidston, Les Végétaux houilliers recueillis dans le Hainaut.
Belge etc. Mém. Mus. R. Hist. nat. Belg. IV, 1908. Année 1909 (1911),
S. 164, T. 18—19, 24.

[4]) Kidston, l. c., T. 18, Fig. 2; T. 19, Fig. 1—4.

oberen Eck anscheinend ein Stück Steinkern aufweist, läßt allerdings unter dem Leseglas eine Gitterung erkennen.

Wie bei der Beschreibung ausgeführt, ist an unserem Stück eine bestimmte Gesetzmäßigkeit in der Anordnung der knötchenartigen Erhöhungen nicht nachweisbar; eine ähnliche unregelmäßige Anordnung der Blattnarben zeigen auch bei den echten Cyclostigma-Arten manche und offenbar besonders ältere und dickere Sproßstücke, so z. B. das bei Nathorst[1]) Taf. 12, Fig. 19 a abgebildete Stammstücke von Cyclostigma kiltkorkence Haughton und noch mehr das auf der nämlichen Tafel Fig. 19 b dargestellte Stück von C. Wijkianum Heer, während andere Stücke der genannten Species sowie andere Arten recht regelmäßige quirlige oder schraubige Anordnung der Blattnarben aufzeigen.

Bei dem hier beschriebenen devonischen Rest ist die Pinacodendron vergleichbare Gitterung nur auf der unteren Lage zu sehen. Diese untere Lage ist nun ungemein schwach und der Gedanke liegt nahe, ob sie nicht den Abdruck der Innenseite der oberen Lage darstellt. Die Oberseite der letzteren läßt allerdings eine solche Skulptur nicht erkennen.

Außerdem bestehen noch Unterschiede in der Art der Skulptur selbst. Im Gegensatz zu den 4-, 5—6-seitigen Maschen unseres Fundes, welche in den Ecken vielfach pustelartige Anschwellungen zeigen, ist zu erwähnen, daß bei Pinacodendron die Gitterung eine regelmäßige rhombische ist und daß auf den die Gitterung hervorrufenden Leistchen noch eine feinste Linie verläuft.

Ein weiterer Unterschied besteht darin, daß bei Pinacodendron die Blattnarben deutlich begrenzt in einem Feld liegen, das rhombisch oder lepidodendronartig aussieht, und in der Regel einen bis drei Eindrücke von Gefäßen erkennen lassen, während bei dem hier beschriebenen Rest die knötchenartigen Erhöhungen nur unscharf begrenzt sind und keine Eindrücke von Gefäßen aufweisen.

Trotz dieser Differenzen möchte ich es nicht für unwahrscheinlich halten, daß hier ein Pflanzenrest vorliegt, welcher Beziehungen zu den Lycopodiales besitzt. Unser Fossil würde dann als Stammrest aufzufassen sein, die schuppenartigen Bil-

---

[1]) A. G. Nathorst, Zur oberdevonischen Flora der Bäreninsel. Svensk. Vetensk. Ak. Hdlg. N. F. 36. Stockholm 1902.

dungen der oberen Lage wären als Reste der Rinde zu betrachten und die gitterartige Skulptur mit den knötchenartigen Erhöhungen auf der unteren Lage würde dann, unter der Voraussetzung, daß die Gitterskulptur auf Rindenoberfläche sich nicht erhielt, dagegen auf der Rindeninnenfläche konserviert wurde, den Abdruck der letzteren darstellen.

Falls diese Annahme richtig sein sollte, so würde es sich um ein eingeschwemmtes Stammfragment handeln und zwar um den ersten Vertreter der Lycopodiales, nachdem die ältesten bis jetzt bekannten Angehörigen der Abteilung erst im Mitteldevon genannt wurden. Bei diesen Protolepidodendron und Lycopodites handelt es sich nach Hirmer[1]) um kleinere krautige Pflanzen, denen gegenüber unser unterdevonischer Fund bedeutend größere Ausmaße besitzt und schon als baumförmig zu bezeichnen ist. Das Alter der Lycopodiales wäre demnach bedeutend höher anzusetzen!

Um meinen Dank Herrn Diplom-Ingenieur Maucher zum Ausdruck zu bringen, dem unsere Sammlung schon so manches wertvolle Stück zu verdanken hat, sei der Rest **Maucheria gemündensis gen. et spec. nov.** benannt.

Herr Dr. L. Wegele hatte die Güte, die Photographien anzufertigen. Ich möchte auch hier ihm herzlichst danken.

---

[1]) M. Hirmer, l. c., S. 336.

Tafel-Erklärung.

1. Maucheria gemündensis gen. et spec. nov. aus den unterdevonischen Dachschiefern des Hunsrück von der Kaisergrube bei Gemünden.
Gesamtansicht des Fossils in ca. $^1/_2$ nat. Größe.

2. Desgleichen. Der obere Abschnitt des Fossils in ca. 1,7 facher Vergrößerung. Die feinmaschige Gitterskulptur mit den knötchenartigen Erhöhungen der unteren Lage ist auf der rechten Hälfte sehr gut erkennbar, auch zwei der „rundlichen Vertiefungen" sind (bei den zwei Hinweispfeilen) zu sehen. Links zeigen sich die schuppen- oder borkenartigen Bildungen der oberen Lage, unter der an einzelnen Stellen die Gitterskulptur der unteren Lage sichtbar wird.

Das Bild ist ohne jede Retousche.

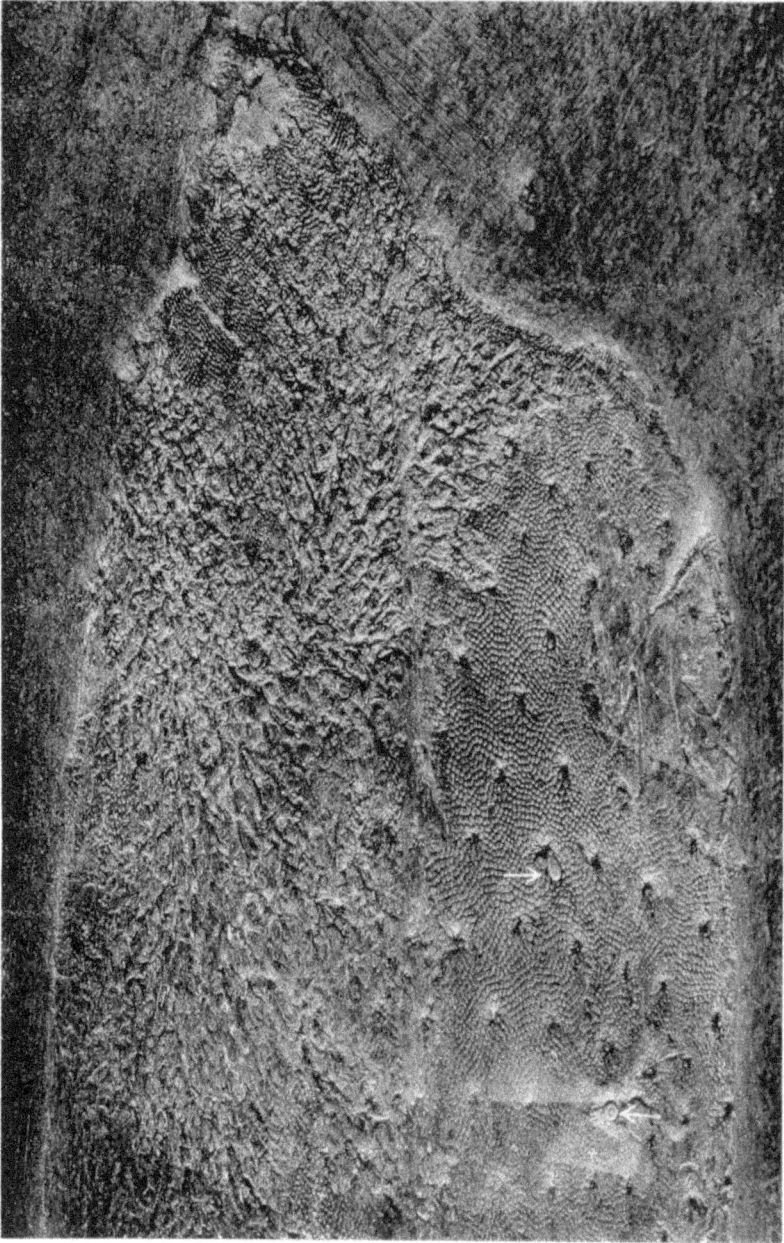

J. B. Obernetter, München

Crustaceenfunde aus dem rheinischen Unterdevon.

Von **Ferdinand Broili**.

Mit 2 Tafeln und 1 Textfigur.

Vorgetragen in der Sitzung am 10. November 1928.

I. Über Extremitätenreste (Tafel 1).

Bei der großen Seltenheit von fossil erhaltenen Crustaceen-Extremitäten sei auf eine Neuerwerbung der hiesigen Staats-sammlung für Paläontologie und historische Geologie hingewiesen, die kürzlich von Herrn Diplom-Ingenieur Maucher hier ge-macht wurde, dem auch die Präparation des Restes zu danken ist.

Das Fossil selbst stammt aus den unterdevonischen Dach-schiefern der Rheinprovinz und der Fundort ist Bundenbach im Hunsrück.

Die merkwürdige Art der Erhaltung dieser Extremitäten be-sitzt ein gewisses Interesse, denn dieselben treten aus der Krone eines Crinoideen: Agriocrinus Frechi Jaekel, heraus, dessen aus-gebreitete Arme sie um ein beträchtliches Stück überragen.

Diese Erhaltung kann den Eindruck erwecken, als ob der Kruster von der Seelilie ergriffen worden und festgehalten wurde, auch an eine Symbiose kann man denken, zumal einige rezente Commensalen, Cirripedien und Isopoden bei Crinoideen bekannt sind — ebenso kann aber auch ein Häutungsrest oder ein zufälliges Überschneiden, das zu einem teilweisen Ineinander-greifen der beiden Reste geführt hat, vorliegen. Die Bestätigung einer dieser Meinungen kann aber erst durch neue Funde erreicht werden.

Vom Körper des Crustaceen selbst sind keine deutbaren Teile sichtbar; nachdem aber die Extremitäten teils nach rechts teils nach links gerichtet sind, kann man annehmen, daß der Körper in Rücken- oder Bauchlage und nicht in seitlicher Stellung ein-gebettet wurde.

Von den über die Seelilienkrone heraustretenden Extremitäten zeigen sich vier auf der rechten und drei (? vier) auf der linken dem Beschauer zugewendeten Hälfte des Fossils; zwischen beiden aber in größerer Nähe der rechten Gruppe ragt ein weiterer schlecht erhaltener Fortsatz in die Höhe — auch er dürfte auf eine Extremität zurückzuführen sein, ohne jedoch irgend welche Details zu erkennen zu geben.

Betrachten wir zunächst die Gliedmaßen der rechten Gruppe: die oberste und erste derselben weist deutlich 5 Glieder außerhalb der Krone auf, ein weiteres Glied, welches dem untersten in einem stumpfen Winkel angelagert ist und auch sich noch innerhalb der Arme befindet, dürfte vielleicht dazu gehören, eine sichere Verbindung besteht aber nicht. Dieses Glied besitzt schmale Stabform. Die übrigen 5 Glieder stehen noch in enger gegenseitiger Gelenkverbindung und erreichen zusammen eine Länge von 2,7 cm, dieselben nehmen distalwärts allmählich gleichmäßig an Größe ab, sind im übrigen alle gleichartig gebaut. Ihre dorsale Kante verläuft gerade bis schwach konvex, ihre ventrale ist stark konvex und die letztere mit kurzen spitzen Borsten besetzt; eine deutliche nahezu median gelegene Längskante an den zwei äußersten Gliedern ist zu sehen.

Die nächstfolgende Extremität läßt die Reste von 4 noch zusammenhängenden Gliedern — das 4. allerdings nur in seinem proximalen Abschnitt — ersehen; dieselben sind ebenso gebaut wie die der vorhergehenden Gliedmaße, nur etwas breiter. Über das Proximalglied dieser fortlaufenden Reihe legt sich ein unvollständig erhaltenes aber ähnlich gestaltetes Glied, dem sich nach einwärts in dem Bereich der Kelchkrone ein weiteres aber schlankes Element anschließt. Wenn, was ich anzunehmen geneigt bin, diese Extremitätenteile zusammengehören sollten, so würden dann insgesamt 6 Glieder vorliegen.

Die dritte Extremität zeigt fünf mehr oder weniger vollständige Glieder mit einer den vorhergehenden entsprechenden Bauart.

Das gleiche gilt auch für das Endglied des nächsten Beines, nur ist seine Dorsalkante fast ebenso stark konvex geworden wie die mit Borsten besetzte Ventralkante; dadurch wird der Umriß fast blattförmig, die mediane Längskante tritt stark hervor. Auf dieses Endglied folgen noch die Reste zweier undeutlich erhaltenen.

Was die Extremitäten der linken Gruppe anlangt, so besitzt die erste, am nächsten der Mitte gelegene 5 (? 6) erkennbare Glieder; das proximale scheint trotz ungünstiger Konservierung ziemlich langgestreckt zu sein, von den folgenden Gliedern stehen die ersten beiden und der Beginn des dritten in gegenseitiger Verbindung, dann schließt sich nach einer größeren Lücke das distale Ende eines weiteren Gliedes an. Diese Lücke dürfte wohl von einem weiteren Glied eingenommen worden sein, so daß wir wohl mit 6 Gliedern rechnen können. Die äußeren 5 Glieder weisen, soweit sie erhalten sind, denselben Bau auf wie die Extremitätenglieder der rechten Gruppe, nur sind sie anders orientiert, d. h. die Borsten ihrer Ventralkanten sind nicht wie dort nach rechts und aufwärts, sondern nach links und aufwärts gerichtet, so daß wir annehmen können, daß die Symmetrie-Ebene des Körpers zwischen dieser Extremität und der ersten der rechten Gruppe hindurchgeht und daß die beiden Gruppen verschiedenen Körperhälften angehören.

Bei der 2. Extremität ist das erste Glied, das unter der Krone heraustritt, schmal stabförmig, dann folgt, wenn die Beobachtung nicht täuscht, ein kleines knieartiges Zwischenglied. Von den übrigen 5 (das 5. ist nur andeutungsweise zu sehen) gilt das gleiche wie bei den übrigen Gliedmaßen gesagte. Im Falle der Richtigkeit dieser Annahme würde hier eine vollständig aus sieben Gliedern bestehende Extremität vorhanden sein.

Seitlich unterhalb dieser Extremität liegen dicht beisammen einige Teile von ?zwei weiteren; sie sind nur ungenügend erhalten.

Außerdem lassen sich innerhalb der Arme die Reste von noch 2 Beinen beobachten; sie liegen beide in der Nähe der rechten Gruppe und gehören anscheinend der gleichen Körperhälfte wie diese an.

Die eine mehr seitlich gelegene Extremität zeigt innerhalb der Seelilie drei und außerhalb derselben drei weitere Glieder, ihre Bauart scheint, soweit die Erhaltung diesen Schluß zuläßt, die gleiche zu sein wie bei den übrigen Extremitäten dieser Seite.

Die zweite tritt unterhalb des proximalen Endes dieser Gliedmaße hervor und steigt gerade in die Höhe, wo sie von dem Glied einer andern Extremität gekreuzt wird; ihre ungenügende Erhaltung gestattet keine einwandfreie Beobachtung.

Ein weiterer isolierter Gliedmaßenrest, der wohl ohne Zweifel auf dasselbe Individuum zurückzuführen ist wie die übrigen Extremitäten, liegt rechts zwischen Kelch und Stiel; er wird von 2 Gliedern und den Resten eines dritten gebildet und erreicht eine Gesamtlänge von 1,9 cm. Das oberste Glied besitzt gerundeten breitvierseitigen Umriß, sein Oberrand trägt seitlich einen kleinen lappenartigen Fortsatz, die eine Seitenkante weist einen Besatz mit kleinen Wärzchen, die gegenüberliegende einen solchen mit Borsten auf (dieselbe wäre demnach als Ventralkante zu deuten), im übrigen zeigen sich auch Spuren von Borsten am Oberrand.

Im Gegensatz zum ersten ist das 2. Glied bedeutend verschmälert, auch hier ist an den Seitenkanten Warzen- bzw. Borstenbesatz erkennbar.

Vom 3. Glied ist lediglich nur noch ein Bruchstück erhalten.

Abgesehen von der isolierten Gliedmasse scheinen die Extremitäten, soweit sie aus dem Kelch hervortreten, durchweg ziemlich gleichartig gebaut zu sein, und ich möchte sie deshalb als Thoracopoden, denen die 2. Äste fehlen, betrachten. Ein solcher Thoracopod würde demnach, soweit das Material einwandfreiere Beobachtungen zuläßt, sich aus 7 Gliedern zusammensetzen: einem langgestreckten stabförmigen, einem kleinen knieförmig gewinkelten, und 5 distalwärts gleichmäßig an Größe abnehmenden Gliedern von mehr oder weniger halbmondförmigem Umriß.

Die Deutung des isolierten, zwischen Kelch und Stiel liegenden Extremitäten-Fragments wird schwer fallen! Vielleicht handelt es sich um eine Mundgliedmaße oder Maxillipeden?

Leider läßt sich an der Hand dieses Materials kein sicherer Anhaltspunkt über die systematische Stellung des Tieres, dem die Gliedmaßen angehören, gewinnen.

Von der Körpergestalt desselben wissen wir nichts; auf Grund der Größenverhältnisse der Gliedmaßen können wir annehmen, daß dieselben vielleicht einem Tier mit einem ziemlich großen Körper angehören — aber notwendig ist das keineswegs.

Unter dem Fossilmaterial sind mir vergleichbare Crustaceen-gliedmaßen nicht bekannt und auch unter den rezenten Ex-tremitätentypen waren, soweit das mir möglich ist, ähn-liche nicht zu finden; die hier beschriebenen erscheinen ihnen gegenüber durchaus fremdartig. Vielleicht sind sie auf eine Gruppe ausgestorbener Isopoden zurück-zuführen.

So gibt uns dieses Fossil ein Rätsel auf, es zeigt aber gleich-zeitig die große Reichhaltigkeit der Hunsrückschiefer und gibt uns damit die Hoffnung, daß erneute und bessere Funde uns mehr über diese Crustaceenform aufklären werden, welche, ohne daß damit eine Verwandtschaft zum Ausdruck gebracht werden soll, als **Palaeoisopus problematicus** gen. et spec. nov. in die Literatur eingeführt sei.

2. Über einen grossen Archaeostracen (Tafel 2).

Der anschließend besprochene Rest wurde von Herrn Diplom-Ingenieur Maucher erworben und stammt aus den unter-devonischen Dachschiefern von Gemünden im Hunsrück.

Das Fossil, dessen größte Länge 32 cm (gemessen am kon-vexen Oberrand) beträgt, stellt nur das Fragment eines ursprüng-lich viel größeren Restes dar. Die anschließende Platte mit dem übrigen Material ist offenbar verloren gegangen.

Zwei Teile lassen sich an der Versteinerung auseinander halten: ein vorderer, welcher durch einen Rand der Gesteins-platte schräg abgeschnitten wird und welcher den Umriß einer an dem unteren Ende abgestutzten Düte besitzt und ein hinterer, der die Form eines gekrümmten Stachels aufzeigt.

Der vordere Abschnitt hebt sich mehr oder weniger scharf aus dem umgebenden Muttergestein heraus. Über seine teilweise leicht gewölbte, teilweise eingedrückte Oberfläche ziehen einige Längsrunzeln; der Oberrand, welcher stark beschädigt ist, im übrigen aber seinen Umriß noch gut verfolgen läßt, hat eine Länge von über 16 cm, der Unterrand eine solche von nahezu 11 cm. Die größte meßbare Höhe beträgt 6 cm.

Da, wo der Unterrand des Fossils die Plattenkante schneidet, zeigt sich die Spur einer Querleiste. Dieselbe wird in der Mitte des Fossils ziemlich deutlich und die Skulptur bricht an ihr ab oder ändert die Richtung. Ich betrachte diese Leiste als Segmentgrenze.

Eine andere weit deutlichere Grenze schneidet am hinteren Ende in Gestalt einer von unten ansteigenden Kante ein dreiseitiges Stück ab, das ich als das Abdomenendglied deute.

Die Oberflächenskulptur hat sich nur teilweise erhalten; sie besteht aus haarfeinen Leistchen, welche relativ ziemlich weit voneinander entfernt stehen und in leichten Wellen mehr oder weniger parallel — gelegentliche Verschmelzungen können vorkommen — quer über die Oberfläche verlaufen.

Der 15¹/₂ cm lange Oberrand des spitz auslaufenden Stachels ist zu einer kräftigen Leiste verdickt. Dieselbe weist in ihrem proximalen Teil längs verlaufende ähnliche haarfeine Leistchen auf wie das Abdomen, im übrigen zeigt sie einen dichten Besatz von feinen Wärzchen bzw. Grübchen, die ursprünglich wohl die Ansatzstellen von entsprechenden Borsten waren; im distalen Teil wird eine 2. bzw. 3. Reihe solcher Wärzchen sichtbar.

Auch der Stachelunterrand bildet eine Leiste, die aber nicht die Stärke jener des Oberrandes erreicht und auch keine Wärzchen trägt.

Ich betrachte den vorliegenden Rest als die (3) hintersten Abdominalglieder und den einen Stachel der Furca eines großen Crustaceen, welcher in Seitenlage eingebettet wurde. Derselbe muß nach unserem Fragment bedeutende Ausmaße besessen haben und schätzungsweise über ¹/₂ m groß gewesen sein.

So große devonische Crustaceen sind mir bis jetzt nicht bekannt geworden, der größte Stachel der Gattung Mesothyra (M. Neptuni Hall und Clarke[1]) aus der Hamilton-Gruppe des Mitteldevons ist nur 12 cm lang (der unsere mißt 16 cm).

---

[1] Hall und Clarke, Palaeontology of New York. Vol. VII. Albany 1888. S. 191, T. 32, Fig. 7; T. 33, Fig. 1.

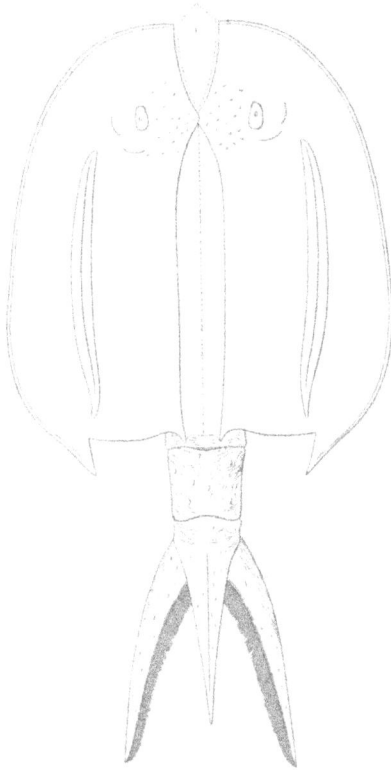

Mesothyra Oceani Hall und Clarke. Rekonstruktion stark verkleinert.
Portage Gruppe des Oberdevon. Ithaca. Tompkins Co. New York. Nach
Hall und Clarke.

Es erscheint mir nicht unwahrscheinlich, daß die Gattung
Mesothyra aus der Gruppe der Archaeostraca nahe verwandt mit
unserem Fund ist und ich bezeichne deshalb denselben, bis spätere
Funde eine Neubenennung notwendig machen sollten, einstweilen
als cf. Mesothyra rhenana spec. nov.

Jedenfalls zeigt das Stück, daß außer Nahecaris noch weitere
Crustaceen in den Hunsrückschiefern vorkommen und hoffentlich
geben weitere Funde über diesen interessanten Archaeostracen bald
weiteren Aufschluß.

Die beigegebenen photographischen Aufnahmen wurden von
Herrn Dr. L. Wegele angefertigt, ich möchte ihm auch hier
meinen besten Dank aussprechen.

Nachtrag.

Während der Drucklegung wurden mir von Herrn Diplom-
ingenieur Maucher zwei weitere, allerdings nicht so gut erhaltene
Extremitätengruppen von Palaeoisopus problematicus gen. et spec.
nov. vorgelegt. Die eine derselben liegt direkt unterhalb und
auf einem Kelch von Agriocrinus Frechi, die andere unterhalb
eines solchen und von demselben durch einen dazwischen ge-
schobenen Kelch von Parisocrinus zeaeformis getrennt, so daß
dem oben angedeuteten Gedanken einer näheren Beziehung dieses
Crustaceen zu der Crinoideengattung gewisse Berechtigung zu-
zukommen scheint.

Tafel I.

Palaeoisopus problematicus gen. et spec. nov. Unterdevonischer Dachschiefer des Hunsrück. Bundenbach. ca. 1,7 fache Vergrößerung.

Die aus der Krone der Seelilie heraustretenden zwei Gruppen von
als? Thoracopoden gedeuteten Extremitäten lassen sich gut erkennen. Links
vom Stiel ein isolierter Extremitätenrest.

Ohne jede Retousche! Man benütze ein Leseglas! Dr. Wegele phot.

Tafel II.

cf. Mesothyra rhenana sp. nov. Unterdevonischer Dachschiefer des
Hunsrück. Gemünden. ca. $^1/_2$ nat. Größe. Dr. Wegele phot.

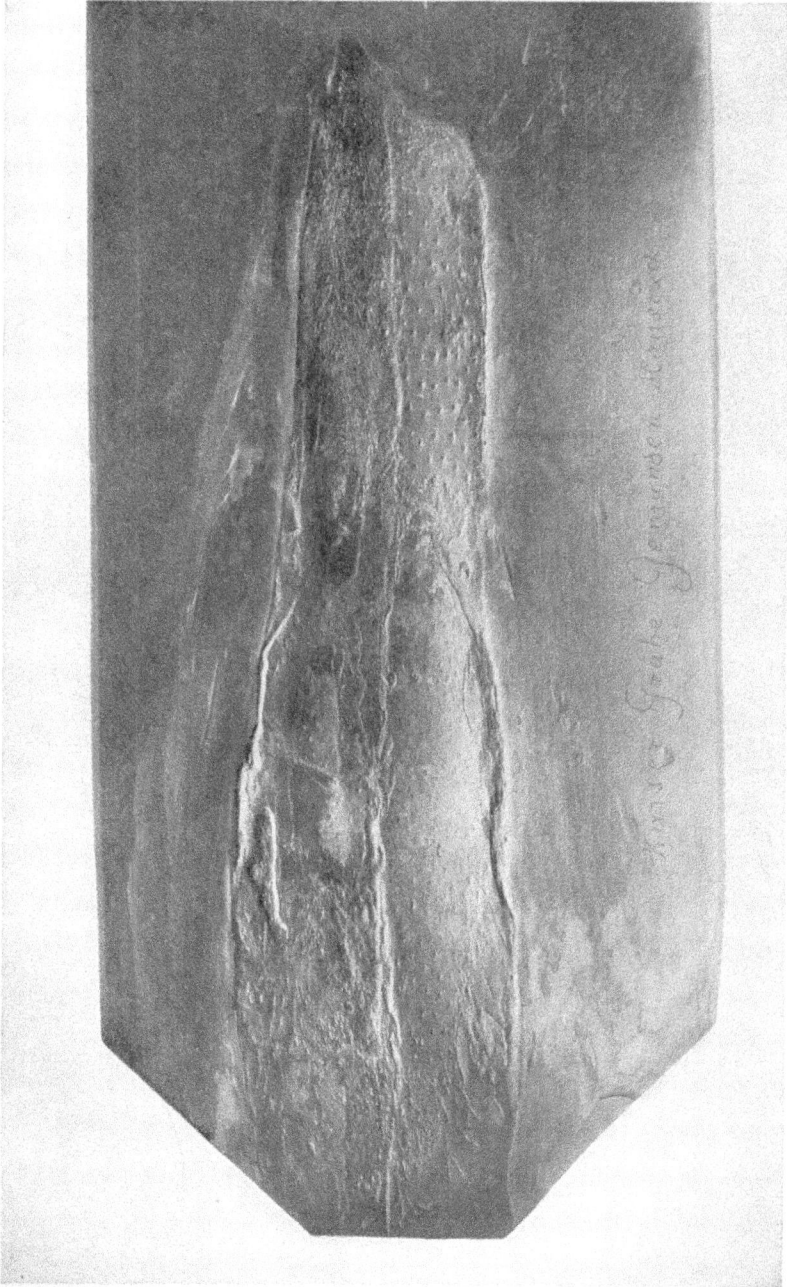

Über Geflechte kongruenter oder ähnlicher Kurven.

Von **Heinrich Graf,** Karlsruhe.

Mit 5 Tafeln und 9 Textfiguren.

Vorgelegt von S. Finsterwalder in der Sitzung am 10. November 1928.

Inhaltsverzeichnis.

Einleitung.

§ 1. Definition und Veranschaulichung der Kurvengeflechte.

Die vorliegende Arbeit beschäftigt sich mit reellen Kurven-
geflechten auf reellen Flächen. Für das Folgende verstehen wir
unter „Kurven" und „Flächen" nur reelle Gebilde und definieren
sie in folgender Weise:

„Fläche" = umkehrbar eindeutiges, stetiges Bild eines einfach
   zusammenhängenden ebenen Bereiches B einschließlich der
   Berandung.

„Kurve" = Bild einer Geraden, soweit sie dem Bereich B und
   seiner Berandung angehört; der Kürze halber wollen wir
   weiterhin solche „Geradenstrecken" des Bereiches B einfach
   als Gerade bezeichnen.

„Kurvensystem" = Bild sämtlicher Geraden des Bereiches B, welche
   parallel zu irgend einer Richtung sind.

„Kurvengeflecht" = Bild aller Geraden des Bereiches B.

In der Ebene des Bereiches B wählen wir ein rechtwinkliges Koordinatensystem (u, v) und wollen die Bilder aller „Geraden" (= Geradenstrecken) dieses Bereiches, welche den Achsen u
und v parallel sind, als „Parameterkurven" der Fläche einführen. Die Kurven der beiden Parametersysteme haben auf Grund
der Definition folgende Eigenschaften:

   1. Durch jeden Punkt der Fläche geht genau je eine Para-
      meterkurve der beiden Systeme.

   2. Irgend zwei Parameterkurven des gleichen Systemes schnei-
      den sich nicht.

Analytisch stellt sich irgend eine Gerade der (u, v)-Ebene
durch die Gleichung $u \cos \lambda + v \sin \lambda = \omega$ dar; die reellen Parameter λ und ω der Geraden müssen in deren Variabilitätsbereich
$0 \leq \lambda < 2\pi$ und $\omega \geq 0$ so beschaffen sein, daß die Gerade den
Bereich B schneidet.

Während also ein Kurvengeflecht von 2 Parametern λ und ω abhängt, erhält man ein Kurvensystem durch Festhaltung von λ bis auf Vielfache von π und durch Variierung von ω; bei Fixierung von λ und ω wird eine Einzelkurve des Geflechts festgelegt.

Um uns eine anschauliche Vorstellung von einem „Kurvengeflecht" zu verschaffen, überziehen wir den Bereich B der Ebene mit Hilfe einer diskreten Anzahl achsenparalleler äquidistanter Geraden mit einem Rechtecksnetz (das längs der Berandung von B natürlich keine geschlossenen Rechtecksfelder mehr aufweisen wird). Als Bild dieses Rechtecksnetzes erhalten wir definitionsgemäß auf der Fläche ein aus Parameterkurven bestehendes Vierecksnetz, das keine überschlagenen Vierecke aufweist. Vermittels dieses Parameternetzes sind wir in der Lage, sofort den Verlauf weiterer „Kurven" des Geflechts auf der Fläche zu verfolgen; denn die Bilder irgendwelcher Geraden des Bereiches B, welche Knotenpunkte des Rechtecksnetzes verbinden, sind auf der Fläche Kurven des Geflechts, welche die entsprechenden Knotenpunkte des Vierecksnetzes enthalten. Es ist klar, daß man bei Zugrundelegung genügend engmaschiger Rechtecksnetze auf der Fläche eine beliebig weitgehende Veranschaulichung des Kurvengeflechtes erhält.

I. Kapitel: **Kurvengeflechte in der Ebene.**

§ 2. **Geflechte aus systemweise kongruenten Kurven.**

A. Welches sind die allgemeinsten Kurvengeflechte in der Ebene von der Eigenschaft, daß jedes darin enthaltene Kurvensystem aus kongruenten Kurven besteht, die durch **Parallelverschiebung** in einer festen Richtung auseinander hervorgehen?

Die Kurven verschiedener Systeme brauchen dabei nicht kongruent zu sein.

Wir können die Frage auch so formulieren: Welches ist die allgemeinste, bereichweise umkehrbar eindeutige, stetige Abbildung der (u, v)-Ebene in die (x, y)-Ebene derart, daß alle parallelen Geraden eines Bereiches B der (u, v)-Ebene in kongruente Kurven eines Bereiches R der (x, y)-Ebene über-

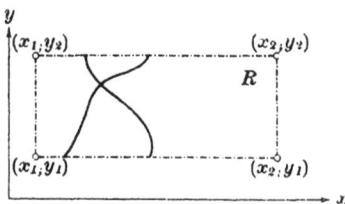

Fig. 1

geführt werden, welche durch Parallelverschiebung in der x-Richtung zur Deckung kommen?

Wir greifen in der (x, y)-Ebene ein Rechteck R heraus, dessen Seiten paarweise zu den Koordinatenachsen parallel sind (Fig. 1); das ebene Rechteck R tritt an die Stelle der in § 1 eingeführten „Fläche" und stellt demgemäß das Bild des Bereiches B der (u, v)-Ebene dar.

Unserer Forderung gemäß heißen die Abbildungsgleichungen der (u, v)-Ebene auf die (x, y)-Ebene:

(1)
$$u = F_1(x + f_1(y))$$
$$v = F_2(x + f_2(y))$$

Die Parameterkurven gehen durch Parallelverschiebung in der x-Richtung aus zwei Ausgangskurven $x + f_1(y) = 0$ und $x + f_2(y) = 0$ hervor.

Hinsichtlich der Funktionen f_1, f_2 und F_1, F_2 treffen wir folgende Voraussetzungen:

    I. $f_1(y)$ und $f_2(y)$ seien im endlichen Intervall $y_1 \leq y \leq y_2$ reell, eindeutig, endlich und zweimal differenzierbar.

    II. $\psi(y) \equiv f_1(y) - f_2(y)$ soll im gleichen Intervall genau eine Nullstelle besitzen und ferner soll die zu ψ inverse Funktion $\overline{\psi}$ im Definitionsbereich eindeutig sein.

Aus (1) folgt, daß jedem Wertepaar x, y genau ein Wert $\mu = x + f_1(y)$ bzw. $\nu = x + f_2(y)$ entspricht, d. h. sämtlichen Wertepaaren des Rechtecksbereichs entspricht ein bestimmter μ- bzw. ν-Bereich.

    III. $F_1(\mu)$ und $F_2(\nu)$ sollen für den μ- bzw. ν-Bereich reell, eindeutig, endlich und zweimal differenzierbar sein.

    IV. Die zu $u = F_1(\mu)$ bzw. $v = F_2(\nu)$ inversen Funktionen sollen in ihrem Definitionsbereich ebenfalls eindeutig sein.

Diese 4 Voraussetzungen umfassen jedenfalls die Forderung, die in § 1 an unsere Abbildung gestellt wurde.

In § 2 wird von dem Geflecht weiter verlangt, daß irgend ein System paralleler Geraden des Bereiches B der (u, v)-Ebene sich in ein System von kongruenten Kurven der (x, y)-Ebene abbildet, welche durch Parallelverschiebung in Richtung der x-Achse ineinander überführbar sind. Für die achsenparallelen Geraden der (u, v)-Ebene ist diese Forderung durch die unter (1) angegebene Form der Abbildungsgleichungen bereits erfüllt.

Wir werden nun zunächst nicht darnach trachten, dieselbe Forderung zugleich für alle Parallelensysteme der (u, v)-Ebene zu stellen, sondern wir erheben sie nur für ein bestimmtes λ, z. B. $\lambda = +\pi/4$ (vgl. S. 206, unten); das zu diesem Parallelensystem $u + v = +\sqrt{2} \cdot \omega$ gehörige Kurvensystem in der (x, y)-Ebene muß dann notwendig die Parameterform $\omega = F_*(x + f_3(y))$ haben; aus den drei Gleichungen folgt aber, wenn wir noch für $\sqrt{2} \cdot F_* \equiv F_3$ schreiben, die Funktionalgleichung:

(2) $F_1(x + f_1(y)) + F_2(x + f_2(y)) \equiv F_3(x + f_3(y))$,

welche im ganzen Bereich R für jedes x und y identisch zu erfüllen ist.

Die Identität (2) muß notwendig für jedes Geflecht von den Eigenschaften des § 2, A erfüllt werden.

Wir führen neue Veränderliche ein:

$$\mu = x + f_1(y)$$
$$\nu = x + f_2(y);$$

auf Grund der Voraussetzungen I. und II. von S. 209, welche $\mu \equiv \nu$ ausschließen, ergeben sich x und y eindeutig:

$$x = \tfrac{1}{2}(\mu + \nu - f_1(\psi) - f_2(\psi))$$
$$y = \bar{\psi}(\mu - \nu),$$

folglich:

$$x + f_3(y) = \tfrac{1}{2}(\mu + \nu + \chi(\mu - \nu)),$$

wobei

$$\tfrac{1}{2}\chi(\mu - \nu) \equiv f_3(\bar{\psi}) - \tfrac{1}{2}(f_1(\bar{\psi}) + f_2(\bar{\psi}));$$

$\chi(\mu - \nu)$ ist dann wegen (2) gleichfalls im Definitionsbereich reell und zweimal differenzierbar.

Die Identität (2) nimmt nunmehr die Form an:

$$(3) \qquad F_1(\mu) + F_2(\nu) \equiv F_3\left[\tfrac{1}{2}(\mu + \nu + \chi(\mu - \nu))\right].$$

Wir differenzieren (3) nach μ bzw. nach ν und erhalten, wenn wir die Ableitungen der Funktionen nach ihren Argumenten mit ′ bezeichnen:

$$F_1' \equiv \tfrac{1}{2}(1 + \chi')F_3'$$
$$F_2' \equiv \tfrac{1}{2}(1 - \chi')F_3';$$

F_3' existiert wegen (2) S. 209; daraus folgt:

$$(4) \qquad (1 - \chi')F_1' \equiv (1 + \chi')F_2';$$

(4) nach μ bzw. ν differenziert gibt:

$$(1 - \chi')F_1'' - \chi'' F_1' \equiv \chi'' F_2'$$
$$\chi'' F_1' \equiv (1 + \chi')F_2'' - \chi'' F_2',$$

folglich:

$$(5) \qquad (1 - \chi')F_1'' \equiv (1 + \chi')F_2''.$$

Da wir von $F_1' \equiv 0$ bezw. $F_2' \equiv 0$ absehen müssen, was $F_1 = \text{const.}$, $F_2 = \text{const.}$ ergibt und folglich keine Abbildung mehr liefert, sind damit wegen (4) auch die beiden Fälle $\chi' \equiv -1$ bzw. $\chi' \equiv +1$ ausgeschlossen; aus (4) und (5) folgt somit immer:

$$\frac{F_1''(\mu)}{F_1'(\mu)} \equiv \frac{F_2''(\nu)}{F_2'(\nu)} \equiv a = \text{const.};$$

a ist dabei irgend eine reelle Zahl.

1. $a \neq 0$:

$$F_1(\mu) \equiv b_1 e^{a\mu} + c_1$$
$$F_2(\nu) \equiv b_2 e^{a\nu} + c_2;$$

a; b_1, b_2; c_1, c_2 sind beliebige, reelle Konstante. Führt man an Stelle von μ und ν die ursprünglichen Veränderlichen x, y ein, so schreiben sich die Abbildungsformeln:

(6)
$$\begin{cases} u = b_1 e^{a(x + f_1(y))} + c_1 \\ v = b_2 e^{a(x + f_2(y))} + c_2. \end{cases}$$

Beide Abbildungsfunktionen F_1 und F_2 sind Exponentialfunktionen mit der gleichen Basis e^a. Das Bild irgend eines Parallelensystems $\lambda = \text{const.}$ der (u, v)-Ebene: $u\cos\lambda + v\sin\lambda = \omega$ ergibt in der (x, y)-Ebene das Kurvensystem mit dem Parameter ω:

$$\omega = e^{a(x + f_{(\lambda)}(y))} + c_1 \cos\lambda + c_2 \sin\lambda,$$

wobei

(6a) $f_{(\lambda)}(y) \equiv \frac{1}{a} \ln\left(b_1 e^{a f_1(y)} \cdot \cos\lambda + b_2 e^{a f_2(y)} \cdot \sin\lambda\right).$

Das Kurvensystem enthält also nicht nur, wie die Funktionalgleichung (2) forderte, parallel in der x-Richtung verschobene Kurven für $\lambda = \pi/4$, sondern für jeden Wert λ. Die Kurvenfunktion $f_{(\lambda)}(y)$ ändert sich entsprechend der Identität (6a), während die Funktion F_3 die Exponentialfunktion mit derselben Basis e^a ist wie F_1 und F_2.

2. $a = 0$:

$$F_1(\mu) \equiv b_1 \mu + c_1$$
$$F_2(\nu) \equiv b_2 \nu + c_2;$$

b_1, b_2; c_1, c_2 sind beliebige, reelle Konstante. Wenn man anstelle von μ und ν die Koordinaten x und y einführt, ergeben sich die Abbildungsformeln:

$$(7) \qquad \begin{cases} u = b_1(x + f_1(y)) + c_1 \\ v = b_2(x + f_2(y)) + c_2. \end{cases}$$

Beide Funktionen F_1 und F_2 sind lineare Funktionen.

Auch hier besteht wie im Falle (1) die Abbildung irgend eines Systemes paralleler Geraden $\lambda = $ const. der (u, v)-Ebene aus Kurven, die durch Parallelverschiebung in Richtung der x-Achse auseinander hervorgehen. Die Gleichung des Systems lautet:

$$\omega = (b_1 \cos \lambda + b_2 \sin \lambda)\,(x + f_{(\lambda)}(y)) + c_1 \cos \lambda + c_2 \sin \lambda,$$

wobei

(7a) $(b_1 \cos \lambda + b_2 \sin \lambda) f_{(\lambda)}(y) \equiv b_1 f_1(y) \cos \lambda + b_2 f_2(y) \sin \lambda.$

Die Funktion F_3 ist ebenfalls linear.

Unter der Voraussetzung, daß sich die zuletzt unter 1. und 2. gewonnenen Abbildungsgleichungen (6) und (7) realisieren lassen und Geflechte liefern, was anschließend gezeigt werden wird, haben wir zunächst als Ergebnis den

Satz 1: Enthält ein ebenes Kurvengeflecht 3 verschiedene
   Kurvensysteme mit der Eigenschaft, daß jedes
   einzelne System aus kongruenten und in einer
   festen x-Richtung parallel verschobenen Kurven
   besteht, dann haben alle Kurvensysteme des Geflechtes die gleiche Eigenschaft.

Aus den 3 Kurvensystemen lassen sich aber immer 3 diskrete Folgen von Kurven so herausgreifen, daß sie zu einem beliebig engmaschigen, unterteilbaren „Dreiecksnetz" zusammengefügt werden können. Das Dreiecksnetz der Kurven in der (x, y)-Ebene ist dann gemäß § 1 das Bild eines Dreiecksnetzes aus 3 Parallel-büscheln gerader Linien der (u, v)-Ebene.

Es gilt also auch der

Satz 2: Das allgemeinste ebene Dreiecksnetz, das sich
   aus 3 verschiedenen Kurvensystemen von der
   Eigenschaft aufbauen läßt, daß die Kurven jedes
   der 3 Systeme durch Parallelverschiebung in einer
   festen Richtung ineinander übergehen, ist Be-
   standteil eines Kurvengeflechts, dessen sämtliche
   Systeme die gleiche Eigenschaft besitzen, also
   eines Geflechts vom Typus A des § 2.

Wir werden jetzt die Abbildungsgleichungen (6) und (7), welche sich in den beiden Fällen 1. $a \neq 0$ und 2. $a = 0$ ergaben, dadurch vereinfachen, daß wir die unwesentlichen Konstanten der Lösung spezialisieren. Wir setzen $c_1 = c_2 = 0$ und $b_1 = b_2 = 1$ und sehen dadurch lediglich von einer trivialen Parallelverschiebung bzw. affinen Deformation der (u, v)-Ebene in der u- und v-Richtung (eventuell mit Spiegelung) ab. Ferner sei im 1. Falle $a = 1$; das bedeutet nur eine affine Deformation der Geflechtsebene (x, y) in der Richtung der x-Achse.

Unter diesen Voraussetzungen treten an Stelle der Gleichungen (6) und (7) die folgenden:

1. Logarithmisches Geflecht:

$$
\begin{aligned}
\ln u &= x + f_1(y) \\
\ln v &= x + f_2(y) \\
\ln \omega &= x + f_{(\lambda)}(y); \\
&f_{(\lambda)}(y) \equiv \ln \left(e^{f_1(y)} \cos \lambda + e^{f_2(y)} \sin \lambda \right).
\end{aligned}
$$
(8)

2. Lineares Geflecht:

$$
\begin{aligned}
u &= x + f_1(y) \\
v &= x + f_2(y) \\
\omega &= \left[x + f_{(\lambda)}(y) \right] \left[\cos \lambda + \sin \lambda \right]; \\
&f_{(\lambda)}(y) \equiv \frac{f_1(y) \cos \lambda + f_2(y) \sin \lambda}{\cos \lambda + \sin \lambda}.
\end{aligned}
$$
(9)

Die Gleichungen (8) und (9) stellen unter den Voraussetzungen I—IV des § 2 die allgemeinsten Abbildungsgleichungen dar, welche für die unter A. geforderten Geflechte notwendig sind. Inwieweit diese Abbildungsgleichungen auch dazu hinreichen, um Geflechte zu liefern, die kongruente und durch Parallelverschiebung in der x-Richtung ineinander überführbare Kurven enthalten, wird die folgende Betrachtung zeigen.

Die Abbildungsfunktionen F_1 und F_2 sind für beide Fälle 1. und 2. derart, daß gemäß den Voraussetzungen III und IV in § 2 für das x-Intervall $\{x_2 - x_1\}$ keine Grenzen vorgeschrieben sind; nur die Endlichkeit des Intervalls ist wegen III vorausgesetzt.

Wir wählen daher an Stelle des Rechtecks R der (x, y)-Ebene (Fig. 1) den ganzen Parallelstreifen der Euklidischen Ebene zwischen den Geraden $y = y_1$ und $y = y_2$ als Geflechtsbereich (Fig. 2).

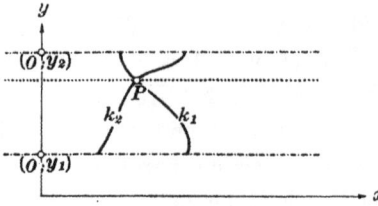

Fig. 2

Die beiden Ausgangskurven k_1 und k_2 mit den Gleichungen $x + f_1(y) = 0$ und $x + f_2(y) = 0$ nehmen wir im Parallelstreifen willkürlich an unter Wahrung der Voraussetzungen I und II S. 209, welche an die Funktionen $f_1(y)$ und $f_2(y)$ gestellt wurden und welche geometrisch Folgendes besagen:

I. Die beiden Ausgangskurven k_1 und k_2 und alle zu ihnen in der x-Richtung parallel verschobenen Kurven haben an jeder Stelle ihres Definitionsbereichs $\{y_2 - y_1\}$ eine Tangente und Krümmung und verlaufen ganz im Endlichen. Zu jeder y-Koordinate gehört eine x-Koordinate.

II. Die beiden Ausgangskurven k_1 und k_2 schneiden sich in genau einem Punkt P, da $\psi(y) \equiv f_1(y) - f_2(y)$ genau eine Nullstelle besitzen soll. Irgend zwei zu den beiden Ausgangskurven parallell in der x-Richtung um die beliebigen Beträge c_1 und c_2 verschobene Kurven schneiden sich in einem oder keinen Punkt, weil $\overline{\psi}(c_1 - c_2)$ eindeutig sein soll im ganzen Definitionsbereich.

1. Diskussion der durch die Gleichung (8) vermittelten Abbildung (logarithmisches Geflecht):

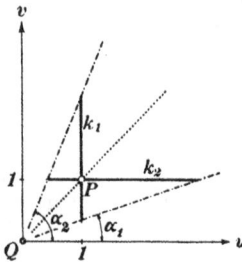

Fig. 3

Den beiden Ausgangskurven k_1 und k_2 des Streifenbereiches entsprechen in der (u, v)-Ebene die Achsenparallelen im Abstand 1 (Fig. 3). Irgend einer Parallelen zur x-Achse des Streifenbereiches entspricht ein Halbstrahl von Q aus, der gegen die u-Achse die Neigung

$$(10) \qquad \operatorname{tg} \alpha = \frac{v}{u} = e^{f_2(y) - f_1(y)}$$

besitzt. Dem „Streifenbereich" $\{y_2 - y_1\}$ der (x, y)-Ebene entspricht ein „Fächerbereich" (Winkelraum) der (u, v)-Ebene, welcher ganz im 1. Quadranten verläuft; die Neigungswinkel α_1 und α_2 seiner Randstrahlen gegen die u-Achse rechnen sich aus (10) durch Einsetzen von y_1 und y_2. Dem Unendlichfernen des Streifenbereiches in der Richtung der positiven x-Achse ist das Unendlichferne des Fächerbereiches zugeordnet, dem Unendlichfernen in der Richtung der negativen x-Achse hingegen nur der Ursprung Q[1]). Wegen der Voraussetzungen I. und II. in § 2 ist die Zuordnung des Streifenbereiches $\{y_2 - y_1\}$ der (x, y)-Ebene und des Fächerbereichs $\{a_2 - a_1\}$ der (u, v)-Ebene einschließlich der Berandungen und mit Ausnahme von Punkt Q eine stetige und umkehrbar eindeutige und zwar ist keine der beiden Halbachsen u und v Randstrahl für den Fächerbereich.

Für den λ-Bereich des Geflechtes (vgl. § 1) hat man, $a_2 > a_1$ vorausgesetzt, die Ungleichung:

$$(11) \qquad a_2 + \frac{\pi}{2} > \lambda > a_1 - \frac{\pi}{2}.$$

Jetzt, nachdem die umkehrbar eindeutige Zuordnung der Punkte des Fächerbereiches und des Streifenbereiches gezeigt ist, werden wir nach den Bildern irgend welcher Geraden des Fächerbereiches fragen.

Zunächst betrachten wir Gerade eines Parallelensystems, welche beide Randstrahlen des Fächerbereiches treffen. Die Bilder dieser Geraden sind Kurven, welche dann ebenfalls die Randgeraden des Streifenbereiches schneiden und ganz im Endlichen verlaufen. Das ganze Kurvensystem besteht aus kongruenten Kurven, welche durch Parallelverschiebung in der x-Richtung auseinander hervorgehen. Zu den Kurvensystemen dieser Art gehören auch die Bilder der achsenparallelen Geraden, nämlich die Parametersysteme $\lambda = 0$ und $\lambda = \pi/2$.

Die Geraden eines Parallelensystems, welche jeweils nur einen der beiden Randstrahlen des Fächers treffen, schließen mit der u-Achse Winkel a ein im Intervall zwischen a_1 und a_2. Jede derartige Gerade g bildet sich als Kurve ab, welche nur einen Rand des parallelen Streifens trifft und den Streifen nicht ganz überquert, sondern in Richtung der positiven x-Achse asymptotisch ins Unendliche verläuft; die zur x-Achse parallele Asymptote der Kurve ist das Bild der Parallelen zu g durch den Ursprung Q des Koordinatensystems (u, v). Das ganze Parallelensystem zu g hat als Bild ein System von Kurven, welche

---

[1]) Genauer gesagt: Der Grenzübergang $x \to +\infty$ bzw. $x \to -\infty$ zieht den Grenzübergang $u \to +\infty$, $v \to +\infty$ bzw. $u \to 0$, $v \to 0$ nach sich.

die gleiche Asymptote besitzen; der eine Teil des Kurvensystems
verläuft oberhalb, der andere unterhalb der Asymptote. Jedes
der beiden Teilsysteme besteht einzeln aus kongruenten,
durch Parallelverschiebung in der x-Richtung ineinander übergehenden Kurven.

2. Diskussion der durch die Gleichung (9) vermittelten Abbildung (lineares Geflecht):

Den Ausgangskurven k_1 und k_2 entsprechen die Achsen der
(u, v)-Ebene (Fig. 4). Einer Parallelen zur x-Achse des Streifenbereiches entspricht eine Parallele zur
Winkelhalbierenden des ersten und dritten Quadranten der (u, v)-Ebene:

$$(v - u) = f_2(y) - f_1(y).$$

Dem Streifenbereich $\{y_2 - y_1\}$ der
(x, y)-Ebene entspricht in der (u, v)-Ebene
ebenfalls ein Streifenbereich, der sich über
alle 4 Quadranten erstreckt und den Ursprung P im Innern enthält; dem Unendlichfernen des Parallelstreifens in der

Fig. 4

(x, y)-Ebene in Richtung der positiven und negativen x-Achse entspricht das Unendlichferne des Parallelstreifens in der (u, v)-Ebene
im ersten und dritten Quadranten. Wegen der in § 2 unter I. und II.
getroffenen Voraussetzungen ist auch hier die Zuordnung der beiden
Streifenbereiche einschließlich ihrer Randgeraden eine stetige und
umkehrbar eindeutige.

Der λ-Bereich des Geflechts ist hier

$$(12) \qquad\qquad 0 \leq \lambda < 2\pi.$$

Die Bilder aller Geraden des Streifenbereichs der (u, v)-Ebene,
welche nicht parallel sind zu den Randgeraden, sind durchwegs
Kurven, die beide Ränder des Parallelstreifens der (x, y)-Ebene
treffen und dort ganz im Endlichen verlaufen. Alle Kurven sind
systemweise kongruent und gehen durch Parallelverschiebung
in der x-Richtung ineinander über.

Ergebnis: Die Diskussion der Gleichungen (8) und (9) hat
gezeigt, daß sie nicht nur die notwendigen (vgl. S. 213), sondern
auch die hinreichenden Geflechtsbedingungen darstellen.

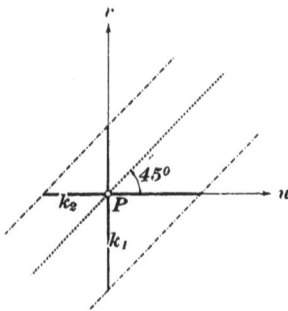

B. Welches sind die allgemeinsten Kurvengeflechte
in der Ebene von der Eigenschaft, daß jedes darin enthaltene Kurvensystem aus kongruenten Kurven besteht,
die durch **Drehung** um ein festes Zentrum auseinander
hervorgehen?

Auch hier brauchen die Kurven verschiedener Systeme nicht
kongruent zu sein.

Die Beantwortung dieser Frage läßt sich unmittelbar aus
den Ergebnissen des vorigen Paragraphen ableiten. Wir setzen
in den erhaltenen Formeln überall anstelle der Cartesischen Koordinaten x und y die Polarkoordinaten φ und r und deuten die
Resultate in der Ebene des Polarkoordinatensystems; $r = 0$ ist
das feste Zentrum O. Anstelle des Parallelstreifens der (x, y)-
Ebene, worin das ganze Geflecht eingebettet ist und sich nach
beiden Seiten hin beliebig ausdehnt, tritt nunmehr ein Ringstreifen zwischen zwei zu O
konzentrischen Kreisen als Berandung. Natürlich kann sich, wenn die Eindeutigkeit
der Abbildung nicht gestört sein soll, das
Geflecht nicht über einen Vollring hinaus
ausbreiten, ebenso darf O nicht innerhalb
des Streifens liegen. Die im vorigen Ab-

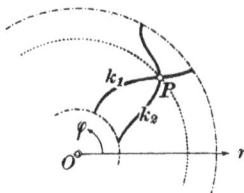

Fig. 5

schnitt A. unter den Kurven des Geflechts enthaltenen Geraden und
Asymptoten parallel zu der x-Achse sind in der Ebene des Ring-
streifens konzentrische Kreise um O (Fig. 5).

*Zusammenfassung: Wir definieren das Kurvengeflecht durch
die in § 1 beschriebene Abbildung eines (u, v)-Bereichs auf einen
(x, y)-Bereich.*

*A. Das allgemeinste Kurvengeflecht in der Ebene, welches
aus systemweise kongruenten Kurven besteht, die durch Parallelverschiebung in einer festen Richtung, der x-Richtung, ineinander übergehen, hat dann die folgende Eigenschaft:*

*Zwei Systeme von Kurven, aus denen wir ein Geflecht auf-
bauen können, sind ganz willkürlich wählbar bis auf die Voraussetzungen I—II, S. 209 oder S. 214. In jedem System des Geflechtes sind die Kurven, welche gleichabständigen Geraden der
(u, v)-Ebene als Bilder entsprechen, nach Abständen x angeordnet*

entweder   1. einer logarithmischen Skala mit der gleichen beliebigen Basis, oder 2. einer linearen (regulären) Skala.

Ein Geflecht der ersten Art (logarithmisches Geflecht) enthält Kurvensysteme, deren Kurven jeweils einer einzigen Kurve kongruent sind, und Kurvensysteme, deren Kurven jeweils zwei Kurven kongruent sind; letztere haben eine dem System zugeordnete asymptotische Gerade parallel zur x-Achse als ausgeartete Einzelkurve gemeinsam.

Ein Geflecht der zweiten Art (lineares Geflecht) enthält nur Kurvensysteme, deren Kurven jeweils einer Kurve kongruent sind; unter den Kurvensystemen ist ein spezielles System vorhanden, dessen Kurven in Parallele zur x-Achse ausarten.

B. Das allgemeinste Kurvengeflecht in der Ebene, das aus systemweise kongruenten und durch Drehung um ein festes Zentrum O auseinander hervorgehenden Kurven besteht, hat dann wörtlich dieselben Eigenschaften wie das unter A. angeführte, wenn wir nur an die Stelle der Abstandsfolge x die Drehwinkelfolge φ und an die Stelle der parallelen Geraden zur x-Achse konzentrische Kreise um O setzen.

§ 3. Geflechte aus systemweise ähnlichen Kurven.

A. Welches sind die allgemeinsten Kurvengeflechte in der Ebene von der Eigenschaft, daß jedes darin enthaltene System aus ähnlichen Kurven besteht, welche durch „**Strahlung**" von einem festen Punkt O aus ineinander überführbar sind?

Für die Kurven verschiedener Systeme wird keine Ähnlichkeit gefordert.

Wir bezeichnen hierbei Kurven eines Systems, welche ähnlich und zum Punkt O ähnlich gelegen sind, als durch „Strahlung"[1] ineinander überführbar; homologe Punkte der Kurven liegen auf Strahlen durch O.

In § 2 untersuchten wir Kurvengeflechte in der (x, y)-Ebene, welche Systeme kongruenter und durch Parallelverschiebung ineinander überführbarer Kurven enthielten.

---

[1] Auch als „Streckung" oder „perspektive Dehnung" bezeichnet (vgl. H. Beck, Koordinatengeometrie, 1919, 1. Bd., S. 53).

Wir bilden ein derartiges Geflecht der (x, y)-Ebene reell auf eine neue (φ, r)-Ebene ab durch folgende Gleichungen:

$$(13) \qquad \begin{cases} x = a \ln r \\ y = b\varphi; \end{cases}$$

φ und r sind Polarkoordinaten, $r = 0$ ist der Koordinatenursprung O. a, b sind beliebige reelle Konstante. Irgend einer Parallelen $y = $ const. zur x-Achse entspricht in der neuen Ebene ein Strahl $\varphi = $ const.

Der Parallelstreifenbereich $\{y_2 - y_1\}$ in der (x, y)-Ebene, worin das ursprüng- liche Geflecht gelegen ist, kann (bei ent- sprechender Wahl von b) immer auf einen Fächerbereich $\{b\,(\varphi_2 - \varphi_1)\}$ der neuen Ebene umkehrbar eindeutig abgebildet werden und zwar einschließlich der Berandung ohne den Ausnahmepunkt O (Fig. 6).

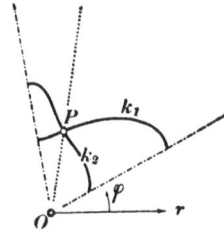

Fig. 6

Irgend ein Kurvensystem eines Geflechtes in der (x, y)-Ebene, welches aus kongruenten und in der x-Richtung parallel ver- schobenen Kurven besteht, stellt sich, als Bild eines Parallelen- systemes $\lambda = $ const. der Geraden $\omega = u \cos \lambda + v \sin \lambda$ der (u, v)- Ebene aufgefaßt, durch die Gleichung dar:

$$\omega = F(x + f_{(\lambda)}(y)).$$

Wenn wir nun ein solches Kurvensystem mit Hilfe der Glei- chungen (13) in die neue Ebene abbilden, dann lautet dort die Gleichung des Kurvensystems:

$$(14) \qquad \omega = G\,(r \cdot g_{(\lambda)}(\varphi));$$

hierbei ist

$$F(a \ln t) \equiv G(t) \quad \text{und} \quad e^{\frac{f_{(\lambda)}\,(b\,\varphi)}{a}} \equiv g_{(\lambda)}(\varphi).$$

Die Gleichung (14) zeigt, daß alle Kurven dieses Systems ähnlich und zu O ähnlich gelegen sind, also durch „Strahlung" auseinander hervorgehen.

Den Nachweis, daß es keine anderen Geflechte dieser Art mit ähnlichen Kurven gibt, liefert folgende Überlegung: Man kann ein Kurvensystem mit dieser Eigenschaft immer in der Form (14) schreiben. Sucht man ein ganzes Geflecht, dann

hat man — den Überlegungen von § 2 gemäß — als notwendige
Bedingung eine Funktionalgleichung für die 3 (unbekannten)
Funktionen G_1, G_2 und G_3 dreier Kurvensysteme identisch für
jeden Wert r und φ zu erfüllen; ersetzen wir r und φ gemäß den
Gleichungen (13) durch x und y, dann tritt anstelle der letztge-
nannten Funktionalgleichung (14) die bereits S. 209 erwähnte Gleichung (2), welche für jeden Wert x und y zu befriedigen ist. Für F
ergab sich aber als allgemeinste Lösung die Exponentialfunktion
bzw. die lineare Funktion, folglich für G als allgemeinste Lösung
die Potenz- bzw. logarithmische Funktion.

Das allgemeinste Geflecht, welches aus systemweise
ähnlichen Kurven besteht, die durch Strahlung von O aus
ineinander übergehen, gehört daher einem der beiden folgenden
Typen an; dabei sind die Geflechte als Bilder der Geraden der
(u, v)-Ebene aufgefaßt:

1. Potenz-Geflecht.

$$u^{\frac{1}{a}} = r \cdot g_1(\varphi)$$
$$v^{\frac{1}{a}} = r \cdot g_2(\varphi)$$
$$\omega^{\frac{1}{a}} = r \cdot g_{(\lambda)}(\varphi) \equiv r \cdot \left((g_1(\varphi))^a \cos \lambda + (g_2(\varphi))^a \sin \lambda \right)^{\frac{1}{a}}.$$

2. Exponential-Geflecht.

$$e^{\frac{u}{a}} = r \cdot g_1(\varphi)$$
$$e^{\frac{v}{a}} = r \cdot g_2(\varphi)$$
$$e^{\frac{\omega}{a\,(\cos \lambda + \sin \lambda)}} = r \cdot g_{(\lambda)}(\varphi) \equiv r \cdot \left((g_1(\varphi))^{\cos \lambda} \cdot (g_2(\varphi))^{\sin \lambda} \right)^{\frac{1}{\cos \lambda + \sin \lambda}}.$$

Sowohl bei 1. wie bei 2. ist a eine beliebige, reelle, von Null
verschiedene Zahl.

B. Welches sind die allgemeinsten Geflechte in der
Ebene von der Eigenschaft, daß jedes darin enthaltene
System aus ähnlichen Kurven besteht, welche durch
„Spiralung" um ein festes Zentrum O ineinander über-
führbar sind?

Für die Kurven verschiedener Systeme wird keine Ähnlichkeit gefordert.

Wir bezeichnen hierbei die unter sich ähnlichen Kurven eines
Systems, deren homologe Punkte auf kongruenten und zum Punkt

O konzentrischen logarithmischen Spiralen gelegen sind, als durch „Spiralung" in einander überführbar[1]).

Ebenso wie unter A. dieses Paragraphen werden wir die Kurvengeflechte in der (x, y)-Ebene, welche Systeme kongruenter und durch Parallelverschiebung in einander überführbarer Kurven enthielten, auf eine neue Ebene abbilden; die Abbildungsgleichungen sollen nunmehr lauten:

$$(15) \qquad \begin{cases} x = a\,\varphi \\ y = b\,(k\,\varphi - \ln r). \end{cases}$$

Hierbei sind φ, r Polarkoordinaten in der neuen Ebene; $r = 0$ ist der Ursprung O. a, b, k sind beliebige, reelle und von Null verschiedene Konstante. Allen Parallelen $y = \text{const.}$ der (x, y)-Ebene entsprechen in der neuen (φ, r)-Ebene kongruente, konzentrische logarithmische Spiralen $r = e^{k(\varphi + \text{const})}$. Der Parallelstreifenbereich $\{y_2 - y_1\}$ in der (x, y)-Ebene kann (bei entsprechender Wahl von b) auf einen Spiralstreifenbereich der neuen Ebene einschließlich der Berandungen ohne den Ausnahmepunkt O umkehrbar eindeutig

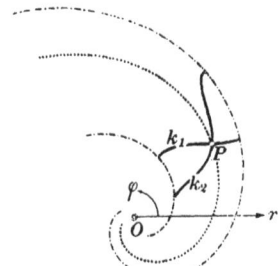

Fig. 7

abgebildet werden. Die Ränder des Spiralbereiches sind zwei kongruente, bezügl. O konzentrische logarithmische Spiralen (Fig. 7).

Irgend ein Kurvensystem in dem Geflecht der (x, y)-Ebene, dessen Gleichung $\omega = F(x + f(y))$ lautet, bildet sich in die neue Ebene durch die Gleichungen (15) als folgendes Kurvensystem ab:

$$(16) \qquad \omega = F\big(a\,\varphi + f\,(b(k\,\varphi - \ln r))\big).$$

Aus der Darstellung (16) ist ersichtlich, daß alle Kurven dieses Systemes unter einander ähnlich sind; die homologen Punkte der ähnlichen Kurven liegen auf konzentrischen logarithmischen Spiralen, den Bildern der Parallelen zur x-Achse.

---

[1]) „Spiralung" ist daher die Gesamtheit der „Drehstreckungen" oder „Dehnungen" (vergl. Anmerkung auf Seite 218) mit gemeinsamem Festpunkt, bei welchen zwischen dem Streckungsfaktor K und dem Drehwinkel φ der Zusammenhang $K = e^{k\varphi}$ besteht.

Wir suchen nun ein ganzes Kurvengeflecht auf, dessen Kurven systemweise ähnlich sind und durch Spiralung auseinander hervorgehen.

Die Überlegungen sind die gleichen wie die unter A. Anstelle der notwendigen Funktionalgleichung (2) S. 209, welche dort für jeden Wert x und y identisch zu erfüllen war, tritt nunmehr vermöge der Substitution (15) eine in φ und r identisch zu erfüllende Funktionalgleichung. Die allgemeinste Lösung der Funktionalgleichung ergab für F die Exponential- bzw. lineare Funktion.

Folglich ergibt sich als allgemeinstes Geflecht, das aus systemweise ähnlichen Kurven besteht, welche durch Spiralung bezügl. O ineinander übergehen, einer der beiden folgenden Typen; die Geflechte sind die Bilder der Geraden der (u, v)-Ebene und haben die Gleichungen:

1. Logarithmisches Geflecht:

$$\ln u = a\varphi + f_1\,(b(k\varphi - \ln r))$$
$$\ln v = a\varphi + f_2\,(b(k\varphi - \ln r))$$
$$\ln \omega = a\varphi + f_{(\lambda)}(b(k\varphi - \ln r)),$$

wobei $f_{(\lambda)} \equiv \ln(e^{f_1} \cos\lambda + e^{f_2} \sin\lambda)$.

2. Lineares Geflecht:

$$u = a\varphi + f_1(b(k\varphi - \ln r))$$
$$v = a\varphi + f_2(b(k\varphi - \ln r))$$
$$\omega = [a\varphi + f_{(\lambda)}(b(k\varphi - \ln r))] \cdot (\cos\lambda + \sin\lambda),$$

wobei $(\cos\lambda + \sin\lambda) \cdot f_{(\lambda)} \equiv \cos\lambda \cdot f_1 + \sin\lambda \cdot f_2$.

Sowohl bei 1. wie bei 2. sind die beiden wesentlichen Konstanten a und k beliebige, reelle, von Null verschiedene Zahlen.

Zusammenfassung: Wir definieren ein Kurvengeflecht nach § 1 durch Abbildung eines (u, v)-Bereiches auf einen (φ, r)-Bereich.

A. Das allgemeinste Kurvengeflecht in der Ebene, welches aus systemweise ähnlichen Kurven besteht, die durch Strahlung von O aus ineinander übergehen, hat ganz analoge Eigenschaften wie das unter A. des vorigen Paragraphen angeführte Geflecht aus kongruenten Kurven in der (x, y)-Ebene. Die Abstandsfolge r vom Punkte O aus ist für homologe Punkte der ähnlich und ähnlich gelegenen Kurven eines Systems, welche äquidistanten Parallelen der (u, v)-Ebene entsprechen, *entweder 1. eine Potenzskala mit beliebigem gleichem Exponenten,* *oder 2. eine Exponentialskala mit beliebiger Basis.*

Die Rolle der Parallelen zur x-Achse des vorigen Paragraphen *übernehmen in dem Geflecht dieses Paragraphen die Strahlen durch O.*

B. Das allgemeinste Kurvengeflecht in der Ebene, welches *aus systemweise ähnlichen Kurven besteht, die durch Spiralung* *um O ineinander übergehen, hat wörtlich die gleichen Eigenschaften* *wie das unter B. angeführte Geflecht des vorigen Paragraphen,* *wenn wir an Stelle der konzentrischen Kreise um O konzentrische* *logarithmische Spiralen des Geflechtes setzen.*

§ 4. Geflechte aus lauter kongruenten Kurven.

In § 2 wurden die allgemeinsten ebenen Geflechte bestimmt, welche Kurvensysteme aus kongruenten Kurven enthielten; die Kurven jedes einzelnen Systems gingen entweder A. durch Parallelverschiebung in einer festen x-Richtung oder B. durch Drehung um einen festen Punkt O ineinander über.

Wir werden in § 4 die allgemeinsten ebenen Geflechte der Art A. untersuchen, worin die Kongruenz nicht nur für die Kurven jedes Einzelsystems, sondern für alle Kurven des Geflechts gefordert wird; dabei sollen irgend zwei verschiedenen Systemen angehörende Kurven des Geflechtes ebenfalls durch reine Translation gegenseitig zur Deckung gebracht werden können; wir heißen deshalb alle Kurven des Geflechts „zueinander parallelgestellt".

Es ist unmittelbar einleuchtend, daß eine Affin- oder Ähnlichkeitstransformation eines ebenen Geflechts, das lauter kongruente und parallelgestellte Kurven enthält, diese Eigenschaft nicht zerstört. Wir könnten daher den nachfolgenden Untersuchungen an Stelle eines rechtwinkeligen Koordinatensystems (x, y) auch ein schiefwinkeliges zugrunde legen, ohne die wesentliche Geflechtseigenschaft zu verändern. Ohne Beschränkung der Allgemeinheit dürfen wir die auf S. 213 vereinfachten Abbildungsgleichungen (8) und (9) für unsere Rechnung benutzen.

Analytisch ist die Bedingung dafür, daß alle Kurven

$$x + f_{(\lambda)}(y) = F(\omega)$$

verschiedener Systeme λ kongruent und parallelgestellt sind, die Identität in x, y, λ und ω:

$$x - \bar{F}(\omega) + f_{(\lambda)}(y) \equiv x - \bar{F}(\omega) + p(\lambda) + h(y + q(\lambda))$$

(17)   d. h. $f_{(\lambda)}(y) \equiv p(\lambda) + h(y + q(\lambda))$;

hiebei sind die Verschiebungsgrößen $p(\lambda)$ und $q(\lambda)$ der Kurve $x + h(y) = 0$ in Richtung der x- bzw. y-Achse Funktionen von λ und sollen für den ganzen λ-Bereich des Geflechts (vgl. S. 215, (11) und S. 216, (12)) endlich und zweimal differenzierbar sein!

Wir schreiben für die Ausgangskurven $x + f_1(y) = 0$ und $x + f_2(y) = 0$ der beiden Parametersysteme $u = $ const. und $v = $ const.

(18) $$\begin{cases} x + f_1(y) \equiv x + p_1 + h(y + q_1) = 0 \\ x + f_2(y) \equiv x + p_2 + h(y + q_2) = 0, \end{cases}$$

worin jetzt p_1, p_2 und q_1, q_2 feste reelle Zahlen sind und wegen Voraus. II § 2 $q_1 \neq q_2$ sein darf. Je nachdem wir es mit einem logarithmischen Geflecht (1. Typus) oder linearen Geflecht (2. Typus) zu tun haben, ergibt sich die Funktion $f_{(\lambda)}(y)$ eines entsprechend der Wahl des Parameters λ herausgegriffenen Systems auf Grund der Identitäten (8) und (9) auf S. 213 und (17) und (18):

(19) 1. $e^{p(\lambda) + h(y + q(\lambda))} \equiv \cos \lambda \cdot e^{p_1 + h(y + q_1)} + \sin \lambda \cdot e^{p_2 + h(y + q_2)}$

(20) 2. $[p(\lambda) + h(y + q(\lambda))](\cos \lambda + \sin \lambda)$
$$\equiv [p_1 + h(y + q_1)] \cos \lambda + [p_2 + h(y + q_2)] \sin \lambda.$$

Diese beiden Funktionalgleichungen müssen notwendig für jeden λ- und y-Wert der betreffenden Bereiche erfüllt sein, wenn wir ein Geflecht vom 1. bzw. 2. Typus erhalten wollen, das lauter kongruente parallelgestellte Kurven umfaßt.

Wir werden die beiden Fälle 1. und 2. getrennt behandeln.

1. Logarithmisches Geflecht aus lauter kongruenten parallelgestellten Kurven.

Die Funktionalgleichung (19) läßt sich vermittels der Substitutionen

(21)
$$e^{h(y)} \equiv H(y)$$
$$e^{p(\lambda)} \equiv a(\lambda)$$
$$e^{p_1} = a_1$$
$$e^{p_2} = a_2$$

auch schreiben:

$$(22) \quad a(\lambda) \cdot \underline{H(y + q(\lambda))} \equiv a_1 \cos\lambda \cdot H(y + q_1) + a_2 \sin\lambda \cdot H(y + q_2)$$
$$\equiv R(y, \lambda).$$

Bezeichnen wir mit H' und H'' die Ableitungen nach dem jeweiligen Argument von H, dann ist auch die nachfolgende Beziehung in λ und y identisch erfüllt, welche sich aus (22) durch zweimaliges Differenzieren nach λ ergibt:

$$a(\lambda) \cdot q'^2(\lambda) \cdot \underline{H''(y + q(\lambda))} + [a(\lambda)q''(\lambda) + 2 a'(\lambda)q'(\lambda)] \underline{H'(y + q(\lambda))}$$
$$+ a''(\lambda) \cdot \underline{H(y + q(\lambda))} \equiv -R(y, \lambda).$$

Durch Addition folgt die in λ und y identisch zu erfüllende Gleichung:

$$(23) \qquad A(\lambda) \cdot H''(y + q(\lambda)) + 2 B(\lambda) \cdot H'(y + q(\lambda))$$
$$+ C(\lambda) \cdot H(y + q(\lambda)) \equiv 0.$$

Die Koeffizienten A, B, C hängen nur von λ ab und sind reell; $A(\lambda) \neq 0$ $\big(A(\lambda) \equiv 0$ führt auf $B(\lambda) \equiv 0$ und $H(y + q(\lambda)) \equiv 0\big)$.

Suchen wir diese Identität für irgend einen bestimmten Wert $\lambda = \lambda_0$ zu erfüllen, so muß H notwendig die Lösung einer reduzierten linearen Differentialgleichung 2. Ordnung mit konstanten Koeffizienten sein. Für die unabhängige Veränderliche $y + q(\lambda_0)$ schreiben wir kurz y. Die allgemeinsten Lösungen der Differentialgleichung sind je nach dem Wert ihrer Diskriminante:

a) $\quad B^2 - AC < 0 : H(y) \equiv n_1 e^{m_1 y} \cos(m_2 y + n_2)$ $\Big\}$

b) $\quad B^2 - AC > 0 : H(y) \equiv n_1 e^{m_1 y} \mathfrak{Cof}(m_2 y + n_2)$ $\Big\}$ $\quad m_2 \neq 0$

$\qquad\qquad\qquad\quad\; H(y) \equiv n_1 e^{m_1 y} \mathfrak{Sin}(m_2 y + n_2)$ $\Big\}$

c) $\quad B^2 - AC = 0 : H(y) \equiv n_1 e^{m y}(y + n_2)$.

Die sämtlichen reellen Lösungen für die Funktion H werden durch reelle Wahl der Konstanten m_1, m_2, m; n_1, n_2 erfaßt.

Jede Funktion H, welche die Funktionalgleichung (22) erfüllt, muß notwendig die Form einer der angegebenen Lösungen der Differentialgleichung (23) haben. Es läßt sich durch Einsetzen dieser Lösungen in die Funktionalgleichung zeigen, daß diese formal erfüllt wird. Die aus der Differentialgleichung ge-

wonnenen Lösungen für $H(y)$ und damit gemäß (21) für $h(y)$
sind folglich die allgemeinsten.

In jedem Einzelfalle vereinfachen wir die Gleichung der
reellen Kurve $x + h(y) =$ const. durch Einführung eines passend
gewählten schiefwinkeligen Koordinatensystems (ξ, η), dessen
ξ-Achse in Richtung und Maßeinheit mit der alten x-Achse über-
einstimmt. Die Transformationsformeln lauten:

$$\text{für a) und b):} \begin{cases} \xi = x + m_1 y + \ln|n_1| \\ \eta = m_2 y + n_2; \end{cases}$$

$$\text{für c):} \begin{cases} \xi = x + m_1 y + \ln|n_1| \\ \eta = y + n_2. \end{cases}$$

Diese unter a), b) und c) angegebene Transformation bewirkt,
daß die reelle Gleichung der Kurve im (ξ, η)-Koordinatensystem
eine der nachfolgenden Formen annimmt:

$$(24) \qquad 1. \begin{cases} \text{a)} \quad \xi + \ln(\cos\eta) = \text{const.} \\[4pt] \text{b) } \alpha)\ \xi + \ln(\mathfrak{Coj}\,\eta) = \text{const.} \\ \quad\ \beta)\ \xi + \ln(\mathfrak{Sin}\,\eta) = \text{const.} \\ \quad\ \gamma)\ \xi + \ln(\mathfrak{Sin}(-\eta)) = \text{const.} \\[4pt] \text{c) } \alpha)\ \xi + \ln\eta = \text{const.} \\ \quad\ \beta)\ \xi + \ln(-\eta) = \text{const.} \end{cases}$$

Unseren weiteren Untersuchungen wollen wir diese zuletzt
angeschriebenen einfacheren Kurvengleichungen zu Grunde legen
und können dabei ohne Beschränkung der wesentlichen Geflechtseigenschaft das (ξ, η)-Koordinatensystem wieder als rechtwinkliges
auffassen und dafür (x, y) schreiben; die unter a), b) und c)
angeführten Gleichungen ergeben dann Kurven von der in Fig. 8
dargestellten Form.

Der Streifenbereich $\{y_2 - y_1\}$ des Geflechts der (x, y)-Ebene,
in dem die an die Funktionen $f_1(y)$ und $f_2(y)$ gestellten Voraussetzungen I. und II. § 2 erfüllt sind, ist in Unterscheidung
der einzelnen Fälle:

a) der Streifenbereich der Euklidischen Ebene von der
Breite kleiner als π;

b) und c) die Euklidische Vollebene.

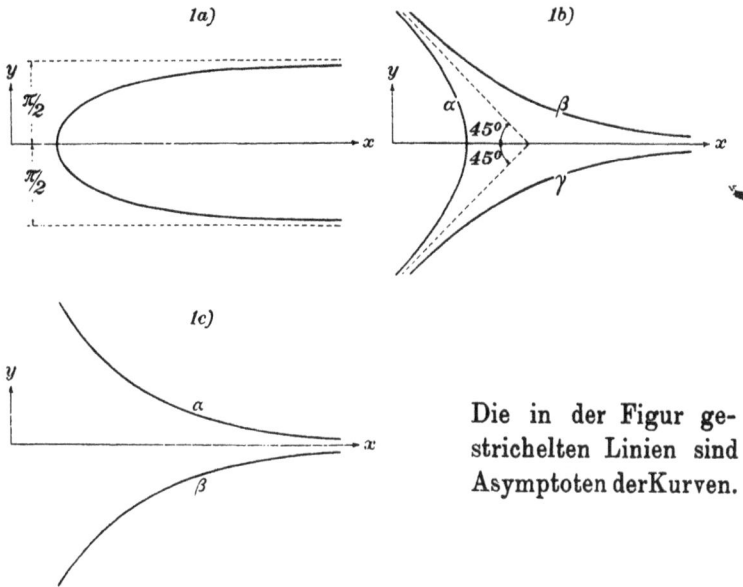

Fig. 8

Die in der Figur ge-
strichelten Linien sind
Asymptoten der Kurven.

Schließlich ist noch festzustellen inwieweit die Zusatzbe-
dingung auf S. 224, nämlich daß die Verschiebungsgrößen $p(\lambda)$
und $q(\lambda)$ für den ganzen Geflechtsbereich von λ reell und endlich werden, in jedem einzelnen der aufgezählten Fälle erfüllt
ist. Die Verschiebungsgrößen ergeben sich aus der Identität (19)
S. 224 als Funktion von λ:

a) $\begin{cases} p(\lambda) = \frac{1}{2}\ln\left(r_1^2 + r_2^2\right) \\ q(\lambda) = \operatorname{arc\,cotg}\left(\dfrac{r_1}{r_2}\right); \end{cases}$ hierbei ist: $\begin{aligned} &r_1 = e^{p_1}\cos q_1 \cos\lambda + e^{p_2}\cos q_2 \sin\lambda \\ &r_2 = e^{p_1}\sin q_1 \cos\lambda + e^{p_2}\sin q_2 \sin\lambda; \end{aligned}$

b) $\begin{cases} p(\lambda) = \frac{1}{2}\ln\left(r_1 \cdot r_2\right) \\ q(\lambda) = \frac{1}{2}\ln\left(\dfrac{r_1}{r_2}\right); \end{cases}$ „ $\begin{aligned} &r_1 = e^{p_1 + q_1}\cos\lambda + e^{p_2 + q_2}\sin\lambda \\ &r_2 = e^{p_1 - q_1}\cos\lambda + e^{p_2 - q_2}\sin\lambda; \end{aligned}$

c) $\begin{cases} p(\lambda) = \ln r_2 \\ q(\lambda) = \dfrac{r_1}{r_2}; \end{cases}$ „ $\begin{aligned} &r_1 = e^{p_1}q_1\cos\lambda + e^{p_2}q_2\sin\lambda \\ &r_2 = e^{p_1}\cos\lambda + e^{p_2}\sin\lambda. \end{aligned}$

Aus den Formeln erkennt man, daß die Verschiebungsgrößen
nicht in jedem Fall für den ganzen λ-Bereich reell und endlich
sind. Wir können von vornherein die unter a), b) und c) mög-

lichen Fälle $r_1 = 0$ und $r_2 = 0$ ausschließen, denn sie fordern bei a) $q_1 = q_2 + k\pi$, bei b) und c) $q_1 = q_2$ und scheiden deshalb wegen der Voraussetzung II. § 2 aus. Der Reihe nach erhalten wir folgende Ergebnisse:

a) Für jeden Wert λ des ganzen λ-Bereiches sind die Verschiebungsgrößen $p(\lambda)$ und $q(\lambda)$ reell und endlich, d. h. das Geflecht besteht aus lauter kongruenten parallelgestellten Kurven vom Typus $x + \ln(\cos y) = $ const.

Das Geflecht bezeichnen wir als „**vollkongruent**"; abgesehen von den zur x-Achse parallelen Geraden, in welche ∞^1 Kurven des Geflechtes (jeden logarithmischen Geflechtes! vgl. S. 215) ausarten, enthält das Geflecht ∞^2 kongruente und parallel gestellte Kurven einerlei Art.

b) Ist r_1 oder r_2 gleich Null, dann sind $p(\lambda)$ und $q(\lambda)$ nicht mehr endlich, sodaß die Funktionalbeziehung (17) ihren Sinn verliert. Für die beiden zugehörigen speziellen λ-Werte arten die Kurvensysteme in die beiden Geradensysteme $x + y = $ const. und $x - y = $ const. parallel zu den Kurvenasymptoten aus. Die Geraden gehören nicht zu den kongruenten parallelgestellten Kurven des Geflechts.

Erhalten r_1 und r_2 verschiedene Vorzeichen, so werden $p(\lambda)$ und $q(\lambda)$ beide nicht mehr reell. Zu dem Realteil von $p(\lambda)$ und $q(\lambda)$ tritt jeweils noch die additive Größe $\pm \ln \sqrt{-1}$ so hinzu, daß trotzdem die Geflechtskurve reell wird. Bauen wir beispielsweise ein Geflecht aus Kurven vom Typus $a)$ $x + \ln(\mathfrak{Cos}\, y) = $ const. auf, so liefert nur ein Teilbereich von λ kongruente und parallelgestellte Kurven; für einen zweiten und dritten Teilbereich erhalten wir Kurven vom Typus $\beta)$ $x + \ln(\mathfrak{Sin}\, y) = $ const. und $\gamma)$ $x + \ln(\mathfrak{Sin}(-y)) = $ const. Beginnen wir mit Kurven vom Typus $\beta)$ oder $\gamma)$, dann ergibt sich im wesentlichen das gleiche Geflecht.

Das Geflecht bezeichnen wir als „**teilkongruent**", d. h. es besteht, abgesehen von insgesamt 3 Parallelbüscheln gerader Linien, in welche ∞^1 Kurven degenerieren, aus **dreierlei Kurvenarten**; je ∞^2 Kurven einer Art sind kongruent und parallelgestellt.

c) Ist $r_2 = 0$, so erhält man für $p(\lambda)$ und $q(\lambda)$ keine endlichen Werte mehr. Das zugehörige Kurvensystem des Geflechts artet in das Geradensystem $x = $ const. aus; die Geraden gehören nicht zu den kongruenten parallelgestellten Kurven des Geflechts.

Ist r_2 negativ, dann wird $p(\lambda)$ nicht mehr reell; zu dem Realteil von $p(\lambda)$ tritt noch die additive Größe $\ln(-1)$ so hinzu, daß trotzdem die Geflechtskurve reell wird. Erzeugen wir z. B. das Geflecht durch Kurven vom Typus $a)$ $x + \ln y = \text{const.}$, so sind die Kurven eines Teilbereichs von λ dazu kongruent und parallelgestellt, die Kurven eines zweiten Teilbereichs von λ hingegen vom Typus $\beta)$ $x + \ln(-y) = \text{const.}$ Das Geflecht ist teilkongruent; es enthält, von den beiden Parallelbüscheln gerader Linien abgesehen, in welche ∞^1 Kurven degenerieren, zweierlei Kurvenarten; die ∞^2 Kurven einer Art sind kongruent und parallelgestellt.

Die drei eben besprochenen Geflechtstypen 1a), 1b) und 1c) sind auf S. 233 und 234 dargestellt (vgl. auch Erklärung der Figuren S. 235).

2. Lineares Geflecht aus lauter kongruenten parallelgestellten Kurven.

Die notwendige Bedingung für die Funktion h einer Kurve $x + h(y) = \text{const.}$ eines linearen Geflechts, das die geforderte Eigenschaft besitzt, ist die bereits S. 224 unter (20) angegebene in λ und y identisch zu erfüllende Funktionalgleichung für h:

$$[p(\lambda) + h(y + q(\lambda))](\cos\lambda + \sin\lambda)$$
$$\equiv [p_1 + h(y + q_1)]\cos\lambda + [p_2 + h(y + q_2)]\sin\lambda \equiv R(\lambda, y).$$

Durch zweimaliges Differenzieren nach λ ergibt sich die ebenfalls in λ und y identisch zu erfüllende Gleichung, worin h' bzw. h'' die Ableitungen nach den jeweiligen Argumenten von h bedeuten.

$$[q'^2(\lambda)(\cos\lambda + \sin\lambda)]\,h''(y + q(\lambda)) + [q''(\lambda)(\cos\lambda + \sin\lambda)$$
$$+ 2q'(\lambda)(\cos\lambda - \sin\lambda)]\,h'(y + q(\lambda)) + p''(\lambda)(\cos\lambda + \sin\lambda)$$
$$+ 2p'(\lambda)(\cos\lambda - \sin\lambda) - [p(\lambda) + h(y + q(\lambda))](\cos\lambda + \sin\lambda)$$
$$\equiv -R(\lambda, y).$$

Die Addition der beiden Beziehungen liefert die nachfolgende in λ und y identisch zu befriedigende Funktionalgleichung:

$$A(\lambda) \cdot h''(y + q(\lambda)) + B(\lambda) \cdot h'(y + q(\lambda)) + C(\lambda) \equiv 0.$$

Für einen festen Wert $\lambda = \lambda_0$ muß h notwendig die Lösung

·obiger linearen Differentialgleichung 2. Ordnung mit reellen konstanten Koeffizienten sein. Wir setzen für die unabhängige Veränderliche $y + p(\lambda_0)$ einfach y. Die allgemeinsten Lösungen der
Differentialgleichung sind:

a) $B = 0$: $\pm h(y) \equiv (my + n_1)^2 + n_2$;

b) $B \neq 0$: $\pm h(y) \equiv e^{m_1 y + n_1} + m_2 y + n_2$; wobei $m_1 \neq 0$.

$A \neq 0$ ($A = 0$ würde $B = 0$ bedeuten, ist also ausgeschlossen).

Die Konstanten m_1, m_2 und m sind, da sie nur von Koeffizienten der Gleichung abhängen, reell; folglich auch die Inte-
grationskonstanten n_1 und n_2, wenn die Geflechtskurven $x + h(y)$
$=$ const. selbst reell werden sollen. Wir können — ganz analog
wie bei den logarithmischen Geflechten — die Gleichungen der
Kurven $x + h(y) =$ const. auf ein passend gewähltes neues schief-
winkliges Koordinatensystem (ξ, η) beziehen:

$$\text{a)} \begin{cases} \pm \xi = x + n_2 \\ \eta = my + n_1; \end{cases}$$

$$\text{b)} \begin{cases} \pm \xi = x + m_2 y + n_2 \\ \eta = m_1 y + n_1. \end{cases}$$

Die zwei Vorzeichen bedeuten lediglich die für lineare Geflechte triviale Gleichwertigkeit der positiven und negativen Abs-
zissenachse.

Im neuen Koordinatensystem ausgedrückt, heißen dann die
Gleichungen der Geflechtskurven:

(25)   2. $\begin{cases} \text{a) } \xi + \eta^2 = \text{const.} \\ \text{b) } \xi + e^\eta = \text{const.} \end{cases}$

Wir fassen das schiefwinklige Koordinatensystem (ξ, η) wieder
als rechtwinkliges auf und schreiben (x, y) statt (ξ, η).

Die Bilder der Kurven sind:

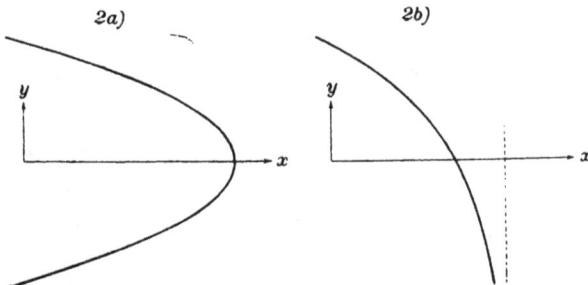

Fig. 9

Der Streifenbereich $\{y_2 - y_1\}$ des Geflechts, in welchem die Voraussetzungen I. und II. § 2 für die unter (25) a) bzw. b) angegebenen Kurventypen erfüllt sind, umfaßt beidesmal die Euklidische Vollebene.

Die Verschiebungsgrößen $p(\lambda)$ und $q(\lambda)$ ergeben sich aus der Identität (20) S. 224:

$$a) \begin{cases} p(\lambda) = \dfrac{(p_1 + q_1^2)\cos\lambda + (p_2 + q_2^2)\sin\lambda}{\cos\lambda + \sin\lambda} - q^2(\lambda) \\[2mm] q(\lambda) = \dfrac{q_1\cos\lambda + q_2\sin\lambda}{\cos\lambda + \sin\lambda}; \end{cases}$$

$$b) \begin{cases} p(\lambda) = \dfrac{p_1\cos\lambda + p_2\sin\lambda}{\cos\lambda + \sin\lambda} \\[2mm] q(\lambda) = \ln\left(\dfrac{e^{q_1}\cos\lambda + e^{q_2}\sin\lambda}{\cos\lambda + \sin\lambda}\right). \end{cases}$$

Der Fall $\operatorname{tg}\lambda = -1$ sei gleich vorweggenommen; das Kurvensystem des Geflechts artet hier in das System gerader Linien parallel zur x-Achse aus, welches in jedem linearen Geflecht enthalten ist (vgl. S. 216).

a) Für alle übrigen λ-Werte $0 \leq \lambda < 2\pi$ des Geflechtsbereiches sind $p(\lambda)$ und $q(\lambda)$ reell und endlich. Das Geflecht ist voll-kongruent; es besteht — von dem System der ∞^1 Geraden $y = $ const. parallel zur x-Achse abgesehen — aus ∞^2 kongruenten und parallelgestellten Parabeln von der Form $x + y^2 = $ const.

b) Für $\operatorname{tg}\lambda = -e^{q_1 - q_2}$ artet das Kurvensystem des Geflechts in ein Parallelensystem zur y-Achse (= Asymptotenrichtung) aus. Bauen wir das Geflecht aus Kurven vom Typus $x + e^y = $ const. auf, dann erhält man für einen Teilbereich von λ, für den $q(\lambda)$ reell bleibt, dazu kongruente parallelgestellte Kurven, für einen zweiten Teilbereich, für den $q(\lambda)$ imaginär wird, Kurven vom Typus $x - e^y = $ const.

Das Geflecht ist teilkongruent und enthält — abgesehen von den beiden Systemen der ∞^1 achsenparallelen Geraden $x = $ const. und $y = $ const. — insgesamt zweierlei Kurvenarten; die ∞^2 Kurven einer Art sind kongruent und parallelgestellt.

Darstellung der Geflechtstypen 2a) und 2b), sowie Figurenerklärung siehe S. 234 und 235.

Zusammenfassung: Wenn wir fordern, daß in einem Geflecht die Kurven nicht nur systemweise unter sich kongruent sind und durch Parallelverschiebung in der x-Richtung auseinander hervorgehen, sondern daß auch die Kurven der verschiedenen Systeme kongruent und parallelgestellt sind, dann ergeben sich allgemein folgende Geflechtstypen, wieder in Unterscheidung des logarithmischen und linearen Geflechtes:

1. *Logarithmisches Geflecht:*

   a) *Das Geflecht ist vollkongruent. Es enthält nur einerlei Kurven vom Typus* $x + ln(\cos y) = const.$, *außerdem nur die zur x-Achse parallelen Geraden* $y = const.$

   b) *Das Geflecht ist teilkongruent. Es enthält dreierlei Kurventypen:* α) $x + ln(\mathfrak{Cof}\, y) = const.$, β) $x + ln(\mathfrak{Sin}\, y) = const.$ *und* γ) $x + ln(\mathfrak{Sin}(-y)) = const.$ *Außerdem zwei verschiedene Geradensysteme* $x + y = const.$ *und* $x - y = const.$ *als ausgeartete Kurvensysteme und die zur x-Achse parallelen Geraden* $y = const.$

   c) *Das Geflecht ist teilkongruent. Es enthält zweierlei Kurven vom Typus* α) $x + ln\, y = const.$ *und* β) $x + ln(-y) = const.$, *außerdem ein Geradensystem* $x = const.$ *als ausgeartetes Kurvensystem und die zur x-Achse parallelen Geraden* $y = const.$

2. *Lineares Geflecht:*

   a) *Das Geflecht ist vollkongruent. Es enthält nur einerlei Kurven vom Typus* $x + y^2 = const.$, *außerdem das System der zur x-Achse parallelen Geraden* $y = const.$

   b) *Das Geflecht ist teilkongruent. Es enthält zweierlei Kurven vom Typus* $x + e^y = const.$, $x - e^y = const.$, *außerdem die beiden Systeme der zur y- und x-Achse parallelen Geraden* $x = const.$ *und* $y = const.$

(Vgl. Darstellung der fünf Geflechtstypen in den Figuren S. 233—235, sowie Figurenerklärung S. 235.)

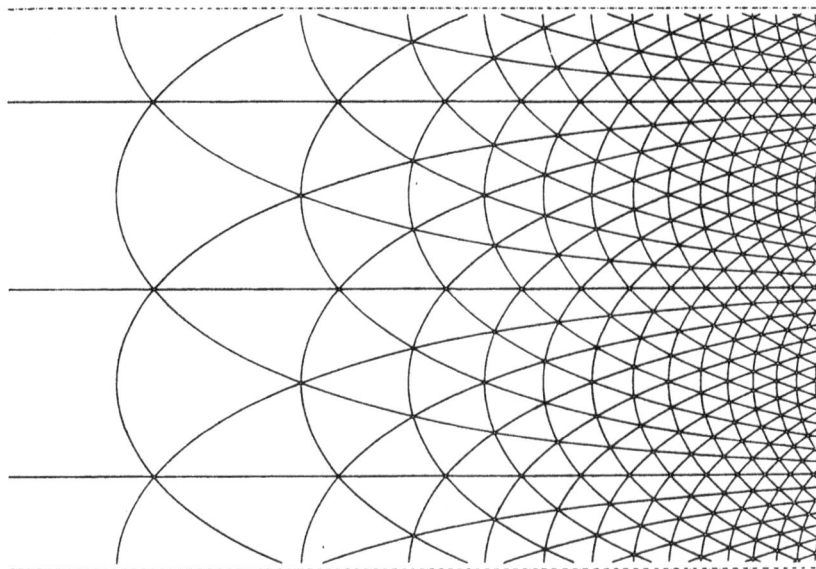

Geflecht 1a)   —————→ *x*

Geflecht 1b)   —————→ *x*

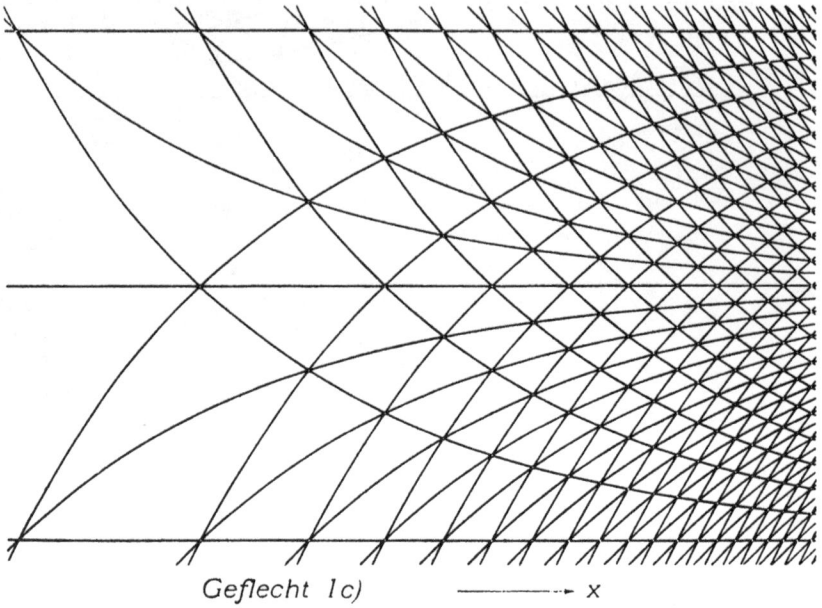

Geflecht 1c) ————⇀ x

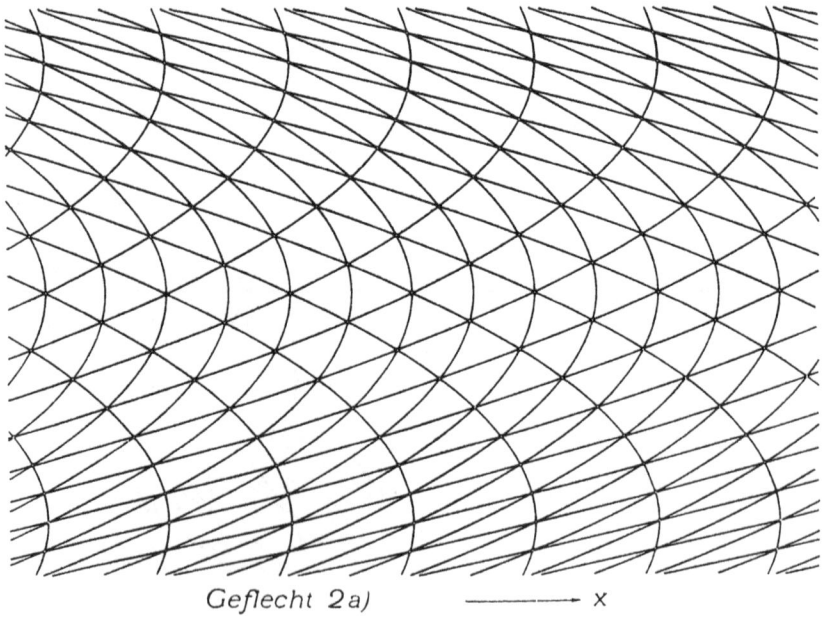

Geflecht 2a) ————⇀ x

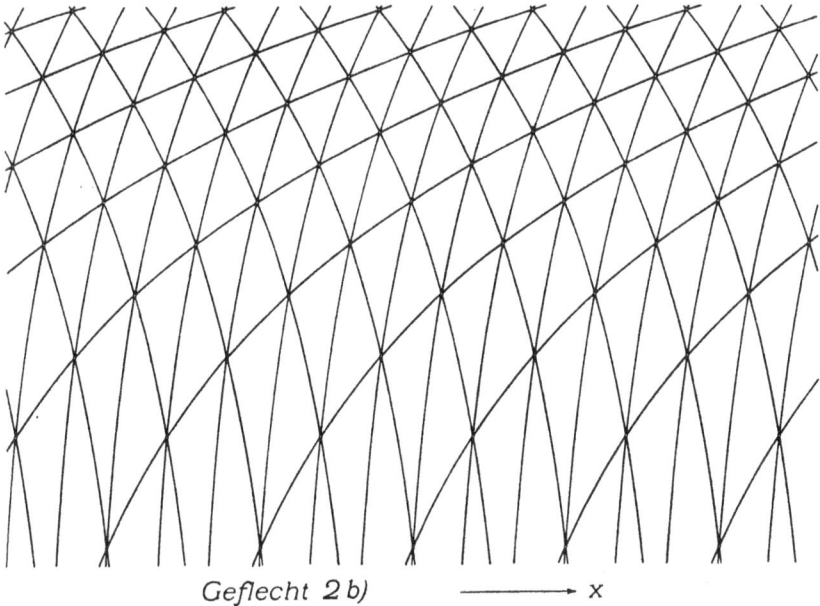

Geflecht 2 b)   ———→ x

Erklärung der Figuren S. 233 bis 235.

In den Figurentafeln S. 233 bis 235 sind alle 5 möglichen voll- und teilkongruenten Geflechtstypen durch je ein endliches dem Geflecht angehöriges Dreiecksnetz veranschaulicht; jedes der 5 aus Geflechtskurven bestehenden Dreiecksnetze kann gemäß § 1 als das Bild eines Dreiecksnetzes gerader Linien aufgefaßt werden, welches durch 3 Parallelbüschel äquidistanter Geraden gebildet wird. Die dargestellten Dreiecksnetze bzw. die durch sie veranschaulichten Geflechte breiten sich über die ganze Ebene aus; wenn wir jedoch die ein-eindeutige Zuordnung von Geraden und Kurven des Geflechtes fordern, ist der Geflechtsbereich im Falle 1a) höchstens der Streifenbereich der Euklidischen Ebene zwischen den 2 strichpunktierten Randparallelen ausschließlich derselben. Durch besondere Auswahl der 3 Systeme von Netzkurven aus dem Geflecht wurde dabei erreicht, daß die dargestellten Netze folgende Eigenschaften besitzen:

In allen 5 Typen sind sämtliche für das betreffende Geflecht charakteristischen Kurven unter den gezeichneten Netzkurven vorhanden (bei 1a), 2a) je eine Kurve, bei 1c), 2b) je zwei ver-

schiedene Kurven und bei 1 b) drei verschiedene Kurven). Jedes
Geflecht enthält also nur Kurven, welche zu seinen charakteristischen Kurven kongruent und parallelgestellt sind. Der Verlauf von
weiteren Kurven des Geflechts läßt sich dadurch verfolgen, daß
man gleichviele Netzdreiecke systematisch zu einem weitermaschigen
Vierecksnetz zusammenfaßt und die „Diagonalkurven" einfügt. Man
erhält so beliebige weitere Kurvensysteme des Geflechts als Diagonalsysteme des Dreiecksnetzes.

In allen fünf Typen sind die dem betreffenden Geflecht charakteristischen Ausartungen der Geflechtskurven in Gerade unter
den Diagonalsystemen der gezeichneten Dreiecksnetze vorhanden
(bei allen fünf Typen die Parallelen zur x-Richtung, außerdem
bei 1 a), 2 a) keine weiteren Geraden, bei 1 c), 2 b) je ein weiteres
Parallelensystem senkrecht zur x-Richtung, bei 1 b) zwei weitere
Parallelensysteme unter $\pm 45^0$ zur x-Richtung geneigt).

Bemerkung: Die ebenen Geflechte, bei denen nur drei
Systeme aus lauter kongruenten und parallelgestellten Kurven
bestehen, haben als notwendige Bedingung die bereits S. 224 angeführten Funktionalgleichungen (19) bzw. (20), je nachdem man
1. ein logarithmisches oder 2. ein lineares Geflecht zu Grunde legt;
λ ist jedoch jetzt in den Gleichungen eine feste Zahl. Wir können
somit an Stelle von (19) und (20) einheitlich die in y identisch
zu erfüllende Funktionalgleichung schreiben:

$$\psi(y + q_0) \equiv c_0 + c_1 \psi(y + q_1) + c_2 \psi(y + q_2).$$

Darin bedeuten: q_0, q_1, q_2; c_0, c_1, c_2 reelle vorgegebene Zahlen,
wobei $q_0 < q_1 < q_2$ sei und ferner $c_1 \neq 0$, $c_2 \neq 0$. Die gesuchte
Funktion ψ hat die Bedeutung:

1. Logarithmisches Geflecht: $c_0 = 0$; Gleichung einer Geflechtskurve: $x + \ln(\psi(y)) = $ const.

2. Lineares Geflecht: $c_0 \neq 0$; Gleichung einer Geflechtskurve:
$x + \psi(y) = $ const.

Es läßt sich leicht einsehen, daß ψ in dem Intervall $q_0 \leqq y \leqq q_2$
als beliebige reelle stetige Funktion gewählt werden kann, wenn
nur $\psi(q_0) \equiv c_0 + c_1 \psi(q_1) + c_2 \psi(q_2)$. Im ganzen übrigen Bereich
von y ist dann $\psi(y)$ eindeutig bestimmt.

Ergebnis: Ein Dreiecksnetz aus drei Kurvensystemen, welches lauter kongruente parallel gestellte Kurven enthält, die systemweise durch Parallelverschiebung in der x-Richtung auseinander hervorgehen, kann aus Kurven aufgebaut werden, die noch in weitem Maße willkürlich sind.

§ 5. Geflechte aus lauter ähnlichen Kurven.

In § 4 wurde die Frage untersucht, inwieweit es möglich ist, Geflechte aus lauter kongruenten Kurven aufzubauen; dabei sollten nicht nur die Kurven eines Systems, sondern auch zwei beliebige Kurven verschiedener Systeme kongruent sein und durch Parallelverschiebung auseinander hervorgehen.

Wir wollen nun die analoge Frage für ähnliche Kurven stellen: Kann man aus lauter ähnlichen Kurven Geflechte aufbauen, bei denen nicht nur die Kurven eines Systems ähnlich sind und A. durch Strahlung oder B. durch Spiralung hinsichtlich eines festen Zentrums O auseinander hervorgehen, sondern bei denen auch die Kurven verschiedener Systeme durch Drehstreckung hinsichtlich O ineinander überführbar sind?

Ebenso wie wir in § 3 Geflechte mit systemweise ähnlichen Kurven dadurch erhalten haben, daß wir die Geflechte mit systemweise kongruenten Kurven transformierten, werden wir in diesem Paragraphen Geflechte aus lauter ähnlichen Kurven dadurch ableiten, daß wir die gleichen Transformationen auf die Geflechte mit lauter kongruenten Kurven anwenden. Die notwendige Bedingung dafür, daß alle Kurven eines Geflechts kongruent und parallelgestellt sind, war folgende Gleichungsform für irgend eine Kurve eines beliebigen Systems λ des Geflechts (vgl. S. 224, (17)):

$$(26) \qquad x + p(\lambda) + h\,(y + q(\lambda)) = \text{const.}$$

Wir transformieren die (x, y)-Ebene in die (φ, r)-Ebene (φ und r sind Polarkoordinaten) vermittels der in § 3 unter A. bzw. B. angegebenen Formeln (13) bzw. (15). Ein Kurvengeflecht in der (x, y)-Ebene, das aus lauter kongruenten parallelgestellten Kurven von der Gleichung (26) besteht, verwandelt sich durch diese Transformation in ein Kurvengeflecht, dessen Kurven die Gleichungen haben:

A. $a \ln \left(r \cdot e^{\frac{p(\lambda)}{a}} \right) + h \left[b \left(\varphi + \frac{q(\lambda)}{b} \right) \right] = \text{const.}$,

B. $a \left(\varphi + \frac{p(\lambda)}{a} \right) + h \left[b k \left(\varphi + \frac{p(\lambda)}{a} \right) - b \ln \left(r \cdot e^{k\frac{p(\lambda)}{a} - \frac{q(\lambda)}{b}} \right) \right] = \text{const.}$

Die Kurven verschiedener Systeme λ sind in beiden Fällen ähnlich und gehen durch Drehstreckung hinsichtlich $O(r = 0)$ auseinander hervor. Die Größe der Drehung und Streckung einer Kurve bezüglich der Ausgangslage $p(\lambda) = 0$, $q(\lambda) = 0$ drückt sich aus:

A. Drehung $= \dfrac{q(\lambda)}{b}$; Streckung $= e^{\frac{p(\lambda)}{a}}$.

B. „ $= \dfrac{p(\lambda)}{a}$; „ $= e^{k\frac{p(\lambda)}{a} - \frac{q(\lambda)}{b}}$.

Die Gleichungen der Kurven, aus denen wir ein voll- oder teil„ähnliches" Geflecht aufbauen können, ergeben sich durch Transformation der Kurvengleichungen (24) S. 226 und (25) S. 230 gemäß den Beziehungen (13) S. 219 und (15) S. 221.

Zusammenfassung:

Wenn wir fordern, daß in einem Geflecht nicht nur die Kurven eines Systems ähnlich sind und A. durch Strahlung oder B. durch Spiralung hinsichtlich O auseinander hervorgehen, sondern daß auch die Kurven der verschiedenen Systeme unter sich ähnlich sind und durch Drehstreckung bezüglich O ineinander übergeführt werden können, dann erhalten wir besondere Geflechte bzw. Geflechtskurven ganz analog denjenigen von § 4 (24) und (25). Die allgemeinste Lösung des Problems ergibt sich durch die Transformation der in § 4 angeführten voll- oder teilkongruenten Geflechte vermittels der Gleichungen (13) bzw. (15):

A. $\begin{aligned} x &= a \ln r \\ y &= b \varphi \end{aligned}$ bzw.   B. $\begin{aligned} x &= a \varphi \\ y &= b (k \varphi - \ln r). \end{aligned}$

Dabei sind x, y Cartesische Koordinaten, r, φ Polarkoordinaten. Die Klassifizierung der Geflechte erfolgt wieder nach den Gesichtspunkten des vorigen Paragraphen und zwar ergeben sich „voll- oder teilähnliche" Geflechte im analogen Sinn definiert wie die voll- und teilkongruenten Geflechte des vorigen Paragraphen. Als Ausartung enthalten die Geflechte von O ausgehende Gerade bzw. logarithmische Spiralen.

2. Kapitel: **Kurvengeflechte auf krummen Flächen.**

§ 6. Geflechte systemweise kongruenter Kurven auf Zylinder-, Dreh- und Schraubenflächen.

A. Welches sind auf einem beliebigen Zylinder die allgemeinsten Kurvengeflechte derart, daß jedes darin enthaltene Kurvensystem aus kongruenten (Raum-)Kurven besteht, welche alle durch Parallelverschiebung in Richtung der Zylindererzeugenden auseinander hervorgehen?

Die Antwort auf die Frage ist nach Vorliegen der Resultate in der Ebene trivial. Wir biegen den Streifenbereich eines ebenen Geflechtes vom Typus § 2 A. so auf den Zylinder auf, daß die Parallelen zur x-Achse Zylindererzeugende werden.

Das entstehende Kurvengeflecht auf dem Zylinder ist das allgemeinste von der geforderten Eigenschaft.

B. Welches sind auf einer beliebigen Drehfläche bzw. Schraubenfläche die allgemeinsten Kurvengeflechte derart, daß jedes darin enthaltene Kurvensystem aus kongruenten Kurven besteht, welche durch Drehung bzw. Schraubung um die Achse auseinander hervorgehen?

Auch hier können wir durch Abbildung eines ebenen Geflechts vom Typus § 2 B. auf die Dreh- oder Schraubenfläche ein Geflecht erzeugen, welches die geforderte Eigenschaft besitzt. An die Stelle des Drehwinkels φ im ebenen Geflecht tritt der Meridianwinkel, den Radius r deuten wir als Bogenlänge des Meridians. Die Rolle der konzentrischen Kreise übernehmen hier die Breitenkreise oder Schraubenlinien der Fläche. Dem Ringbereich des ebenen Geflechts entspricht ein Zonenbereich der Dreh- oder Schraubenfläche. *Die damit gewonnene Lösung ist die allgemeinste.*

§ 7. Geflechte systemweise ähnlicher Kurven auf Kegel- und Spiralflächen.

A. Welches sind auf einem beliebigen Kegel die allgemeinsten Kurvengeflechte derart, daß jedes darin enthaltene Kurvensystem aus ähnlichen Kurven besteht, welche alle durch „Strahlung" von der Kegelspitze O aus ineinander übergehen (d. h. ähnlich und zu O ähnlich gelegen sind)?

Wir biegen den Fächerbereich eines ebenen Geflechts vom Typus § 3 A. so auf den Kegelmantel auf, daß die Strahlen Kegelerzeugende werden. *Auf solche Weise kann jedes mögliche Kurvengeflecht mit der geforderten Eigenschaft erzeugt werden.*

B. Welches sind auf einer beliebigen Lie'schen Spiralfläche[1]) die allgemeinsten Kurvengeflechte derart, daß jedes darin enthaltene Kurvensystem aus ähnlichen Kurven besteht, welche alle durch „Spiralung" bezüglich der z-Achse der Spiralfläche und des darauf gelegenen festen Punktes O ineinander übergehen?

Wir bilden ein ebenes Geflecht vom Typus § 3 B. auf die Spiralfläche ab; den Winkel φ deuten wir als den Meridianwinkel, den Radiusvektor r als die Bogenlänge des Meridians, von homologen Punkten aus gezählt. Dem Parallelstreifenbereich des ebenen Geflechts entspricht eindeutig ein Zonenbereich der Spiralfläche zwischen zwei Flächenspiralen. *Die so gewonnenen Geflechte sind die allgemeinsten ihrer Art.*

§ 8. Definition besonderer Drehflächen, Schraubenflächen und Spiralflächen durch Eigenschaften daraufliegender Kurvengeflechte.

Im vorigen Paragraphen wurden Kurvengeflechte auf Dreh-, Schrauben- und Spiralflächen angegeben, deren Kurven systemweise durch Drehung, Schraubung, Spiralung auseinander hervorgingen. Dabei waren sowohl der Flächenmeridian als auch die beiden ein Geflecht bestimmenden Kurven der Ausgangssysteme auf der Fläche in weitem Maße willkürlich.

---

[1]) Eine Lie'sche Spiralfläche entsteht dadurch, daß sich eine Raumkurve um eine feste Achse z dreht und in bezug auf einen festen Punkt O der Achse gleichzeitig mit der Drehung φ ähnlich verändert: jeder Punkt P der Kurve mit dem Radiusvektor OP beschreibt bei seiner Drehung φ um die z-Achse und gleichzeitiger Streckung $OP = e^{k\varphi}$ eine Kegelloxodrome (Spirale) auf je einem besonderen Drehkegel, dessen Achse z und dessen Spitze O ist. Jede Kurve der Spiralfläche erzeugt die Fläche durch die gleiche (mit der Konstanten k festgelegten) Drehstreckung, die wir als „Spiralung" bezeichnen wollen.

Ich werde in diesem Paragraphen Beispiele dafür anführen, daß sich spezielle Flächen oben bezeichneter Klasse dadurch definieren lassen, daß man dem daraufliegenden Kurvengeflecht systemweise kongruenter bzw. ähnlicher Kurven besondere Eigenschaften hinsichtlich der Fläche zuweist.

1. Beispiel: Von dem Kurvengeflecht auf der Fläche sollen sowohl die beiden Ausgangssysteme u und v, welche das Geflecht definieren, als auch noch ein spezielles weiteres Kurvensystem $\omega = u \cos \lambda + v \sin \lambda$, etwa $\lambda = \pi/4$, aus geodätischen Linien der Fläche bestehen. Die drei Systeme geodätischer Linien können zu einem „infinitesimalen Dreiecksnetz" zusammengefügt werden. Je nachdem man dem geodätischen Dreiecksnetz ein logarithmisches oder lineares Geflecht zu Grunde legt, kommt man zu besonderen Dreh-, Schrauben- oder Spiralflächen. Nur der Fall, daß die Kurven u und v eines linearen Geflechts bezüglich der Meridianebene einer Drehfläche symmetrisch liegen, liefert keine bestimmten Meridiankurven, d. h. auf jeder Drehfläche (und Schraubenfläche) gibt es solche triviale geodätische Dreiecksnetze. Dreh-, (Schrauben-) und Spiralflächen mit nicht-trivialen geodätischen Dreiecksnetzen sind von Herrn R. Sauer[1]) in seiner Habilitationsschrift untersucht. Die Tatsache, daß die dort als Beispiele für Flächen mit geodätischen Dreiecksnetzen angeführten Dreh- und Spiralflächen die allgemeinsten sind, bei welchen die geodätischen Netzlinien durch Drehung bzw. Spiralung ineinander übergehen, folgt aus § 2, S. 212 Satz 1, sowie § 6, S. 239 B. und § 7, S. 240 B. ohne weiteres; denn die logarithmische bzw. lineare Anordnungsfunktion für die Parametersysteme u und v ergibt sich (unabhängig davon, ob geodätisch oder nicht) bereits aus der Forderung, daß außer u und v noch irgend ein weiteres (durch λ bestimmtes) Kurvensystem ω aus Kurven bestehen soll, die durch Drehung bzw. Spiralung auseinander hervorgehen.

Herr O. Volk[2]) hat diese Frage der Allgemeinheit bereits in anderem Zusammenhang geklärt.

---

[1]) R. Sauer, „Flächen mit drei ausgezeichneten Systemen geodätischer Linien, die sich zu einem Dreiecksnetz verknüpfen lassen". Sitzungsber. der bayr. Akad. d. Wiss., math.-naturw. Abt., 1926. S. 365 ff.

[2]) O. Volk, „Über diejenigen Rotationsflächen, auf denen drei Systeme geodätischer Linien ein Dreiecksnetz bilden". Ebenda 1927, S. 261 ff.

2. Beispiel: Von dem Kurvengeflecht auf einer Dreh-, Schrauben-
oder Spiralfläche sollen die beiden Ausgangssysteme
u und v ein Orthogonalsystem bilden; außerdem
fordern wir, daß die beiden mit $\omega_1 = u + v$ und $\omega_2 = u - v$
bezeichneten Kurvensysteme (nach unserer Schreibweise von § 1
sind die zugehörigen λ-Werte bis auf Vielfache von π die Werte
$\frac{1}{4}\pi$ und $\frac{3}{4}\pi$) aus geodätischen Linien der Fläche bestehen.

Die Geraden ω_1, ω_2; u, v lassen sich dann bei diskreter Anordnung in der (u, v)-Ebene als Quadratnetz mit Diagonalgeraden
deuten, das beliebig verfeinert werden kann; der Grenzprozeß der
Verfeinerung definiert auf der Fläche ein „infinitesimales"
Rhombennetz aus geodätischen Linien ω_1 und ω_2. Da die
Existenz eines infinitesimalen geodätischen Rhombennetzes notwendig und hinreichend ist für die sog. Liouville'schen Flächen[1]),
liefert unsere Forderung Dreh-, Schrauben-, bzw. Spiralflächen, die zugleich Liouville'sche Flächen sind. Nun
ist aber jede Drehfläche und Schraubenfläche Liouville'sche Fläche;
es enthält nämlich jede Drehfläche infinitesimale Rhombennetze
aus geodätischen Linien, die zu den Meridianen der Drehfläche
symmetrisch gelegen sind und deren Diagonalsysteme aus Meridianen
und Breitenkreisen bestehen; letztere gehören einem linearen Geflecht als Ausartung an. Sehen wir bei Dreh- bzw. Schraubenflächen davon ab, als eines der zwei Ausgangssysteme u oder v
die Breitenkreise bzw. Schraubenlinien zu wählen, dann gelangt
man je nach Zugrundelegung eines logarithmischen oder linearen
Geflechts sowohl bei Drehflächen und Schraubenflächen als auch
bei Spiralflächen zu bestimmten Meridiankurven. Speziell die
so erhaltenen Dreh- und Schraubenflächen tragen dann
neben den vorher erwähnten trivialen geodätischen
Rhombennetzen noch weitere davon verschiedene, müssen folglich nach Darboux[2]) Dreh- und Schraubenflächen sein, die ∞^2 infinitesimale geodätische Rhombennetze enthalten.

---

[1]) A. Voss, „Über diejenigen Flächen, welche durch zwei Scharen von
Kurven konstanter geodätischer Krümmung in infinitesimale Rhomben zer-
legt werden." Sitzungsber. der bayr. Akad. d. Wiss., math.-naturw. Abt., 1906,
S. 247 ff.

[2]) Darboux, „leçons sur la théorie générale des surfaces", Paris 1894,
III. Bd., S. 34.

Als Koordinaten der Fläche führen wir die Bogenlänge σ des Meridians und den Winkel φ der Meridianebene ein. Das Linienelement ds schreibt sich dann immer:

A. Für Schrauben- und Drehflächen:

$$ds^2 = d\sigma^2 + 2F_0(\sigma)\, d\sigma\, d\varphi + G_0(\sigma)\, d\varphi^2;$$

bei Drehflächen ist $F_0(\sigma) \equiv 0$.

B. Für Spiralflächen[1]):

$$ds^2 = e^{2k\varphi}\left[d\sigma^2 + 2B_0(\sigma)\, d\sigma\, d\varphi + C_0(\sigma)\, d\varphi^2\right];$$

$k \neq 0$ ist die Konstante der Spiralfläche. Die Parametersysteme u und v der Fläche, welche 1. einem logarithmischen oder 2. einem linearen Geflecht angehören und dort nicht Ausartungen in Breitenkreise, Schraubenlinien bzw. Spiralen sein sollen, müssen sich dann für beide Flächenklassen A. bzw. B. darstellen:

$$(27) \quad \begin{cases} \text{entweder 1.} & \begin{cases} a \ln u = \varphi + f_1(\sigma) \\ a \ln v = \varphi + f_2(\sigma) \end{cases} \\[2ex] \text{oder 2.} & \begin{cases} b_1 u = \varphi + f_1(\sigma) \\ b_2 v = \varphi + f_2(\sigma) \end{cases} \end{cases}$$

a, b_1, b_2, sind beliebige, reelle, von Null verschiedene Konstante.

Wie eine kurze Rechnung zeigt, erhalten wir in Unterscheidung der einzelnen Fälle für die Fundamentalgrößen 1. Ordnung folgende Funktionen:

A. Dreh- und Schraubenflächen.

E, F, G sind entweder:

$(28) \begin{cases} 1. \text{ homogene Funktionen von } u \text{ und } v \text{ vom Grade } (-2), \text{ oder:} \\ 2. \text{ Funktionen von } (b_1 u - b_2 v) \text{ allein.} \end{cases}$

B. Spiralflächen.

E, F, G sind entweder:

$(29) \begin{cases} 1. \text{ homogene Funktionen von } u \text{ und } v \text{ vom Grade } 2\,(ak-1), \text{ oder:} \\ 2. \text{ Funktionen von } (b_1 u - b_2 v) \text{ mal dem Faktor } e^{k\,(b_1 u + b_2 v)}. \end{cases}$

---

[1]) Darboux, „leçons sur la théorie générale des surfaces", Paris 1887, Bd. I, S. 109.

Nach Darboux[1]) ist diese Form der Fundamentalgrößen E, F, G charakteristisch für Dreh-, Schrauben- bzw. Spiralflächen, deren Parameterlinien u und v in der durch die Gleichungen (27) angegebenen Weise angeordnet sind.

Die beiden Kurvensysteme u und v der Fläche sollten nach unserer Forderung die beiden zueinander orthogonalen Diagonalsysteme eines infinitesimalen geodätischen Rhombennetzes vorstellen. Das Linienelement für eine beliebige Liouville'sche Fläche kann man immer in der Form $ds^2 = (U + V)(U\,du^2 + V\,dv^2)$ schreiben, wobei U bzw. V nur Funktionen von u bzw. v allein sind.

Die geodätischen Linien der Liouville'schen Fläche, welche irgend eine Kurve $u =$ const. oder $v =$ const. umhüllen, lassen sich zu einem infinitesimalen geodätischen Rhombennetz verknüpfen, welches stets die beiden Systeme u und v als Diagonalkurvensysteme hat.

Die Fundamentalgrößen 1. Ordnung der Liouville'schen Flächen, als Funktion von u und v, sind:

$$E \equiv (U + V)\,U; \quad F \equiv 0; \quad G \equiv (U + V)\,V.$$

Daraus: $\qquad U \equiv \dfrac{E}{\sqrt{E + G}}, \qquad V \equiv \dfrac{G}{\sqrt{E + G}}, \qquad E + G \neq 0.$

Speziell für die Parameterlinien u und v einer Dreh-, Schrauben- bzw. Spiralfläche, die systemweise durch Drehung, Schraubung bzw. Spiralung ineinander übergehen, ergab sich aber S. 243 (28) und (29), also:

A. 1. $U(u) \equiv u^{-1} \cdot \Phi\left(\dfrac{u}{v}\right),$ B. 1. $U(u) \equiv u^{ak-1} \cdot \Phi\left(\dfrac{u}{v}\right),$

    2. $U(u) \equiv \Phi(b_1 u - b_2 v),$ 2. $U(u) \equiv e^{k b_1 u} \cdot \Phi(b_1 u - b_2 v),$

d. h. Φ ist überall eine Konstante. Analoges folgt für $V(v)$. Das Linienelement $ds^2 = (U + V)(U\,du^2 + V\,dv^2)$ der zu bestimmenden Dreh-, Schrauben- bzw. Spiralfläche hat folglich eine der beiden folgenden Formen:

1. $\begin{aligned} U(u) &\equiv c_1\,u^{m-1}, \\ V(v) &\equiv c_2\,v^{m-1}; \end{aligned}$

2. $\begin{aligned} U(u) &\equiv c_1\,e^{m u}, \\ V(v) &\equiv c_2\,e^{m v}; \end{aligned}$

---

[1]) Darboux, „leçons sur la théorie générale des surfaces", Paris 1894, III. Bd., S. 73, 74.

dabei sind c_1, c_2 beliebige reelle von Null verschiedene
Zahlen und zwar ist:

   A. bei Drehflächen und Schraubenflächen: $m = 0$,

   B. bei Spiralflächen: $m \neq 0$ und beliebig.

Im Fall 2. ergibt sich also für Drehflächen der Drehzylinder.

   Zum Schlusse will ich noch erwähnen, wie sich der Meridian
einer Drehfläche im Fall 1. bestimmen läßt. Schreiben wir
für das Linienelement der Drehfläche

$$ds^2 = d\sigma^2 + r^2(\sigma) d^2\varphi,$$

wobei $r(\sigma)$ den Achsenabstand des Flächenpunktes bedeutet, dann
erhält man die Bedingung für die Orthogonalität der Kurvensysteme u und v

$$a \ln u = \varphi + f_1(\sigma)$$
$$a \ln v = \varphi + f_2(\sigma)$$

in folgender Form:

$$(30) \qquad r^2(\sigma) \cdot f_1'(\sigma) \cdot f_2'(\sigma) + 1 = 0.$$

   Da die Kurvensysteme $\omega_1 = u + v$ und $\omega_2 = u - v$ geodätisch sein sollen, müssen ihre Kurven $\varphi + g_1(\sigma) = $ const. und
$\varphi + g_2(\sigma) = $ const. den Clairautschen Gleichungen genügen:

$$(31) \quad g_1'(\sigma) = \frac{\varrho_1}{r(\sigma)\sqrt{r^2(\sigma) - \varrho_1^2}}; \qquad g_2'(\sigma) = \frac{\varrho_2}{r(\sigma)\sqrt{r^2(\sigma) - \varrho_2^2}};$$

wobei ϱ_1 und ϱ_2 die Konstanten sind, welche die geodätischen
Linien auf der Fläche bestimmen; hierbei ist

$$(32) \quad g_1(\sigma) = a \ln\left(e^{\frac{f_1(\sigma)}{a}} + e^{\frac{f_2(\sigma)}{a}}\right); \qquad g_2(\sigma) = a \ln\left(e^{\frac{f_1(\sigma)}{a}} - e^{\frac{f_2(\sigma)}{a}}\right).$$

Aus den drei Beziehungen (30), (31) und (32) folgt dann schließlich:

$$a\frac{dr}{d\sigma} = \frac{\varrho_1(r^2 - \varrho_2^2)\sqrt{r^2 - \varrho_1^2} - \varrho_2(r^2 - \varrho_1^2)\sqrt{r^2 - \varrho_2^2}}{(\varrho_1^2 - \varrho_2^2)r^2}.$$

Nach Ausführung der Quadraturen drückt sich σ in r
durch elementare Funktionen aus.

   Speziell für $\varrho_2 = 0$ besteht das eine System der geodätischen
Netzlinien aus Meridianen, die Quadratur ergibt $\dfrac{r}{\varrho_1} = \mathfrak{Cof}\left(\dfrac{\sigma}{a\varrho_1}\right)$,
d. h. wir erhalten eine Drehfläche von konstantem nega-
tivem Krümmungsmaß des hyperbolischen Typus; ϱ_1 ist der
Kehlkreisradius, σ wird vom Kehlkreis aus gezählt.

Karlsruhe, Juli 1927.

Untersuchung ebener Spannungszustände mit Hilfe der Doppelbrechung.

Von **Ludwig Föppl**, München.

Mit 8 Textfiguren.

Vorgelegt von S. Finsterwalder in der Sitzung am 10. November 1928.

Einleitung.

Bekanntlich lassen sich ebene Spannungszustände in Konstruktionsteilen mittels Modellkörpern aus durchsichtigen Materialien, wie Glas, die entsprechend belastet sind, untersuchen, indem man dabei die experimentelle Tatsache verwendet, daß ein senkrecht zur Ebene des Modellkörpers durchfallender, vorher eben polarisierter Lichtstrahl in zwei Komponenten zerlegt wird, die in den Richtungen der jeweiligen Hauptspannungen schwingen und infolge ihrer verschiedenen, den Hauptspannungen σ_1 und σ_2 proportionalen Durchtrittsgeschwindigkeiten beim Austritt aus dem Modellkörper eine gewisse Phasenverschiebung aufweisen. Diese Phasenverschiebung γ ergibt sich für die meisten Materialien zu

$$(1) \qquad \gamma = C \cdot (\sigma_1 - \sigma_2) \cdot d,$$

worin C eine Materialkonstante und d die Scheibendicke bedeutet. Mit Hilfe eines Kompensators, durch den man den Lichtstrahl hindurchgehen läßt, kann man den Gangunterschied γ für jede Stelle des ebenen Spannungszustandes messen und, da auch die Materialkonstante C leicht festzustellen ist, erhält man nach Gleichung (1) für das ganze Feld die Differenz der Hauptspannungen. Diese wiederum hängt bekanntlich[1] mit der dort herrschenden maximalen Schubspannung τ_{max} durch die Beziehung zusammen:

---

[1] S. z. B. A. Föppl, „Vorlesungen über Technische Mechanik", Bd. III.

$$(2) \qquad \tau_{\mathrm{max}} = \frac{\sigma_1 - \sigma_2}{2},$$

sodaß damit an jeder Stelle des Feldes die maximale Schubspannung τ_{max} bekannt ist.

Für manche Untersuchungen genügt diese Feststellung; z. B. dann, wenn man für die Anstrengung eines Körpers die Mohr'sche Hypothese zu Grunde legt, nach der gerade τ_{max} ein Maß für die Bruchgefahr an jeder Stelle gibt. Abgesehen davon, daß diese Annahme nach neueren Versuchen nicht mehr stichhaltig ist, ist die Kenntnis des vollständigen Spannungszustandes erwünscht, um sich ein Bild des „Kraftflusses" machen zu können, der sich im Innern beanspruchter Körper ausbildet.

Würde man außer der Differenz der beiden Hauptspannungen auch ihre Summe $\sigma_1 + \sigma_2$ angeben können, so wären σ_1 und σ_2 einzeln bekannt, wenn auch noch nicht ihre Richtung an jeder Stelle. Dieses Verfahren haben Mesnager[1]) und Coker[2]) eingeschlagen, indem sie die Dickenänderung $\varDelta d$, die die Scheibe infolge der Belastung in ihrer Ebene erfährt, gemessen haben. Sie beträgt

$$(3) \qquad \varDelta d = \frac{\sigma_1 + \sigma_2}{m\,E} d$$

Da die Poisson'sche Konstante $\frac{1}{m}$ und der Elastizitätsmodul E bekannt sind, ergibt die Messung der Dickenänderung $\varDelta d$ an jeder Stelle die Summe $\sigma_1 + \sigma_2$ der beiden Hauptspannungen. Der Nachteil dieses Verfahrens ist eine zu geringe Genauigkeit, die darin begründet ist, daß die Dickenänderung $\varDelta d$ außerordentlich gering ist. Die Größenordnung von $\frac{\varDelta d}{d}$ beträgt nur $\frac{1}{10000}$.

Die Richtung der beiden Hauptspannungen σ_1 und σ_2 läßt sich verhältnismäßig leicht angeben, da das orthogonale Netz der Hauptspannungstrajektorien, das in jedem Punkt des ebenen

---

[1]) Mesnager, „Etude des efforts intérieurs dans les solides", Annales des Ponts et Chaussées, 1913, p. 154.

[2]) Von Coker sind zahlreiche Arbeiten über die photoelastische Methode erschienen; s. zusammenfassenden Bericht von Wächtler, „Über die Anwendung der akzidentellen Doppelbrechung zum Studium der Spannungsverteilung in beanspruchten Körpern", Physikalische Zeitschrift, 1928.

Spannungszustandes die Richtung der Hauptspannungen σ_1 und σ_2 bestimmt, mit Hilfe der optischen Methode einfach gewonnen wird. Es geschieht dies in folgender Weise: Man läßt den Lichtstrahl vor dem Modellkörper durch ein Nikol'sches Prisma (Polarisator) gehen, sodaß er in einer bestimmten Ebene polarisiert wird. Nach dem Durchgang durch den Versuchskörper geht er durch ein zweites Nikol'sches Prisma (Analysator), das gegen das erste um 90° gedreht ist. Diejenigen Stellen des Versuchskörpers, bei denen die beiden Hauptspannungen parallel zu den Polarisationsebenen der beiden Nikol'schen Prismen verlaufen, werden auf dem hinter dem zweiten Prisma aufgestellten Beobachtungsschirm dunkel erscheinen. Ihr geometrischer Ort ergibt eine Linie, die man als Isokline bezeichnet, da die Spannungstrajektorien diese Linie unter der gleichen, der jeweiligen Schwingungsrichtung von Polarisator und Analysator parallelen Richtung schneiden. Durch Drehen des Versuchskörpers erhält man andere Isoklinen, die man in die Figur einzeichnet. Indem man den Versuchskörper jedesmal um denselben Winkel dreht, erhält man das Isoklinenfeld, das man der Spannungsuntersuchung zu Grunde legt. Abb. 1 zeigt das System der Isoklinen, das in einem recktwinkeligen Doppelschenkel auftritt, der an beiden Schenkeln gleich großen entgegengesetzt gerichteten Biegungsmomenten, die in der Ebene des Schenkels wirken, unterworfen ist. Die innere Kontur des Schenkels besteht aus zwei Geraden, die aufeinander senkrecht stehen und in einen Viertelkreis vom Radius r einmünden. Aufeinanderfolgende Isoklinen entsprechen jeweils einer Drehung des Versuchskörpers um 5° [1]. Es sei hier besonders auf den singulären Punkt S hingewiesen, durch den eine ganze Schar von Isoklinen läuft. Es sind demnach in diesem Punkte alle Richtungen für die Hauptspannung möglich.

Aus dem Isoklinenfeld kann man die Spannungstrajektorien, die wir auch Hauptnormalspannungslinien nennen wollen, finden.

---

[1] Die Aufnahmen stammen von meinem Doktoranden, Herrn Dipl.-Ing. Cardinal von Widdern, der sie mit Hilfe eines nach neuen Gesichtspunkten konstruierten optischen Apparates für Spannungsmessungen, der vor einiger Zeit im Mechanisch-Technischen Laboratorium der Technischen Hochschule München aufgestellt worden ist, gewonnen hat. Herr von Widdern wird in seiner Dissertation über den Apparat und die Messungen, die er daran angestellt hat, demnächst berichten.

Es entspricht diese Überlegung einer graphischen Integration, die sich mit großer Genauigkeit durchführen läßt. Das Resultat dieser

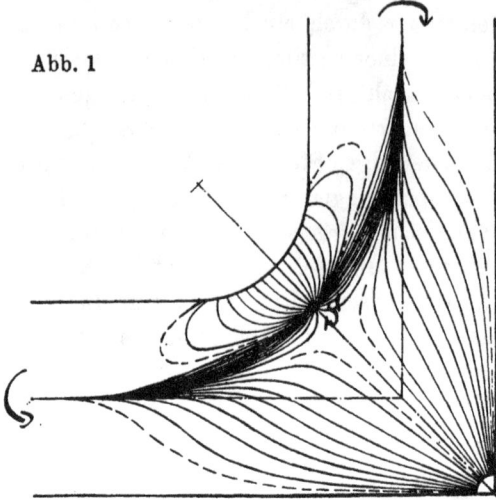

Abb. 1

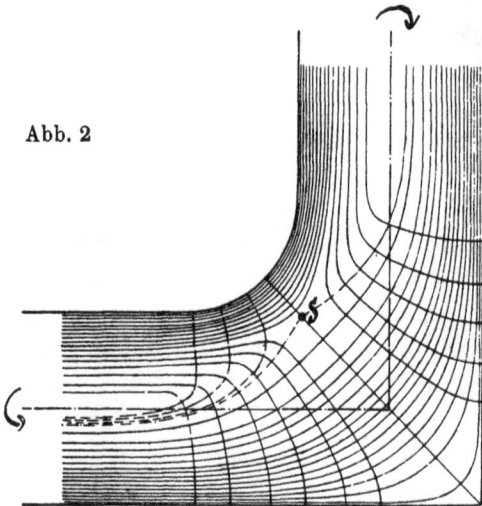

Abb. 2

Integration für das spezielle Beispiel zeigt Abb. 2. Der Abstand der Trajektorien jeder Schar ist so gewählt, daß der Kraftfluß in den geraden Schenkeln zwischen zwei aufeinanderfolgenden Trajektorien der gleiche ist.

Überall unter 45° gegen die Spannungstrajektorien verlaufen die Hauptschubspannungslinien, die an jeder Stelle die aufeinander senkrecht stehenden Richtungen der maximalen Schubspannungen angeben. Dieses orthogonale Netz von Linien kann ebenso wie die Hauptnormalspannungslinien aus dem Isoklinenfeld direkt gewonnen werden. Es ist für unser spezielles Beispiel in Abb. 3 wiedergegeben.

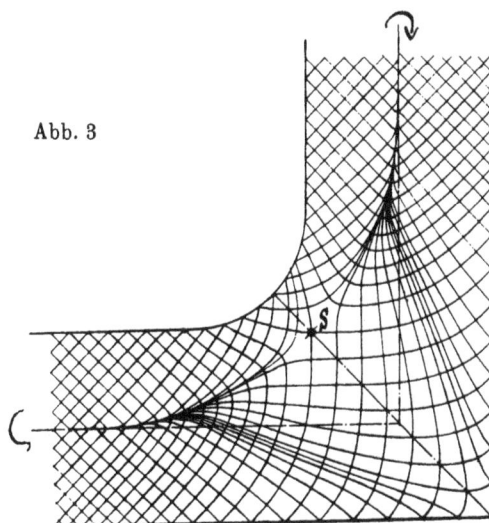

Abb. 3

Das Feld der Hauptnormalspannungslinien, oder, was auf dasselbe hinausläuft, das Feld der Hauptschubspannungslinien bestimmt die Spannungsverteilung bis auf einen Proportionalitätsfaktor vollständig. Es sind Verfahren ausgearbeitet worden, mit Hilfe der Spannungstrajektorien und der Kenntnis der Hauptschubspannung τ_{max}, die, wie wir oben gesehen haben, verhältnismäßig leicht an jeder Stelle gemessen werden kann, das ganze Spannungsbild zu bestimmen, ohne daß dazu die schwierige und ungenaue Messung der Dickenänderung erforderlich wäre.

Dieses Verfahren, dessen Anfänge schon auf Maxwell[1]) zurückgehen, soll hier auf neuem Wege abgeleitet und zugleich auf den Fall erweitert werden, daß nicht die Hauptnormalspannungslinien, sondern die Hauptschubspannungslinien der Berechnung zu

---

[1]) Maxwell, „Scientific Papers".

Grunde gelegt werden. Je nach dem besonderen Beispiel wird sich
der eine oder andere Weg besser eignen.

Schließlich wird der Spannungszustand in der Nähe der
singulären Linie, die durch die Bedingung $\sigma_1 = \sigma_2$ oder $\tau_{max} = 0$
charakterisiert ist, nach den Methoden der Elastizitätstheorie untersucht. Diese Untersuchung gibt wertvolle Anhaltspunkte für die
Messungen, die gerade in der Nähe einer solchen singulären Linie
wegen des geringen optischen Effektes unsicher sind.

§ 1. Der ebene Spannungszustand, bezogen auf das Netz der Hauptnormalspannungslinien.

Wir denken uns in die Ebene des Spannungszustandes ein
rechtwinkeliges Koordinatensystem y, z gelegt (s. Abb. 4) und be-

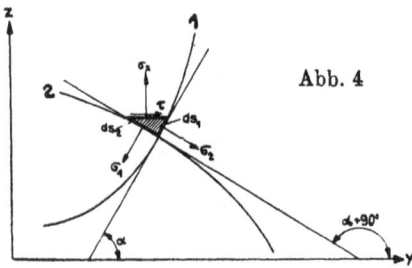

Abb. 4

trachten einen bestimmten
Punkt der Ebene, der durch
den Schnitt der beiden Hauptnormalspannungslinien 1
und 2 bestimmt ist. Die
Neigungswinkel, die die
Tangenten an die beiden
Spannungstrajektorien in
diesem Punkte mit der y-

Achse einschliessen, sind mit a bzw. $a + 90^\circ$ bezeichnet. Für das
kleine, in Abb. 4 durch Schraffur hervorgehobene Element der
Ebene des Spannungszustandes liest man die folgenden Gleichgewichtsbedingungen ab:

(4)
$$\begin{cases} \sigma_z = \sigma_1 \sin^2 a + \sigma_2 \cos^2 a \\ \tau = (\sigma_1 - \sigma_2) \sin a \cos a \end{cases}$$

oder nach Einführung des doppelten Winkels $2\,a$

(5)
$$\begin{cases} \sigma_z = \dfrac{\sigma_1 + \sigma_2}{2} - \dfrac{\sigma_1 - \sigma_2}{2} \cos 2\,a \\[2mm] \tau = \dfrac{\sigma_1 - \sigma_2}{2} \sin 2\,a \\[2mm] \text{und dementsprechend} \\[2mm] \sigma_y = \dfrac{\sigma_1 + \sigma_2}{2} + \dfrac{\sigma_1 - \sigma_2}{2} \cos 2\,a \end{cases}$$

Die halbe Summe der beiden Hauptspannungen stellt als Invariante eine reine Ortsfunktion dar, die mit $p\,(y, z)$ bezeichnet werden soll:

$$(6) \qquad \frac{\sigma_1 + \sigma_2}{2} = p\,(y, z)$$

Auch die halbe Differenz der beiden Hauptspannungen ist eine Ortsfunktion und zwar gibt sie nach Gleichung (2) die maximale Schubspannung an jeder Stelle. Wir werden dafür die Bezeichnung $q\,(y, z)$ wählen:

$$(7) \qquad \frac{\sigma_1 - \sigma_2}{2} = \tau_{\text{max}} = q\,(y, z)$$

Mit diesen Bezeichnungen können wir die Gleichung (5) umschreiben in:

$$(8) \qquad \begin{cases} \sigma_y = p + q \cdot \cos 2\,\alpha \\ \sigma_z = p - q \cdot \cos 2\,\alpha \\ \tau = q \cdot \sin 2\,\alpha \end{cases}$$

Zwischen den Spannungen σ_y, σ_z und τ bestehen die bekannten Gleichgewichtsbedingungen für den ebenen Spannungszustand:

$$(9) \qquad \begin{cases} \dfrac{\partial \sigma_y}{\partial y} + \dfrac{\partial \tau}{\partial z} = 0 \\[2mm] \dfrac{\partial \sigma_z}{\partial z} + \dfrac{\partial \tau}{\partial y} = 0 \end{cases}$$

Nach Einsetzen der Ausdrücke gemäß Gleichungen (8) folgt daraus:

$$(10) \qquad \begin{aligned} \frac{\partial p}{\partial y} - 2q \sin 2\alpha \cdot \frac{\partial \alpha}{\partial y} + 2q \cos 2\alpha \cdot \frac{\partial \alpha}{\partial z} + \frac{\partial q}{\partial y} \cos 2\alpha + \frac{\partial q}{\partial z} \sin 2\alpha = 0, \\ \frac{\partial p}{\partial z} + 2q \sin 2\alpha \cdot \frac{\partial \alpha}{\partial z} + 2q \cos 2\alpha \cdot \frac{\partial \alpha}{\partial y} - \frac{\partial q}{\partial z} \cos 2\alpha + \frac{\partial q}{\partial y} \sin 2\alpha = 0. \end{aligned}$$

Will man diese Gleichungen auf das orthogonale Netz der Spannungstrajektorien beziehen, deren Längenelemente wir mit ds_1 bzw. ds_2 bezeichnen wollen (s. Abb. 4), so muß man in den letzten Gleichungen ds_1 statt dy und ds_2 statt dz sowie $\alpha = 0$ setzen und erhält damit:

$$(11) \quad \begin{cases} \dfrac{\partial\,(p+q)}{ds_1} + 2\,q \cdot \dfrac{\partial\,a}{\partial s_2} = 0 \\[2mm] \dfrac{\partial\,(p-q)}{ds_2} + 2\,q \cdot \dfrac{\partial\,a}{\partial s_1} = 0 \end{cases}$$

Darin bedeuten $\dfrac{\partial\,a}{\partial s_1}$ und $\dfrac{\partial\,a}{\partial s_2}$ die Krümmungen der beiden Spannungstrajektorien an der betreffenden Stelle, wofür wir unter Einführung der Krümmungsradien ϱ_1 und ϱ_2 setzen können:

$$\frac{\partial\,a}{\partial s_1} = \frac{1}{\varrho_1}\,; \quad \frac{\partial\,a}{\partial s_2} = \frac{1}{\varrho_2}\,.$$

Beachtet man die Bedeutung von p und q gemäß Gleichung (6) und (7), so kann man an Stelle der Gleichung (11) schreiben:

$$(12) \quad \begin{cases} \dfrac{\partial\,\sigma_1}{\partial s_1} = -\,\dfrac{\sigma_1-\sigma_2}{\varrho_2} \\[2mm] \dfrac{\partial\,\sigma_2}{\partial s_2} = -\,\dfrac{\sigma_1-\sigma_2}{\varrho_1} \end{cases}$$

Diese Gleichungen, die schon von Maxwell und anderen auf anderen Wegen abgeleitet worden sind, können dazu dienen, mit Hilfe des auf Grund des optischen Verfahrens gefundenen Netzes der Spannungstrajektorien die Verteilung der Hauptspannungen σ_1 und σ_2 zu finden.

Bevor wir diese Methode angeben, seien noch einige allgemeine Erörterungen an die Gleichungen (12) angeschlossen. Zunächst sieht man, daß sich die Gleichungen (12) nicht ändern, wenn man alle Spannungen im selben Verhältnis verkleinert oder vergrößert; d. h. das Netz der Spannungstrajektorien ist von der Größe der Spannungen und damit der Beanspruchung nicht abhängig, sondern hängt nur von der Art der Beanspruchung ab. Infolgedessen kann man aus dem gegebenen Netz der Spannungstrajektorien allein den Spannungszustand nur bis auf einen Proportionalitätsfaktor, der anderweitig bestimmt werden muß, angeben. — Ferner beachte man, daß die Gleichungen (12) aus reinen Gleichgewichtsbedingungen ohne Eingehen auf die Formänderung gewonnen worden sind und doch die Spannungsverteilung bis auf jenen Proportionalitätsfaktor eindeutig bestimmen. Wenn wir die Belastung soweit steigern, daß in gewissen Gebieten des Probekörpers Fließen ein-

tritt, in denen dann nicht mehr das Hooke'sche Gesetz zwischen
Spannungen und Dehnungen besteht, so behalten trotzdem die
Gleichungen (12) auch in diesen Gebieten ihre Gültigkeit. Da aber
in den Fließgebieten sicher eine andere Spannungsverteilung herrscht
als vor Eintreten des Fließens, so kann sich der Übergang von
der rein elastischen Beanspruchung zur plastischen nur durch Änderungen der Krümmungsradien ϱ_1 und ϱ_2 der Spannungslinien, d. h.
durch Umlagerung der Spannungslinien und damit auch der durch
direkte Beobachtung gewonnenen Isoklinen bemerkbar machen.
Es scheint mir dies ein möglicher Weg, auch die plastischen ebenen
Spannungs- und Formänderungszustände mit Hilfe des optischen
Verfahrens in Angriff zu nehmen, was meines Wissens bisher noch
nicht geschehen ist. Freilich wird man für diese Untersuchungen
keine Glaskörper benützen können, da Glas zu spröde ist, um es
im kalten Zustande plastisch deformieren zu können.

　　Wir kehren zu den Gleichungen (12) zurück. Zunächst lassen
sich diese Gleichungen für den Rand integrieren; z. B. fällt für
den durch äußere Kräfte nicht beanspruchten Rand unseres Winkels
(s. Abb. 2) die eine Spannungstrajektorie mit dem Rande zusammen.
Da $\sigma_1 - \sigma_2$ an jeder Stelle auf optischem Wege leicht gefunden
werden kann, so erfordert die Integration der Gleichung nur noch
die Größe des Krümmungsradius ϱ_2 der auf dem Rande senkrecht
stehenden Trajektorien längs des Randes. Um diesen Krümmungsradius mit genügender Genauigkeit zu erhalten, benützt man neben
dem Feld der Hauptnormalspannungslinien (s. Abb. 2) das der Isoklinen (s. Abb. 1). Zweckmäßig werden beide auf durchsichtiges
Papier gezeichnet, damit man sie übereinander gelegt gleichzeitig
ablesen kann. Gehen wir von einem Randpunkt aus, in dem sowohl
eine Spannungstrajektorie senkrecht zum Rande als auch eine
Isokline, im allgemeinen unter beliebigem Winkel, ausläuft, so
kann man den Krümmungsradius ϱ_2 der Spannungstrajektorie aus
dem Verhältnis $\dfrac{\varDelta s_2}{\varDelta \varphi}$ erhalten, wenn mit $\varDelta s_2$ der längs der Spannungstrajektorie gemessene Abstand des Schnittpunktes mit der nächst-
folgenden Isokline unseres Isoklinennetzes bezeichnet wird und
$\varDelta \varphi$ den Winkelsprung bedeutet, mit dem die aufeinanderfolgenden
Isoklinen des Netzes (bei uns ist $\varDelta \varphi = 5^0$ bzw. $2,5^0$) gezeichnet
worden sind.

Wie man ohne weiteres sieht, kann man dasselbe Verfahren auch für eine Spannungslinie im Innern anwenden, so daß man auf diese Weise längs einer Spannungstrajektorie fortschreitend die Spannungsänderung bestimmen kann. Aus Gleichungen (12) folgt, daß beim Fortschreiten längs der einen Spannungstrajektorie 1 um Δs_1 der Spannungssprung von σ_1 sich berechnet zu

$$(13) \qquad \Delta \sigma_1 = - (\sigma_1 - \sigma_2) \cdot \frac{\Delta s_1}{\varrho_2} = - (\sigma_1 - \sigma_2) \frac{\Delta s_1}{\Delta s_2} \cdot \Delta \varphi,$$

worin Δs_2 den auf der zweiten Tajektorie gemessenen Weg bis zur nächsten Isokline bedeutet, die dem Winkelsprung $\Delta \varphi$ entspricht. Führt man den Winkel ψ ein, den die erste Trajektorie mit der Isokline an der betreffenden Stelle bildet (s. Abb. 5), so kann man setzen

$$\frac{\Delta s_1}{\Delta s_2} = - \cot \psi$$

wie aus Abb. 5 hervorgeht.

Damit schreibt sich Gleichung (13) folgendermaßen:

$$(14) \qquad\qquad \Delta \sigma_1 = (\sigma_1 - \sigma_2) \cot \psi \cdot \Delta \varphi$$

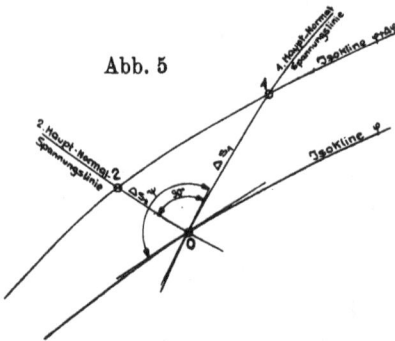

Abb. 5

Auf diese Weise läßt sich das rechtwinkelige Netz der Spannungstrajektorien schrittweise berechnen, wobei sich immer wieder Kontrollen bieten.

Freilich versagt dieses Rechnungsverfahren an einzelnen Stellen; es wird immer dann ungenau, wenn ψ sehr klein bzw. nahezu 180^0 ist. Deshalb ist es zweckmäßig, daß man mit Hilfe des Netzes der Hauptschubspannungslinien eine zweite Möglichkeit besitzt, den ebenen Spannungszustand zu berechnen. Dieses neue Verfahren wird im nächsten § besprochen.

Besondere Schwierigkeiten bereiten den Messungen ferner die Stellen, in denen die beiden Hauptspannungen σ_1 und σ_2 einander gleich sind. Diese Stellen, an denen keine Schubspannung herrscht, sodaß auch $\tau_{max} = 0$ ist, werden singuläre Stellen genannt.

Tritt dieser besondere Spannungszustand längs einer Linie auf, so wird diese als singuläre Linie bezeichnet. Die singuläre Linie entspricht bei der gewöhnlichen Balkenbiegung der neutralen Faser und stellt eine deutliche Unterteilung des ebenen Spannungszustandes dar. In § 3 wird der Spannungszustand in der Umgebung einer solchen singulären Linie auf Grund der strengen Elastizitätstheorie abgeleitet. Die dort gewonnenen Resultate lassen sich zur Ergänzung und Kontrolle der Messungen gut verwerten.

§ 2. Der ebene Spannungszustand bezogen auf das Netz der Hauptschubspannungslinien.

Das orthogonale Netz der Hauptschubspannungslinien, das uns in jedem Punkt des ebenen Spannungszustandes die beiden Richtungen der maximalen Schubspannung $\tau_{\max} = \dfrac{\sigma_1 - \sigma_2}{2}$ angibt, ist bekanntlich überall unter 45^0 gegen die Normalspannungstrajektorien gerichtet. Wir können deshalb die Entwicklungen des vorigen § übernehmen, wenn wir in den Gleichungen (10) den Neigungswinkel β der einen Hauptschubspannungslinie gegen die y-Achse einführen, der mit dem Winkel α durch die Beziehung

$$(15) \qquad \beta = \alpha + 45^0$$

verknüpft ist. Damit gehen die Gleichungen (10) über in

$$(16) \quad \begin{cases} \dfrac{\partial p}{\partial y} + 2q\cos 2\beta \cdot \dfrac{\partial \beta}{\partial y} + 2q\sin 2\beta \cdot \dfrac{\partial \beta}{\partial z} + \sin 2\beta \cdot \dfrac{\partial q}{\partial y} - \cos 2\beta \cdot \dfrac{\partial q}{\partial z} = 0 \\[2ex] \dfrac{\partial p}{\partial z} - 2q\cos 2\beta \cdot \dfrac{\partial \beta}{\partial z} + 2q\sin 2\beta \cdot \dfrac{\partial \beta}{\partial y} - \sin 2\beta \cdot \dfrac{\partial q}{\partial z} - \cos 2\beta \cdot \dfrac{\partial q}{\partial y} = 0 \,. \end{cases}$$

Um diese Gleichungen auf das Netz der Hauptschubspannungslinien zu beziehen, für die wir die Längenelemente mit dt_1 bzw. dt_2 bezeichnen wollen, setzen wir in den letzten Gleichungen dt_1 statt dy; dt_2 statt dz und $\beta = 0$ ein und erhalten damit:

$$(17) \quad \begin{cases} \dfrac{\partial p}{\partial t_1} + 2q\dfrac{\partial \beta}{\partial t_1} - \dfrac{\partial q}{\partial t_2} = 0 \\[2ex] \dfrac{\partial p}{\partial t_1} - 2q\dfrac{\partial \beta}{\partial t_2} - \dfrac{\partial q}{\partial t_1} = 0 \,. \end{cases}$$

Durch Einführung der beiden Krümmungsradien R_1 und R_2 der Hauptschubspannungslinien:

$$\frac{\partial \beta}{\partial t_1} = \frac{1}{R_1} \quad \text{und} \quad \frac{\partial \beta}{\partial t_2} = \frac{1}{R_2}$$

kann man die Gleichung (17) folgendermaßen schreiben:

$$(18) \qquad \begin{cases} \dfrac{\partial p}{\partial t_1} = \dfrac{\partial q}{\partial t_2} - \dfrac{2q}{R_1}, \\[2ex] \dfrac{\partial p}{\partial t_2} = \dfrac{\partial q}{\partial t_1} + \dfrac{2q}{R_2} \end{cases}$$

Darin sind die Werte q als überall gegeben anzusehen, da sie mit τ_{max}, das auf optischem Wege leicht gefunden werden kann, übereinstimmen.

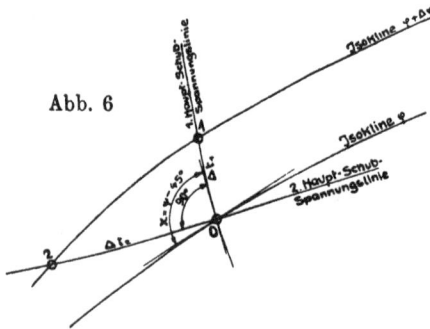

Abb. 6

Wir denken uns die Differentialgleichungen (18) als Differenzengleichungen geschrieben und wollen daraus den Sprung im Wert von p berechnen, der zu einem Schritt $\varDelta t_1$ längs der 1. Hauptschubspannungslinie gehört. Aus Abb. 6, die der Abb. 5 entspricht, entnehmen wir:

$$\frac{1}{R_1} = \frac{\varDelta \varphi}{\varDelta t_1};$$

und

$$\frac{\varDelta t_1}{\varDelta t_2} = - \cot \chi,$$

wobei der Winkel χ mit dem Winkel ψ der Abb. 5 durch die Beziehung verknüpft ist:

$$(19) \qquad \chi = \psi - 45^0.$$

Aus den Gleichungen (18) folgt damit:

$$(20) \qquad (\varDelta p)_1 = - (\varDelta q)_2 \cdot \cot \chi - 2q \cdot \varDelta \varphi;$$

d. h. der Sprung $(\varDelta p)_1$, den p beim Fortschreiten längs der ersten Hauptschubspannungslinie bis zur nächsten Isokline erfährt, hängt von den auf der rechten Seite von Gleichung (20) stehenden Größen ab, die von vorneherein bekannt sind, bzw. wie der Winkel χ aus der Zeichnung entnommen werden können. Dabei bedeutet $(\Delta q)_2$ den Sprung, den q beim Übergang von der Stelle 0 zur Stelle 2 längs der zweiten Hauptspannungslinie erleidet (s. Abb. 6). Bestimmt man auf diese Weise für die verschiedenen Punkte der Ebene die Werte von p, so folgen daraus sofort die Werte der Hauptspannungen σ_1 und σ_2, da ja q überall durch Messung gegeben ist.

Dieselbe Kritik, die wir im vorigen § an Gleichung (14) geübt haben, gilt auch für unsere Gleichung (20). Der Winkel χ darf nicht zu nahe an 0^0 bzw. 180^0 liegen, damit die Rechnungen brauchbar bleiben. Man sieht daraus, daß wegen der Beziehung (19), die zwischen den Winkeln ψ und χ besteht, in den Gebieten, wo Gleichung (14) versagt, gerade Gleichung (20) gut brauchbar ist und umgekehrt, sodaß es in gewissen Gebieten zweckmäßig ist, statt des Netzes der Hauptnormalspannungslinien das der Hauptschubspannungslinien und damit Gleichung (20) für die Berechnung zu Grunde zu legen.

§ 3. Der ebene Spannungszustand in der Nachbarschaft einer singulären Linie.

Bei dem auf reine Biegung beanspruchten Winkel tritt eine singuläre Linie auf, deren Punkte der Bedingung unterworfen sind, daß die beiden Hauptspannungen σ_1 und σ_2 einander gleich sind. Aus dem Mohr'schen Spannungskreis folgt daraus, daß dann die Spannungen in jedem Schnitt durch diese Punkte den gleichen Wert haben und daß in keinem dieser Schnitte Schubspannungen auftreten können. In den verlängerten Schenkeln unseres Winkels fällt die singuläre Linie mit der Mittellinie zusammen, während sie in dem gebogenen Teile deutlich nur an der singulären Stelle S gefunden werden konnte. Wie man auf optischem Wege mit Hilfe von zirkularpolarisiertem Lichte die singulären Stellen und Linien auf sehr einfachem Wege von vornherein finden kann, soll hier nicht näher erörtert werden.

Um den Spannungszustand in der unmittelbaren Umgebung der singulären Linie aus der Elastizitätstheorie abzuleiten, denken wir uns in einem Punkte 0 der singulären Linie, dessen Umgebung wir untersuchen wollen, in Richtung der Tangente und Normalen zur singulären Linie ein rechtwinkeliges Achsenkreuz y, z gelegt (s. Abb. 7). Wir denken uns die Umgebung des Punktes 0 so stark vergrößert,

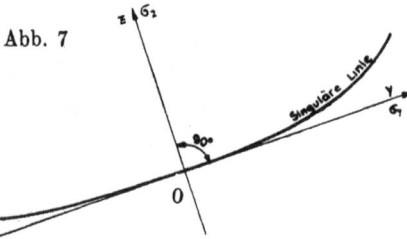

Abb. 7

daß die singuläre Linie ein Stück weit genau genug mit der y-Achse zusammenfällt. Bei dieser ersten Annäherung wird demnach die Krümmung der singulären Linie vernachlässigt.

Mit Hilfe der Airy'schen Spannungsfunktion $F(y, z)$ lassen sich bekanntlich die Spannungskomponenten ausdrücken durch

$$(21) \qquad \sigma_y = \frac{\partial^2 F}{\partial z^2}; \quad \sigma_z = \frac{\partial^2 F}{\partial y^2}; \quad \tau = - \frac{\partial^2 F}{\partial y \partial z}.$$

Dabei muß F eine biharmonische Funktion sein, d. h. der Differentialgleichung

$$(22) \qquad \Delta \Delta F = 0$$

genügen. Wir wollen diese Darstellung des Spannungszustandes für die Umgebung des Punktes 0 wählen.

Aus dem Mohr'schen Spannungskreis leitet man die Beziehung für den Winkel δ ab, den eine Normalspannungstrajektorie an irgend einer Stelle mit der positiven y-Achse einschließt:

$$\text{tg}\, 2\,\delta = \frac{2\,\tau}{\sigma_z - \sigma_y}$$

oder wegen Gleichung (21)

$$(23) \qquad \text{tg}\, 2\,\delta = + \frac{2 \cdot \dfrac{\partial^2 F}{\partial y \partial z}}{\dfrac{\partial^2 F}{\partial z^2} - \dfrac{\partial^2 F}{\partial y^2}}.$$

Die Bedingungen längs der singulären y-Achse lassen sich folgendermaßen durch die Spanungsfunktion ausdrücken:

$$(24a) \qquad \left(\frac{\partial^2 F}{\partial z^2} \right)_{z=0} = \left(\frac{\partial^2 F}{\partial y^2} \right)_{z=0}$$

und

(24b) $$\left(\frac{\partial^2 F}{\partial y \, \partial z}\right)_{z=0} = 0$$

Wegen dieser beiden Beziehungen nimmt tg 2δ nach Gleichung (23) den unbestimmten Wert $\frac{0}{0}$ längs der singulären Linie an. Wir werden für diesen Quotienten aus unseren Entwicklungen einen ganz bestimmten Wert erhalten.

Setzen wir die Singularitätsbedingung (24a) in die Differentialgleichung (22) ein, so zerfällt sie für alle Punkte der y-Achse in die folgenden drei Gleichungen:

(25a) $$\left(\frac{\partial^4 F}{\partial y^4}\right)_{z=0} = 0,$$

(25b) $$\left(\frac{\partial^4 F}{\partial z^4}\right)_{z=0} = 0,$$

(25c) $$\left(\frac{\partial^4 F}{\partial y^2 \, \partial z^2}\right)_{z=0} = 0.$$

Die Aufgabe besteht nun darin, die Funktion $F(y, z)$, die den Bedingungen (24) und (25) längs der y-Achse genügt und außerdem eine Lösung der Differentialgleichung (22) ist, zu bestimmen.

Wegen Gleichung (25a) machen wir den Ansatz:

(26) $$F = \alpha(z) \cdot y^3 + \beta(z) \cdot y^2 + \gamma(z) \cdot y + \delta(z).$$

Da wir uns die Aufgabe stellen wollen, den Spannungszustand in der Umgebung der singulären Linie nur in erster Annäherung anzugeben, so genügt es, die Spannungen als lineare Funktionen von z und y zu erhalten. Infolgedessen braucht man in dem Ansatz für F nur Glieder bis zur dritten Potenz in y und z zu berücksichtigen. Dementsprechend setzen wir

(27)
$$\begin{aligned}
\alpha &= a_1 \\
\beta &= b_1 + c_1 z \\
\gamma &= d_1 + e_1 z + f_1 z^2 \\
\delta &= g_1 + h_1 z + k_1 z^2 + l_1 z^3
\end{aligned}$$

mit konstanten Werten a_1 bis l_1.

Zunächst ist durch den für F gewählten Ansatz erreicht, daß die Differentialgleichung (22) überall befriedigt ist. Aus den

Grenzbedingungen (24) und (25) längs der singulären Linie $y = 0$ folgt für die Beiwerte a_1 bis l_1:

$$(28) \qquad \begin{cases} c_1 = 0 \\ e_1 = 0 \\ k_1 = b_1 \\ f_1 = 3\,a_1. \end{cases}$$

Läßt man schließlich noch die in y und z linearen Glieder von F weg, da sie für die Spannungen unwesentlich sind, so ergibt sich für die Spannungsfunktion in der Umgebung der singulären Linie in erster Annäherung

$$(29) \qquad F = a\,y^3 + b\,z^3 + 3\,a\,y\,z^2 + c\,(y^2 + z^2).$$

Daraus folgen die Spannungen:

$$(30) \qquad \begin{aligned} \sigma_y &= \frac{\partial^2 F}{\partial z^2} = 6\,b\,z + 6\,a\,y + 2\,c \\[2mm] \sigma_z &= \frac{\partial^2 F}{\partial y^2} = 6\,a\,y + 2\,c \\[2mm] \tau &= -\frac{\partial^2 F}{\partial y\,\partial z} = -6\,a\,z. \end{aligned}$$

Die Bedeutung der drei Konstanten a, b und c ergibt sich aus folgenden Überlegungen. Zunächst ist offenbar $2\,c$ die Größe der Hauptspannungen im Nullpunkt $y = 0$, $z = 0$. Ferner folgt aus den letzten Gleichungen:

$$(31) \qquad \begin{cases} \left(\dfrac{\partial\,\sigma_y}{\partial\,y}\right) = \left(\dfrac{\partial\,\sigma_z}{\partial\,y}\right) = 6\,a \\[3mm] \left(\dfrac{\partial\,\sigma_y}{\partial\,z}\right) = 6\,b; \quad \left(\dfrac{\partial\,\sigma_z}{\partial\,z}\right) = 0. \end{cases}$$

Der Wert von τ nach Gleichung (30) entspricht den Gleichgewichtsbedingungen am Element, die durch die Gleichungen (9) ausgedrückt sind. Es diene diese Feststellung nur als Kontrolle für den gefundenen Spannungszustand. Die Konstanten a und b sind also durch die Differentialquotienten der Spannungen σ_y und σ_z an der betrachteten Stelle der singulären Linie bestimmt.

Um den Winkel δ, unter dem die Normalspannungstrajektorie die singuläre Linie schneidet, zu bestimmen, bildet man nach Gleichung (23):

$$\operatorname{tg} 2\,\delta = +\frac{12\,a\,z}{6\,b\,z}.$$

In beliebiger Nähe der singulären Linie darf man darin Zähler und Nenner durch z dividieren und erhält dann

(32) $$\operatorname{tg} 2\,\delta = \frac{2\,a}{b}.$$

Der Winkel δ der Spannungstrajektorien gegen die singuläre Linie hängt demnach von den Werten a und b ab, wie sie durch die Gleichung (31) definiert sind. Wir wollen hier zwei Sonderfälle unterscheiden. Erstens nehmen wir an, daß $\dfrac{\partial\,\sigma_y}{\partial\,y} = \dfrac{\partial\,\sigma_z}{\partial\,y} = 0$, während $\dfrac{\partial\,\sigma_y}{\partial\,z} \neq 0$. Dann folgt aus Gleichung (32) $\delta = 0^{0}$, bzw. $\delta = 90^{0}$, d. h. von den beiden Hauptnormalspannungslinien fällt die eine in die singuläre Linie, während die andere senkrecht darauf steht. Dieser Fall trifft für die beiden geradlinigen Äste unseres Winkels zu, in denen die singuläre Linie mit der Mittellinie zusammenfällt. Der zweite Sonderfall entspricht $\left(\dfrac{\partial\,\sigma_y}{\partial\,z}\right) = 0$, während gleichzeitig $\dfrac{\partial\,\sigma_y}{\partial\,y} = \dfrac{\partial\,\sigma_z}{\partial\,y} \neq 0$ ist, In diesem Falle folgt aus Gleichung (32) $\delta = 45^{0}$ bzw. $\delta = 135^{0}$, d. h. die Hauptnormalspannungslinien schneiden die singulären Linien unter 45^{0}, während die Hauptschubspannungslinien die singuläre Linie berühren bzw. auf ihr senkrecht stehen.

Die gefundenen Resultate längs einer singulären Linie sollen noch an Hand eines Beispieles, das man rechnerisch vollkommen beherrscht, diskutiert werden. Es handelt sich um einen auf reine Biegung durch das Moment M beanspruchten Kreisring (s. Abb. 8).

Der Spannungszustand im Kreisring ist bekannt[1].

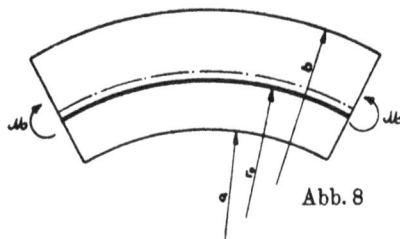

Abb. 8

---

[1] S. A. u. L. Föppl, „Drang und Zwang", Bd. I, 2. Aufl., S. 305. S. auch Th. Wyss, „Die Kraftfelder in festen elastischen Körpern und ihre praktischen Anwendungen", Springer 1926, S. 124.

Die Hauptspannungen sind aus Symmetriegründen radial bzw. tangential gerichtet und betragen an irgend einer Stelle im Abstand r vom Nullpunkt:

$$(33) \quad \begin{cases} \sigma_r = 4\,M \cdot \dfrac{b^2 \, lg \, \frac{r}{b} - a^2 \, lg \, \frac{r}{a} + \frac{a^2 b^2}{r^2} \, lg \, \frac{b}{a}}{(b^2 - a^2)^2 - 4\,a^2\,b^2\,(lg\,\frac{b}{a})^2}; \\[6mm] \sigma_t = 4\,M \cdot \dfrac{b^2 - a^2 + b^2 \, lg \, \frac{r}{b} - a^2 \, lg \, \frac{r}{a} - \frac{a^2 b^2}{r^2} \, lg \, \frac{b}{a}}{(b^2 - a^2)^2 - 4\,a^2\,b^2\,(lg\,\frac{b}{a})^2}. \end{cases}$$

Es tritt hier eine singuläre Linie auf, die man aus der Bedingung $\sigma_r = \sigma_t$ als Kreis von Radius r_0 erhält, wobei sich r_0 zu

$$(34) \qquad r_0 = a\,b \sqrt{\dfrac{2\,lg\,\frac{b}{a}}{b^2 - a^2}}$$

berechnet. Durch einfache Ausrechnung findet man

$$(35) \qquad \left(\frac{\partial\,\sigma_r}{\partial r}\right)_{r\,=\,r_0} = 0$$

Es entspricht diese Beziehung der dritten Gleichung (31). Die in Gleichung (31) mit $6\,b$ bezeichnete Konstante ergibt sich in unserem Beispiel aus

$$(36) \qquad \left(\frac{\partial\,\sigma_t}{\partial r}\right)_{r\,=\,r_0} = M \cdot \frac{8\,a^2\,b^2}{(b^2 - a^2)\,(a^2\,b^2 - r_0^4)}.$$

Daß die in Gleichung (31) mit $6\,a$ bezeichnete Konstante in unserem Beispiel null wird, folgt aus der Achsensymmetrie unseres Beispieles.

Allgemein lassen sich die obigen Entwicklungen für die Umgebung der singulären Linie auf den Fall, daß die betrachtete Stelle mit einem Symmetriepunkt zusammenfällt, anwenden, indem man $a = 0$ setzt. Die Spannungsfunktion geht in diesem Falle über in

$$(37) \qquad F = b\,z^3 + c\,(y^2 + z^2).$$

Bei dem auf reine Biegung behandelten Winkel haben die Messungen für den Symmetriepunkt S gute Übereinstimmung mit dem durch die letzte Spannungsfunktion charakterisierten Spannungszustand ergeben. Insbesondere ergab sich für den Symmetrie-schnitt des Winkels an der singulären Stelle S ein Maximum für σ_z, sodaß die Bedingung $\dfrac{\partial \sigma_z}{\partial z} = 0$ an dieser Stelle erfüllt ist. Zu beiden Seiten des singulären Punktes S ergaben die Messungen zwar einen sehr geringen Wert für τ_{max}, der aber deutlich von null verschieden war, trotzdem durch sorgfältige Belastung des Winkels der Fall reiner Biegung möglichst genau verwirklicht worden ist. Es tritt also dort keine singuläre Linie auf, sondern nur in den beiden Schenkeln des Winkels als Mittellinie und der isolierte singuläre Punkt S. Der Vergleich dieses Resultates mit dem auf reine Biegung beanspruchten Kreisringsektor zeigt, daß sich der Einfluß der geänderten Berandung auch im Innern des Körpers noch ganz wesentlich bemerkbar macht. Zugleich ist durch dieses Resultat die ältere Ansicht widerlegt, daß in einem auf reine Biegung beanspruchten Winkel stets eine singuläre Linie durchlaufen müßte. Über die genaue Spannungsverteilung in der-artigen auf reine Biegung beanspruchten Winkeln mit verschie-denen inneren Abrundungsradien siehe die schon erwähnte, dem-nächst erscheinende Dissertation von C. v. Widdern.

Über die konforme Abbildung durch die Gammafunktion.

Von **Josef Lense,** München.

Mit 5 Textfiguren.

Vorgelegt von G. Faber in der Sitzung am 10. November 1928.

Es scheint, daß in der fast unübersehbaren Menge von Abhandlungen, die seit mehr als 100 Jahren über die Gammafunktion veröffentlicht wurden, nirgends näher auf die konforme Abbildung eingegangen wurde, die durch die Gleichung

$$(1) \qquad w = \Gamma(z)$$

zwischen der z- und w-Ebene besteht. Wenigstens ist dem Verfasser keine derartige Arbeit bekannt. Diese Lücke auszufüllen, ist der Zweck der vorliegenden Abhandlung. Die hierzu notwendige Betrachtung der Umkehrungsfunktion von (1) ist zugleich geeignet, die Reihe von Beispielen, die von F. Iversen in seiner Doktordissertation[1]) behandelt wurden, um einen wichtigen Fall zu vermehren. Die vorliegende Arbeit ist so angelegt, daß zuerst die für das genannte Ziel notwendigen Eigenschaften der Gammafunktion kurz zusammengestellt werden[2]) und dann allmählich die Riemann'sche Fläche aufgebaut wird, die zur konformen Abbildung durch die Gleichung (1) gehört.

§ 1. Definition und Grundeigenschaften.

Wir definieren die Gammafunktion mit L. Euler durch das bestimmte Integral

$$(2) \qquad \Gamma(z) = \int_0^\infty e^{-t} t^{z-1} \, dt.$$

---

[1]) F. Iversen, Recherches sur les fonctions inverses des fonctions méromorphes, Diss. Helsingfors 1914.

[2]) N. Nielsen, Handbuch der Theorie der Gammafunktion. Leipzig 1906, B. G. Teubner.

Damit das Integral bestehe, muß für die komplexe Veränderliche z

$$(3) \qquad \Re (z) > 0$$

vorausgesetzt werden. Will man diese Definition durch analytische Fortsetzung derart erweitern, daß sie für die ganze z-Ebene gilt, so setzt man nach F. E. Prym

$$(4) \qquad \Gamma (z) = \int_0^1 e^{-t}\, t^{z-1}\, dt + \int_1^\infty e^{-t}\, t^{z-1}\, dt.$$

Das zweite Integral ist nach dem Satze von Vitali eine in der ganzen z-Ebene reguläre analytische Funktion $Q(z)$, das erste läßt sich durch Reihenentwicklung und gliedweise Integration in der Gestalt schreiben

$$(5) \qquad P(z) = \sum_{n=0}^{\infty} \frac{(-1)^n}{n!} \, \frac{1}{z+n}.$$

Die Reihe konvergiert gleichmäßig für jedes z innerhalb eines festen, beliebig großen Kreises um den Nullpunkt, wenn die Stellen $0, -1, -2, \ldots, -n, \ldots$ durch feste, beliebig kleine Kreise ausgeschlossen werden; sie stellt daher eine in der ganzen Ebene analytische Funktion dar, die nur an den genannten Stellen einfache Pole mit den Residuen $\dfrac{(-1)^n}{n!}$ hat und sonst überall regulär ist. Definieren wir also

$$(6) \qquad \Gamma (z) = P(z) + Q(z),$$

so erhalten wir eine meromorphe Funktion von z mit den einfachen Polen $0, -1, -2, \ldots, -n, \ldots$; der unendlich ferne Punkt ist als Häufungsstelle von Polen eine wesentlich singuläre Stelle zweiter Art. Die Funktion läßt sich unter der Voraussetzung (3) durch das Euler'sche Integral (2) darstellen. Gleichung (6) liefert gleichzeitig die Mittag-Leffler'sche Entwicklung der Gammafunktion.

Von K. F. Gauß stammt folgende Darstellung der Gammafunktion als unendliches, gleichmäßig konvergentes Produkt

$$(7) \qquad \Gamma (z) = \lim_{n \to \infty} \frac{n! \, n^z}{z(z+1)(z+2) \ldots (z+n)}.$$

Die Gammafunktion genügt folgenden beiden Funktionalgleichungen

$$(8) \qquad \Gamma(z+1) = z\,\Gamma(z),$$

$$(9) \qquad \Gamma(z)\,\Gamma(1-z) = \frac{\pi}{\sin \pi z}.$$

Die erste folgt unmittelbar aus (2) durch teilweise Integration
und analytische Fortsetzung, die zweite läßt sich aus (7) mit
Hilfe der bekannten Produktdarstellung von $\sin \pi z$ ableiten.

Aus (8) folgt die bekannte Beziehung

$$(10) \qquad \Gamma(n) = (n-1)! \text{ für ganz positives } n$$

und in Verbindung damit aus (9) die wichtige Tatsache, daß
$\Gamma(z)$ niemals den Wert 0 annimmt. Die reziproke Gammafunktion
$\dfrac{1}{\Gamma(z)}$ ist daher eine ganze transzendente Funktion, deren Nullstellen in den Punkten $0, -1, -2, \ldots, -n, \ldots$ liegen und
alle einfach sind. Ihre Weierstraß'sche Produktentwicklung
lautet

$$(11) \qquad \frac{1}{\Gamma(z)} = e^{Cz}\, z \prod_{n=1}^{\infty} \left(1 + \frac{z}{n}\right) e^{-\frac{z}{n}}.[1]$$

Daraus folgt: Der Grenzexponent (er ist hier Divergenzexponent),
die Ordnung, das Geschlecht und der Grad der Funktion sind 1,
sie selbst ist vom Maximaltypus.[2]

Da sich die reziproke Gammafunktion als ganze Funktion
herausstellt, soll im folgenden zur Vereinfachung die durch die
Gleichung

$$(12) \qquad w = \frac{1}{\Gamma(z)}$$

zwischen der z- und w-Ebene vermittelte konforme Abbildung
an Stelle der durch die Gleichung (1) entstehenden Abbildung
betrachtet werden. Der Übergang ins Reziproke erlaubt ja sofort, von der einen zur anderen zu gelangen.

---

[1] Vgl. hierzu Nielsen a. a. O. S. 12; C bedeutet die sogenannte
Euler'sche Konstante $= 0{,}57722\ldots\ldots$

[2] Bez. dieser Benennungen vgl. L. Bieberbach, Neuere Untersuchungen über Funktionen von komplexen Veränderlichen, Enzykl. der
math. Wiss. II C 4.

Schließlich seien noch wegen des folgenden zwei Darstellungen der Gammafunktion durch Kurvenintegrale erwähnt, nämlich

(13) $$\frac{1}{\Gamma(z)} = \frac{1}{2\pi i} \int_{L_1} e^t \, t^{-z} \, dt$$

und

(14) $$\Gamma(z) = \frac{1}{e^{2\pi i z} - 1} \int_{L_2} e^{-t} \, t^{z-1} \, dt .$$

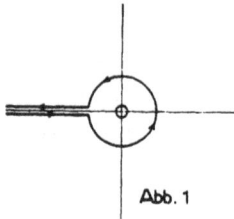

Abb. 1

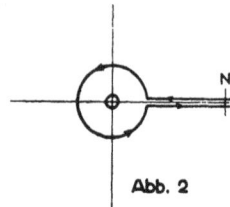

Abb. 2

Dabei läuft der Integrationsweg L_1 unterhalb der negativen reellen Achse, umkreist den Nullpunkt und kehrt dann oberhalb der negativen reellen Achse wieder nach $-\infty$ zurück (siehe Abb. 1). Der Integrationsweg L_2 kommt aus $+\infty$ oberhalb der positiven reellen Achse, umkreist den Nullpunkt und kehrt unterhalb der positiven reellen Achse ins Unendliche zurück (siehe Abb. 2). Für die Potenzen t^{-z} und t^{z-1} ist jedesmal rechts oberhalb der reellen Achse der Hauptwert zu nehmen.

Beide Darstellungen weist man dadurch nach, daß man die Integrationswege nach dem Cauchy'schen Satze derart um den Nullpunkt zusammenzieht, daß er von einem unendlich klein werdenden Kreise umschlossen wird. Bei passenden Voraussetzungen über $\Re(z)$ konvergiert das Integral über diesen kleinen Kreis mit dem Kreishalbmesser gegen Null und die übrigbleibenden Stücke der Wege oberhalb und unterhalb der reellen Achse liefern die gesuchten Formeln. Von den über $\Re(z)$ gemachten Voraussetzungen befreit man sich hernach durch analytische Fortsetzung gemäß der Tatsache, daß die Kurvenintegrale in (13) und (14) nach dem Vitali'schen Satze analytische Funktionen von z sind. Formel (13) geht auf H. Hankel, (14) im wesentlichen auf F. Klein zurück.

§ 2. Werteverteilung.

Die Gammafunktion ist gemäß ihrer Definition für reelle Werte der Veränderlichen z selbst reell. Nach dem Schwarz'schen Spiegelungsprinzip nimmt sie daher für konjugiert komplexe Werte von z selbst konjugiert komplexe Werte an. Die Zerspaltung der Gammafunktion in den reellen und imaginären Teil wird nach N. Nielsen[1]) durch die Formel geleistet:

$$(15) \qquad \ln \Gamma(x + iy) = \ln \Gamma(x) - P(x, y) + i\left[\Theta(x, y) + y\Psi(x)\right].$$

Dabei bedeutet:

$$(16) \qquad P(x, y) = \tfrac{1}{2} \sum_{\nu=0}^{\infty} \ln\left[1 + \frac{y^2}{(x + \nu)^2}\right],$$

$$(17) \qquad \Theta(x, y) = \sum_{\nu=0}^{\infty} \left[\frac{y}{x + \nu} - \operatorname{arc\,tg} \frac{y}{x + \nu}\right],$$

$$(18) \qquad \Psi(x) = \frac{\Gamma'(x)}{\Gamma(x)}.$$

In (15), (16) und (17) sind für ln und arc tg die Hauptwerte zu nehmen.

Für den absoluten Betrag der Gammafunktion erhält man daher

$$(19) \qquad |\Gamma(x + iy)| = |\Gamma(x)| e^{-P(x, y)}.$$

Der absolute Betrag der reziproken Gammafunktion wächst auf jeder Parallelen zur imaginären Achse mit $|y|$ monoton. Dieser Satz wird später für den Aufbau der Riemannschen Fläche wichtig sein.

Beweis: 1.) $x \neq 0$ oder negative ganze Zahl.

$$\frac{\partial}{\partial y} |\Gamma(x + iy)| = -|\Gamma(x)| e^{-P(x, y)} \frac{\partial P(x, y)}{\partial y},$$

$$\frac{\partial P(x, y)}{\partial y} = \sum_{\nu=0}^{\infty} \frac{y}{(x + \nu)^2 + y^2} \gtrless 0 \qquad \text{für } y \gtrless 0,$$

daher (20) $\qquad \dfrac{\partial}{\partial y} |\Gamma(x + iy)| \lessgtr 0 \qquad \text{für } y \gtrless 0.$

---

[1]) Vgl. Nielsen, a. a. O. S. 23.

2.) $x = 0$.

(21)
$$| \Gamma(iy)| = \sqrt{\frac{2\pi}{y(e^{\pi y} - e^{-\pi y})}} \; {}^1),$$

(22)
$$\frac{\partial | \Gamma(iy)|}{\partial y} = -\sqrt{\frac{\pi}{2y^3(e^{\pi y} - e^{-\pi y})^3}} \left[e^{\pi y} - e^{-\pi y} + \pi y (e^{\pi y} + e^{-\pi y}) \right] \lessgtr 0$$

$$\text{für } y \gtrless 0.$$

3.) $x =$ negative ganze Zahl.

Hier folgt die Behauptung aus 2.) in Verbindung mit

(23)
$$\frac{1}{|\Gamma(z)|} = \left| \frac{z}{\Gamma(z+1)} \right|.$$

Für das folgende gewinnt die Untersuchung der Nullstellen von $\Gamma'(z)$ Bedeutung. Wir setzen

(24)
$$\Psi(z) = \frac{\Gamma'(z)}{\Gamma(z)}.$$

Da $\Gamma(z)$ niemals verschwindet, fallen die Nullstellen von $\Gamma'(z)$
mit denen von $\Psi(z)$ zusammen. **Die Nullstellen von $\Psi(z)$
sind sämtlich reell und einfach.**[2] Eine davon ist positiv
und liegt zwischen 1 und 2 (bei 1,46163 . . . .), die übrigen
sind negativ und zwar liegt immer gerade eine zwischen $-n$
und $-n-1$ ($n = 0, 1, 2, 3, \ldots$). Bedeutet x_n diese Nullstelle,
so gilt

(25)
$$x_n = -n - 1 + \frac{1}{\ln n} + \varepsilon_n, \qquad \text{wobei } \lim_{n \to \infty} \varepsilon_n = 0.$$

Die Nullstellen nähern sich sonach mit wachsender Entfernung
vom Nullpunkt immer mehr den Polen der Gammafunktion.

Im folgenden sind die ersten Nullstellen und die entsprechenden Werte von $\Gamma(z)$ und $\dfrac{1}{\Gamma(z)}$ angegeben:

x	$\Gamma(x)$	$\dfrac{1}{\Gamma(x)}$
$+1,46$	$+0,8856$	$+1,129$
$-0,50$	$-3,54$	$-0,283$
$-1,57$	$+2,30$	$+0,445$
$-2,61$	$-0,8884$	$-1,126$
$-3,64$	$+0,24$	$+4,255$

[1]) Vgl. Nielsen, a. a. O. S. 24.
[2]) Vgl. zum folgenden Nielsen, a. a. O. S. 98—101.

Die Einfachheit der Nullstellen von $\Psi(z)$ ergibt sich so: Es gilt für reelle x

$$(26) \qquad \Psi(x) = -C + \sum_{\nu=0}^{\infty} \left[\frac{1}{\nu+1} - \frac{1}{x+\nu} \right],$$

daher an den Nullstellen

$$\Psi'(x) = \lim_{h\to 0} \frac{\Psi(x+h) - \Psi(x)}{h} = \sum_{\nu=0}^{\infty} \frac{1}{(x+\nu)^2} > 0.$$

An den Nullstellen von $\Psi(x)$ hat $\frac{1}{\Gamma(x)}$ abwechselnd seine Maxima und Minima, zwischen ihnen verhält es sich monoton. Wie sich später mit Hilfe der Stirling'schen Formel herausstellen wird, ist

$$(27) \qquad \lim_{x\to+\infty} \frac{1}{\Gamma(x)} = 0,$$

so daß sich im Verein mit (8) folgendes Bild für den Verlauf der reziproken Gammafunktion bei reellem x ergibt (siehe Abb. 3).

Die absoluten Beträge der Maxima und Minima wachsen mit zunehmender Entfernung vom Nullpunkt zufolge (8) über alle Schranken, so daß $\frac{1}{\Gamma(x)}$ für $x < -N$, wo N entsprechend groß ist, jeden Wert annimmt.

Für die durch Gleichung (12) gelieferte konforme Abbildung ist die Bestimmung der Verzweigungspunkte der Umkehrungsfunktion notwendig.

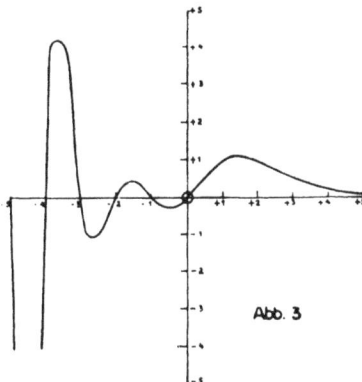

Abb. 3

Wir bezeichnen diese Funktion mit

$$(28) \qquad z = \Phi(w).$$

Die algebraischen Verzweigungspunkte sind die den Nullstellen von $\frac{dw}{dz}$ entsprechenden w-Werte, die zugehörigen z-Werte die sogenannten Kreuzungspunkte. Weil in den Punkten $0, -1, -2,$ $\ldots, -n, \ldots \frac{dw}{dz}$ nach (3) und (4) die Werte $(-1)^n n!$

19*

$(n = 0, 1, 2, 3, \ldots)$ annimmt, sind die Kreuzungspunkte durch die Nullstellen von $\Psi(z)$, die Verzweigungspunkte durch die entsprechenden Werte von $\dfrac{1}{\Gamma(z)}$ gegeben (vgl. obige Wertetafel). Die algebraischen Verzweigungspunkte sind demnach von der ersten Ordnung, weil die Nullstellen von $\Psi(z)$ einfach sind.

Zu diesen algebraischen Verzweigungspunkten kommen noch die sogenannten transzendenten Verzweigungspunkte, die nach einem Satz von A. Hurwitz und F. Iversen[1]) durch die Konvergenzwerte der Funktion gegeben werden (vgl. hierzu den folgenden § 3). Sie sind in unserem Fall 0 und ∞.

Beachtung verdienen noch die sogenannten Ausnahmewerte der Gammafunktion. Bekanntlich nimmt nach E. Picard jede ganze Funktion mit Ausnahme von höchstens einem jeden Wert an. Dieser Ausnahmewert kann im Falle der reziproken Gammafunktion nur reell sein. Denn ließe die reziproke Gammafunktion einen imaginären Wert aus, so müßte sie auch den konjugierten auslassen, da sie, wie schon erwähnt, in konjugiert komplexen Punkten auch konjugiert komplexe Werte annimmt. Wie aber aus der Werteverteilung für reelle x hervorgeht, nimmt die reziproke Gammafunktion jeden reellen Wert an, hat also keinen Ausnahmewert. Den Wert ∞ pflegt man bei ganzen Funktionen nicht zu zählen, und daher den Picard'schen Satz in der obigen Form auszusprechen.

§ 3. Konvergenzwerte.

Für das folgende ist es wichtig, die sogenannten Konvergenzwerte der Gammafunktion zu kennen, d. h. jene Grenzwerte, denen die Funktion zustrebt, wenn sich z auf irgend einem Wege dem Punkt ∞ nähert.[2]) Wir werden zeigen, daß hierfür nur die Werte 0 und ∞ in Betracht kommen.

Wir beweisen die Behauptung zuerst für alle Wege, die außerhalb eines beliebig schmalen, die negative reelle Achse umschließenden Winkelraumes verlaufen. Wir setzen

$$(29) \qquad z = x + iy = r e^{i\varphi} \quad \text{und} \quad \Gamma(z) = |\Gamma(z)| e^{i\vartheta}.$$

---

1) Vgl. Bieberbach, a. a. O. S. 418.
2) Betreffs der genauen Definition siehe Bieberbach, a. a. O. S. 417.

Nach der Stirling'schen Formel[1]) gilt für alle

$$(30) \qquad\qquad -(\pi - \varepsilon) \leqq \varphi \leqq +(\pi - \varepsilon),$$

wo ε eine feste, beliebig kleine, positive Zahl bedeutet,

$$(31) \qquad \Gamma(z) = z^{z-\frac{1}{2}}\, e^{-z}\, \sqrt{2\pi}\, \omega(z), \quad \text{wo} \ \lim_{z\to\infty} \omega(z) = 1.\ [2])$$

Nun ist

$$(32) \ \ln z^{z-\frac{1}{2}}\, e^{-z} = (x - \tfrac{1}{2})\ln r - y\varphi - x + i\left[y\ln r + x\varphi - \frac{\varphi}{2} - y\right]$$

$$= (r\cos\varphi - \tfrac{1}{2})\ln r - r\varphi\sin\varphi - r\cos\varphi + i[r\sin\varphi \ln r + (r\cos\varphi - \tfrac{1}{2})\varphi - r\sin\varphi],$$

daher für alle Winkelräume der rechten Halbebene

$$(33) \qquad\qquad \lim_{z\to\infty} \frac{1}{\Gamma(z)} = 0 \quad \text{für} \ \ |\varphi| \leqq \frac{\pi}{2} - \varepsilon$$

und für alle Winkelräume der linken Halbebene einschließlich der imaginären Achse und ausschließlich der negativen reellen Achse

$$(34) \qquad\qquad \lim_{z\to\infty} \Gamma(z) = 0 \quad \text{für} \ \ \frac{\pi}{2} \leqq |\varphi| \leqq \pi - \varepsilon.$$

Beweis für (33) und (34):

Es genügt, die Behauptung für die obere Halbebene zu beweisen, weil $|\Gamma(z)|$ bezüglich der reellen Achse symmetrisch ist. Nach (31) ist

$$(35) \ \ \ln|\Gamma(z)| = (r\cos\varphi - \tfrac{1}{2})\ln r - r\varphi\sin\varphi - r\cos\varphi + R_1(r, \varphi),$$

$$(36) \qquad \text{wo} \qquad \lim_{r\to +\infty} R_1(r, \varphi) = \tfrac{1}{2}\ln 2\pi.$$

Unter der Voraussetzung

$$(37) \qquad\qquad\qquad 0 \leqq \varphi \leqq \frac{\pi}{2} - \varepsilon$$

gilt daher:

$$(38) \ \ \ln|\Gamma(z)| \geqq (r\sin\varepsilon - \tfrac{1}{2})\ln r - r\left(\frac{\pi}{2} - \varepsilon\right)\cos\varepsilon - r - |R_1|,$$

$$(39) \qquad \text{daher} \qquad \lim_{r\to +\infty} |\Gamma(z)| = +\infty.$$

---

[1]) Vgl. Nielsen, a. a. O. S. 96.

[2]) Für die im folgenden auftretenden Potenzen und Logarithmen sind immer die Hauptwerte zu nehmen.

(40)   **Für** $$\frac{\pi}{2} + \varepsilon \leq \varphi \leq \pi - \varepsilon$$

erhält man

(41) $\ln|\Gamma(z)| \leq r\cos\varepsilon - (r\sin\varepsilon + \tfrac{1}{2})\ln r - r\left(\frac{\pi}{2} + \varepsilon\right)\sin\varepsilon + |R_1|,$

(42) **daher** $$\lim_{r \to +\infty} |\Gamma(z)| = 0.$$

(43)   **Für** $$\frac{\pi}{2} \leq \varphi \leq \frac{\pi}{2} + \varepsilon$$

wird

(44) $\ln|\Gamma(z)| \leq r\sin\varepsilon - \dfrac{1}{2}\ln r - r\,\dfrac{\pi}{2}\cos\varepsilon + |R_1|,$

daher ebenso

(45) $$\lim_{r \to +\infty} |\Gamma(z)| = 0.$$

Jetzt untersuchen wir das Verhalten von ϑ (vgl. Gl. (29)) für $r \to +\infty$.

     Aus (31) folgt

(46) $\vartheta = r\sin\varphi\ln r + (r\cos\varphi - \tfrac{1}{2})\,\varphi - r\sin\varphi + R_2\,(r,\varphi),$

wo

(47) $$\lim_{r \to +\infty} R_2\,(r,\varphi) = 0.$$

Wir beschränken uns wieder auf die obere Halbebene, da ϑ beim Übergang auf die untere Halbebene bloß das Zeichen wechselt.

     Ist

(48) $$\varepsilon \leq \varphi \leq \frac{\pi}{2},$$

so folgt

(49) $$\vartheta \geq r\sin\varepsilon\ln r - \frac{\pi}{4} - r - |R_2|,$$

daher

(50) $$\lim_{r \to +\infty} \vartheta = +\infty.$$

     Ist

(51) $$\frac{\pi}{2} \leq \varphi < \pi - \varepsilon$$

so gilt

(52) $\vartheta \geq r\sin\varepsilon\ln r - (r\cos\varepsilon + \tfrac{1}{2})(\pi - \varepsilon) - r - R_2,$

also wieder

(53) $$\lim_{r \to +\infty} \vartheta = +\infty.$$

Es gelten somit folgende Sätze, wenn wir

$$(54) \qquad \frac{1}{\Gamma(z)} = u + iv = \varrho\, e^{i\psi}$$

setzen:

In allen Winkelräumen der rechten Halbebene, ausschließlich der imaginären Achse, ist

$$(55) \qquad \lim_{z \to \infty} \frac{1}{\Gamma(z)} = 0;$$

in allen Winkelräumen der linken Halbebene, ausschließlich der reellen und einschließlich der imaginären Achse, ist

$$(56) \qquad \lim_{z \to \infty} \Gamma(z) = 0.$$

In allen Winkelräumen der $\dfrac{\text{oberen}}{\text{unteren}}$ Halbebene ausschließlich der reellen Achse ist

$$(57) \qquad \lim_{z \to \infty} \psi = \mp \infty.$$

Für die Kurven $\varrho = \text{const. gilt}$

$$(58) \qquad \lim_{z \to \infty} \varphi = \pm \frac{\pi}{2}$$

und daher auch Gl. (57). Somit können keine anderen Konvergenzwerte als 0 und ∞ auftreten.

Jetzt sind noch Wege zu untersuchen, für die

$$(59) \qquad \lim_{z \to \infty} \varphi = \pm \pi.$$

Unter dieser Voraussetzung erhalten wir folgendes Ergebnis:

1). Ist $\qquad\qquad |y| \geqq \gamma,$

so gilt

$$(60) \qquad \lim_{z \to \infty} \Gamma(z) = 0.$$

Beweis. Wir verwenden die Darstellung durch das Kurvenintegral (14). Als Integrationsweg L_2 wählen wir einen Kreis mit den Radius $c > 1$ um den Nullpunkt und das obere und untere Ufer der reellen Achse.

Wir teilen das Integral in drei Teile

$$(61) \qquad \int_{L_2} = \int_K + \int_A + \int_U.$$

K bedeutet den eben erwähnten Kreis, A beide Ufer der reellen Achse vom Kreis bis zu einer entsprechend großen Zahl N, U die übrigen ins Unendliche reichenden Teile beider Ufer der reellen Achse. (Siehe Abb. 2.)

Wir setzen

$$(62) \qquad t = t_1 + i t_2 = |t|\, e^{i\chi},$$

daher

$$(63) \quad -t+(z-1)\ln t = -t_1+(x-1)\ln|t|-y\chi+i[y\ln|t|+(x-1)\chi-t_2].$$

Dann ergeben sich folgende Abschätzungen:

$$(64) \qquad \left|\int_K\right| \leqq c \int_0^{2\pi} e^{-c\cos\chi+(x-1)\ln c - y\chi}\, d\chi$$

$$< c\, e^{c+(x-1)\ln c} \int_0^{2\pi} e^{-y\chi}\, d\chi = c\, e^{c+(x-1)\ln c}\left|\frac{1-e^{-2\pi y}}{y}\right|,$$

$$(65) \qquad \int_A = (e^{2\pi i z}-1)\int_0^N e^{-t+(x-1)\ln t + i y \ln t}\, dt,$$

$$(66) \qquad \int_U = (e^{2\pi i z}-1)\int_N^\infty e^{-t+(x-1)\ln t + i y \ln t}\, dt.$$

Ferner ist

$$(67) \quad |e^{2\pi i z}-1|^2 = e^{-4\pi y}-2e^{-2\pi y}\cos 2\pi x+1 \geqq (1-e^{-2\pi y})^2,$$

daher

$$(68) \qquad |e^{2\pi i z}-1| \geqq |1-e^{-2\pi y}|.$$

Wir erhalten somit wegen $x < -N'$, wo N' entsprechend groß ist,

$$(69) \quad |\Gamma(z)| < \frac{c}{|y|}\, e^{c+(x-1)\ln c} + \int_c^N e^{-t+(x-1)\ln t}\, dt + \int_N^\infty e^{-t+(x-1)\ln t}\, dt$$

$$< \frac{c}{\gamma}\, e^{c-(N'+1)\ln c} + \int_c^N t^{-N'-1}\, dt + \int_N^\infty e^{-t}\, dt$$

$$< \frac{e^c}{\gamma c^{N'}} + \frac{1}{N'}\left(\frac{1}{N^{N'}}-\frac{1}{c^{N'}}\right) + \frac{1}{e^N}.$$

Wegen $c > 1$ wird daher $|\varGamma(z)|$ beliebig klein für entsprechend großes N und N'. Damit ist die Behauptung bewiesen.

2. Es gibt eine Folge, für die $\varlimsup |y| = 0$. Ist gleichzeitig $\varliminf\limits_{r \to +\infty} |y| \neq 0$, so kommt die Funktion nach 1. immer wieder in Gebiete mit dem Konvergenzwert Null, es kann also kein anderer Wert in Frage kommen. Ist dagegen auch $\varliminf\limits_{r \to +\infty} |y| = 0$, so kommt der Weg in beliebige Nähe der negativen reellen Achse, so daß überhaupt kein Konvergenzwert auftreten kann. Denn auf der negativen reellen Achse kann die Gammafunktion keinem Grenzwert zustreben, weil sie in den Punkten $0, -1, -2, \ldots$ $-n, \ldots$ den Wert ∞ annimmt und zwischen zwei Polen wegen der Funktionalgleichung (8) bei entsprechend großer Entfernung vom Nullpunkt dem Wert 0 beliebig nahe kommt.

Es ergeben sich sonach nur 0 und ∞ als Konvergenzwerte. Damit steht die Tatsache in Übereinstimmung, daß nur ∞ als Ausnahmewert auftritt, denn jeder Ausnahmewert muß Konvergenzwert sein, aber nicht umgekehrt.[1]

§ 4. Der Aufbau der Riemann'schen Fläche.

Wir schreiten jetzt an den Aufbau der Riemann'schen Fläche für die durch die Gleichung (12) vermittelte Abbildung zwischen der z- und w-Ebene. Wir bestimmen zu diesem Zweck in der z-Ebene die Kurven

$$(70) \qquad\qquad |w| = \varrho = \text{const.}$$

und

$$(71) \qquad\qquad \psi = \text{const.},$$

d. h. die Bilder der zum Mittelpunkt konzentrischen Kreise der w-Ebene und der durch den Nullpunkt gehenden Strahlen. Die Kurven (71) sind wegen der Konformität der Abbildung die orthogonalen Trajektorien der Kurven (70). In der Umgebung der Bilder des Nullpunktes, d. h. in der Umgebung der Punkte $0, -1, -2, -3, \ldots -n, \ldots$ ergeben sich gemäß der Gleichung

$$(72) \qquad\qquad w = (z - a) + \ldots$$

---

[1] Vgl. Bieberbach, a. a. O. S. 418.

für (70) in erster Annäherung kleine Kreise um die erwähnten
Punkte. In der Umgebung der Kreuzungspunkte erhält man für
(70) in erster Annäherung Cassini'sche Kurven. Dies ergibt
sich auf folgende Weise: Man hat in der Umgebung eines
Kreuzungspunktes

$$(73) \qquad w - b = (z - a)^2 + \ldots,$$

daher

$$(74) \qquad \varrho^2 = [(x - a)^2 - y^2 + b]^2 + 4y^2 (x - a)^2 + \ldots,$$

somit in erster Annäherung für (70)

$$(75) \qquad [(x - a)^2 + y^2]^2 + 2b [(x - a)^2 - y^2] = c,$$

wo sich die Konstante c wenig von Null unterscheidet. Das entsprechende Kurvenbild hat daher folgende Gestalt (siehe Abb. 4).

Abb. 4

Durch jeden Punkt der z-Ebene
mit Ausnahme der Nullstellen
und Kreuzungspunkte, geht je
eine und nur eine Kurve von (70)
und (71). Dieser Satz folgt aus dem Umstand, daß die Funktionaldeterminante

$$(76) \qquad \frac{\partial (\varrho, \psi)}{\partial (x, y)} = \frac{\partial (\varrho, \psi)}{\partial (u, v)} \frac{\partial (u, v)}{\partial (x, y)} = \frac{1}{\varrho} \left[\left(\frac{\partial u}{\partial x} \right)^2 + \left(\frac{\partial u}{\partial y} \right)^2 \right]$$

nur in den genannten Punkten verschwindet oder unendlich wird.
Zusammen mit dem in § 2 beschriebenen Verhalten von $|w|$ längs
der Parallelen zur imaginären Achse ergibt sich sonach folgendes
Bild für die Kurve (70) und (71). (Siehe Abb. 5.)

Da die reelle Achse der z-Ebene immer Bild der reellen
Achse der w-Ebene ist, schneiden sie sämtliche Kurven (70)
wegen der Konformität der Abbildung unter rechten Winkeln;
die reelle Achse ist Symmetrieachse für alle Kurven (70). Wir
betrachten noch die Trajektorien durch die Kreuzungspunkte. Sie
sind Bilder von Teilen der reellen Achse der w-Ebene.

Die Riemann'sche Fläche wird in folgender Weise aufgebaut:
Wir schneiden die w-Ebene längs der reellen Achse auf und
zwar vom Verzweigungspunkt 1,129 nach rechts und vom Verzweigungspunkt — 0,283 nach links ins Unendliche. Die so zer-
schnittene w-Ebene wird auf folgenden Teil der z-Ebene abgebildet: Der zwischen den beiden Verzweigungspunkten — 0,283
und 1,13 gelegene Teil der reellen Achse auf den zwischen den
entsprechenden Kreuzungspunkten — 0,50 und 1,46 gelegenen

Teil der reellen Achse der z-Ebene, das $\dfrac{\text{obere}}{\text{untere}}$ Ufer der reellen

Achse der w-Ebene von 1,13 bis $+\infty$ auf den in der $\dfrac{\text{oberen}}{\text{unteren}}$

Halbebene verlaufenden Teil der Trajektorie durch den Kreuzungs-

punkt 1,46, das $\dfrac{\text{obere}}{\text{untere}}$ Ufer der reellen Achse der w-Ebene von

$-0,283$ bis $-\infty$ auf den in der $\dfrac{\text{oberen}}{\text{unteren}}$ Halbebene verlaufen-

den Teil der Trajektorie durch den Kreuzungspunkt $-0,50$.

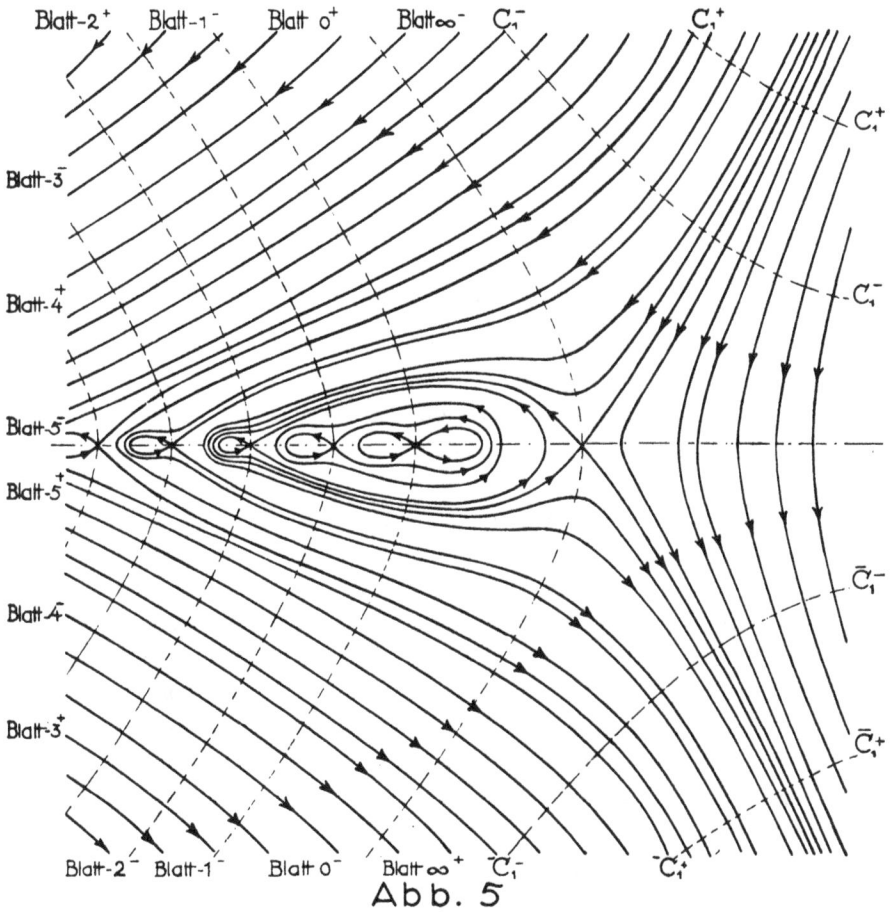

Abb. 5

Die Kurven sind nur annäherungsweise gezeichnet, um eine beiläufige Vorstellung der vorliegenden Gestaltsverhältnisse zu ermöglichen.

Daß in diesem Teil der z-Ebene der $\frac{\text{obere}}{\text{untere}}$ Teil der z-Ebene auf die $\frac{\text{obere}}{\text{untere}}$ w-Ebene abgebildet wird, folgt daraus, daß sich für $x = 1$ und absolut genügend kleine y aus (15), (17) und (26) bis auf erste Potenzen in y ergibt:

$$(77) \qquad\qquad \psi = Cy + \ldots$$

Der weitere Aufbau der Riemann'schen Fläche ist jetzt ohne weiteres gegeben. Wir schneiden ein zweites Blatt der w-Ebene wieder längs der reellen Achse auf und zwar vom Verzweigungspunkt $-0,283$ nach $-\infty$ und vom Verzweigungspunkt $+0,445$ nach $+\infty$ und heften es so an das erste, daß das $\frac{\text{obere}}{\text{untere}}$ Ufer des nach $-\infty$ führenden Schnittes des ersten Blattes mit dem $\frac{\text{unteren}}{\text{oberen}}$ Ufer des nach $-\infty$ führenden Schnittes des zweiten verbunden wird. Das $\frac{\text{untere}}{\text{obere}}$ Ufer dieses Schnittes wird auf den in der $\frac{\text{oberen}}{\text{unteren}}$ Halbebene verlaufenden Teil der durch den entsprechenden Kreuzungspunkt $-1,57$ gehenden Trajektorie in der z-Ebene, der zwischen den Verzweigungspunkten liegende Teil der reellen Achse der w-Ebene auf den zwischen den entsprechenden Kreuzungspunkten liegenden Teil der reellen Achse der z-Ebene abgebildet. So fahren wir fort und erhalten entsprechend den unendlich vielen Kreuzungspunkten unendlich viele Blätter, von denen immer jedes an das folgende auf eine der eben beschriebenen Art analoge Weise angeheftet ist. Die den einzelnen dieser Blätter entsprechenden Bereiche der z-Ebene sind in der Abb. 5 mit Blatt 0, -1, -2, . . bezeichnet, entsprechend der in ihnen liegenden verschiedenen Bildpunkte des Nullpunktes der w-Ebene. Die betreffenden Blätter der w-Ebene wollen wir ebenso benennen. Die mit $+$ bezeichneten Bereiche entsprechen der oberen Halbebene der w-Ebene, die mit $-$ bezeichneten der unteren.

Wir nehmen jetzt wieder ein Blatt der w-Ebene, schneiden es längs der reellen Achse vom Verzweigungspunkt $+0,445$ nach $+\infty$ auf und heften es dort in der beschriebenen Weise an das Blatt 0. In diesem neuen Blatt entspricht der zwischen

den Verzweigungspunkten $+0{,}445$ und 0 gelegene Teil der
reellen Achse dem zwischen dem Kreuzungspunkt $1{,}66$ und $+\infty$
liegenden Teil der reellen Achse der z-Ebene. Wir nennen daher
dieses Blatt das Blatt ∞.

Bewegen wir uns auf den Kurven (70) nach rechts $\frac{\text{unten}}{\text{oben}}$
ins Unendliche, so treffen wir gemäß (57) unendlich oft das Bild
der positiven und negativen reellen Achse; die Bilder der positiven reellen Achse seien oben mit $C_1^+, C_2^+, \ldots$ unten mit
$\overline{C}_1^+, \overline{C}_2^+, \ldots$ bezeichnet; analog die der negativen mit $C_1^-, C_2^-, \ldots$,
bzw. $\overline{C}_1^-, \overline{C}_2^-, \ldots$. Die den Kurven (70) entsprechenden Bahnen
in der w-Ebene sind konzentrische Kreise, die den Nullpunkt im
$\frac{\text{positiven}}{\text{negativen}}$ Sinn umlaufen. Wir haben also die w-Ebene längs
der reellen Achse von 0 nach $-\infty$ aufzuschneiden und längs
dieses Schnittes eine logarithmische Wendeltreppe anzuheften.
Den einzelnen Blättern dieser Wendeltreppe entsprechen die
zwischen den Kurven $C_1^-, C_2^-, \ldots$ bzw. $\overline{C}_1^-, \overline{C}_2^-, \ldots$ liegenden
Bereiche der z-Ebene. Auf den durch die Kreuzungspunkte
gehenden Trajektorien strebt w zur Grenze ∞, ebenso auf den
Kurven $C_1^+, C_2^+, \ldots, \overline{C}_1^+, \overline{C}_2^+, \ldots, C_1^-, C_2^-, \ldots, \overline{C}_1^-, \overline{C}_2^-, \ldots$
wenn man sie nach links durchläuft, dagegen nach 0, wenn man
sie nach rechts durchläuft.

Aus den Ausführungen des § 3 folgt weiter: Entfernt man
sich auf den Kurven (71) nach $\frac{\text{rechts}}{\text{links}}$ ins Unendliche, so ist

$$(78) \qquad \lim_{z \to \infty} \varphi = \begin{cases} 0 \\ \pm \pi \end{cases}.$$

Gemäß der Gleichung (57) strebt w auf den Kurven (70) keinem
Grenzwert zu. Die Pfeile auf den Kurven (70) der Abb. 5 entsprechen dem positiven Umlaufsinn in der w-Ebene.

Nach den Bezeichnungen von P. Boutroux und F. Iversen[1]
ist der Punkt 0 direkt und indirekt kritisch, der Punkt ∞
direkt kritisch zweiter Art.

---

[1] Vgl. Iversen, a. a. O. S. 41 und 52.

Über die Primidealzerlegung der Hauptideale eines Integritätsbereichs.

Von **Friedrich Karl Schmidt**, Erlangen.

Vorgelegt von G. Faber in der Sitzung am 10. November 1928.

In einer vor kurzem im Crelleschen Journal erschienenen Abhandlung[1]) stellt Herr H. Hasse die Frage nach notwendigen und hinreichenden Bedingungen dafür, daß in einem Integritätsbereich $\mathfrak{J}$ jedes Element eindeutig als Potenzprodukt von Primelementen darstellbar ist. Anknüpfend an einen Gedanken Zermelos gibt Herr Hasse selbst in der gleichen Arbeit eine hinreichende Bedingung an, die jedoch nicht zugleich notwendig ist, durch die vielmehr die engere Klasse aller derjenigen Integritätsbereiche charakterisiert wird, in denen jedes Ideal Hauptideal ist. Bereits der Integritätsbereich der Polynome in mehr als einer Unbestimmten mit Koeffizienten aus einem Körper entzieht sich daher dieser hinreichenden Bedingung und die ursprüngliche Hassesche Frage bleibt offen.

In der vorliegenden Mitteilung beschäftige ich mich mit einer Erweiterung der Hasseschen Frage, die sich idealtheoretisch vollständig erledigen läßt. Die so gewonnenen Ergebnisse erfassen gleich die Gesamtheit aller arithmetisch bedeutsamen Integritätsbereiche und stellen daher im Gegensatz zu den Hasseschen Untersuchungen für die Integritätsbereiche mit eindeutiger Primelementzerlegung nur notwendige Bedingungen dar.

Die angedeutete Erweiterung der Hasseschen Fragestellung wird durch die arithmetische Theorie der algebraischen Größen

---

[1]) H. Hasse, Über eindeutige Zerlegung in Primelemente oder in Primhauptideale in Integritätsbereichen, Journ. f. d. r. u. a. Math. 159 (1928), S. 3—12.

nahegelegt. Dort ist ja nicht mehr jedes Element eindeutig als Potenzprodukt von Primelementen, wohl aber jedes Hauptideal als Potenzprodukt von Primidealen darstellbar, und diese Darstellung ist stets eindeutig, wie sich unmittelbar aus der Definition des Primideals ergibt. Ich stelle mir daher die Aufgabe, *notwendige und hinreichende Bedingungen dafür aufzusuchen, daß in einem Integritätsbereich $\mathfrak{J}$ jedes Hauptideal einem Potenzprodukt von Primidealen gleich ist.* Die Klasse der Integritätsbereiche, deren Charakterisierung damit erstrebt wird, enthält sämtliche Integritätsbereiche mit eindeutiger Primelementzerlegung, denn bei Eindeutigkeit der Primelementzerlegung ist das aus einem Primelement abgeleitete Ideal stets Primideal. Sie umfaßt aber auch andererseits alle Integritätsbereiche, deren Teilbarkeitsverhältnisse mit denen der ganzen algebraischen Zahlen übereinstimmen, in denen also *jedes* Ideal einem Potenzprodukt von Primidealen gleich ist, und die E. Noether[1]) in ihrer Annalen-Arbeit untersucht hat.

Unter Heranziehung von Gedanken, die Herr W. Krull in die Idealtheorie eingeführt hat, gelange ich zu folgendem Ergebnis:

Satz. Damit in einem Integritätsbereich $\mathfrak{J}$ jedes Hauptideal als Potenzprodukt von Primidealen darstellbar ist, ist notwendig und hinreichend, daß

    1) jede mit einem Hauptideal beginnende Idealquotientenkette im Endlichen abbricht,

    2) $\mathfrak{J}$ ganz abgeschlossen ist[2]).

Dabei verstehe ich unter einer mit einem Hauptideal beginnenden Idealquotientenkette eine Reihe von Idealen

$$\mathfrak{a}_0,\ \mathfrak{a}_1,\ \ldots,\ \mathfrak{a}_{i-1},\ \mathfrak{a}_i,\ \ldots,$$

bei der $\mathfrak{a}_0$ Hauptideal, $\mathfrak{a}_i$ echter Teiler von $\mathfrak{a}_{i-1}$ und $\mathfrak{a}_i = \mathfrak{a}_{i-1} : \mathfrak{b}_i$ aus $\mathfrak{a}_{i-1}$ durch Quotientenbildung mit Hilfe eines geeigneten Ideals $\mathfrak{b}_i$ erzeugbar ist. Die Endlichkeitsbedingung 1) ist weit

---

[1]) E. Noether, Abstrakter Aufbau der Idealtheorie in algebraischen Zahl- und Funktionenkörpern, Math. Ann. 96 (1926), S. 26—61.

[2]) Zum Begriff des ganz abgeschlossenen Integritätsbereichs vergl. bei W. Krull, Zur Theorie der allgemeinen Zahlringe, Math. Ann. 99 (1928), S. 51—70, die Definition auf S. 60.

schwächer als der Noethersche Teilerkettensatz, der ja z. B. im Bereich der Polynome in unendlich vielen Unbestimmten nicht mehr gilt, während 1) dort erfüllt ist.

Die soeben skizzierten Ergebnisse, deren ausführliche Begründung an anderer Stelle gegeben wird, stellen einen Ausschnitt aus allgemeineren Betrachtungen dar. Dabei handelt es sich um die Frage nach notwendigen und hinreichenden Bedingungen für die Gültigkeit der Hauptsätze der allgemeinen Idealtheorie in möglichst weitgehender Fassung. Von diesen Überlegungen, die an die entsprechenden Arbeiten von E. Noether[1]) und W. Krull[2]) anknüpfen, soll eine weitere Mitteilung berichten.

Erlangen, Mathemat. Seminar, Ende Oktober 1928.

---

[1]) Vergl. o. S. 286, Anm. 1.
[2]) Vergl. o. S. 286, Anm. 2.

Über algebraische, insbesondere lineare Integrale algebraischer Differentialgleichungen 1. Ordnung 1. Grades.

Von **Jos. E. Hofmann.**

Mit 3 Textfiguren.

Vorgelegt von W. v. Dyck in der Sitzung am 10. November 1928.

Einleitung.

Die folgenden Untersuchungen handeln von algebraischen Integralen einer algebraischen Differentialgleichung 1. Ordnung 1. Grades, d. h. von algebraischen Funktionen, welche Integrale der Differentialgleichung sind. Ausgehend von einer projektiv invarianten Form der Differentialgleichung, werden zunächst im 1. Abschnitt einige Abzählungen ausgeführt und daran anschließend wird gezeigt, daß das allgemeine Integral aus hinreichend vielen algebraischen partikulären Integralen aufgebaut werden kann. Insbesondere ist für die gestaltliche Untersuchung die Bemerkung wichtig, daß jeder singuläre Punkt der Differentialgleichung singulär auf der Wendepunktskurve ist; also muß im Innern eines jeden singularitätenfreien Ovals der Wendekurve mindestens ein singulärer Punkt der Differentialgleichung liegen. Dieser merkwürdige Satz gilt übrigens auch allgemeiner für nicht algebraische Differentialgleichungen.

Im 2. Abschnitt werden die Differentialgleichungen behandelt, deren allgemeines Integral sich aus lauter linearen Funktionen aufbauen läßt. Hier zeigt sich, daß die singulären Punkte einer solchen Differentialgleichung in zwei Gruppen zerfallen: die der einen Gruppe sind die Schnittpunkte der geradlinigen Lösungen,

20*

die der andern sind singuläre Punkte der Wendekurve und im
einfachsten Fall Sattel oder Wirbel, wenn nämlich der Punkt auf
der Wendekurve ein isolierter oder ein Doppelpunkt mit zwei verschiedenen reellen Tangentenrichtungen ist.

Im 3. Abschnitt wird der nächst der Jacobi-Differential-
gleichung einfachste Fall behandelt: diese Differentialgleichung
enthält im allgemeinen vier geradlinige Lösungen und ihr allgemeines Integral läßt sich aus diesen aufbauen. Die Wendekurve
ist hier einfach ein Geradenpaar, dessen Schnittpunkt für die
Differentialgleichung singulär ist. Es wird zuerst eine Hilfsglei-
chung untersucht, sodann der allgemeine Fall. —

Über den gleichen Gegenstand sind dem Verfasser nur zwei
Veröffentlichungen bekannt geworden. Die eine ist das „Mémoire
sur les équations différentielles algébriques du premier ordre et
du premier degré" von G. Darboux[1]. Hier wird das allgemeine
Integral in Form der folgenden Gleichung (6) gegeben, aber diese
selbst auf anderm Wege abgeleitet. Nun bestimmt Darboux an
Hand einer Abschätzung aus der folgenden Gleichung (4) die
notwendige Höchstzahl verschiedener algebraischer Integrale der
Gleichung, damit das allgemeine Integral die Form (6) habe, erhält aber dabei eine viel zu große Zahl. Herr Lutz[2] hat bei anderer Gelegenheit in einem Fall, der in dem des Satzes 9 enthalten ist, an Hand einer von der gegebenen völlig verschiedenen
Überlegung gezeigt, daß diese Zahl erniedrigt werden kann. Im
übrigen steht das Ergebnis meines Satzes 6 bzw. 7 im Gegensatz
zu dem Ergebnis der Überlegungen, die Herr Lutz in seinem
§ 13 anstellt. Wahrscheinlich sollte dort stehen:

„Zu speziellen Connexen (1,4) läßt sich ein Nullsystem
5. Grades, bestimmt durch drei allgemeine Korrelationen und
Doppelverhältnis μ so konstruieren, daß die Hauptcoincidenz des
Connexes und der Nullpunkt des Nullsystems identisch sind."

---

[1] Bulletin des sciences mathématiques et astronomiques, 1878.
[2] Sitzungsber. d. Bayer. Akad. d. Wiss., Math.-naturw. Abt., Jahrg. 1926,
S. 231—277.

1. Abschnitt: Über algebraische Grundlösungen.

§ 1. Höchstzahl der wesentlichen Konstanten und singulären Punkte.

Vermöge der Differentialgleichung

$$(1) \qquad \begin{vmatrix} A^1 & A^2 & A^3 \\ x_1 & x_2 & x_3 \\ dx_1 & dx_2 & dx_3 \end{vmatrix} = 0$$

wird ein die projektive (x_1, x_2, x_3)-Ebene einfach bedeckendes Kurvensystem definiert. Dabei sei das Koordinatendreieck reell, die A^k seien homogene Polynome m-ter Ordnung in x_1, x_2, x_3 mit reellen Koeffizienten und so gewählt, daß die drei Funktionen

$$(1a) \quad B^1 = A^2 x_3 - A^3 x_2, \; B^2 = A^3 x_1 - A^1 x_3, \; B^3 = A^1 x_2 - A^2 x_1$$

keinen gemeinsamen Teiler besitzen.

Die Differentialgleichung ist projektiv invariant, d. h. sie ändert ihren Typ nicht bei umkehrbaren projektiven Transformationen. Mittels (1a) läßt sie sich so schreiben

$$(2) \qquad B^1 dx_1 + B^2 dx_2 + B^3 dx_3 = 0,$$

wobei noch die Identität gilt

$$(2a) \qquad B^1 x_1 + B^2 x_2 + B^3 x_3 = 0.$$

(1) ist völlig gleichwertig mit (2) + (2a). Nun enthält (2) i. a. $3\binom{m+3}{2}$ homogene Konstante, die vermöge (2a) $\binom{m+4}{2}$ linearen homogenen Gleichungen genügen:

Satz 1: *Differentialgleichung (1) enthält höchstens $m^2 + 4m + 2$ wesentliche Konstante.*

Die singulären Stellen von (1) sind isoliert und die gemeinsamen Nullstellen von B^k. Wir dürfen annehmen, daß auf den Koordinatenseiten kein singulärer Punkt liegt (stimmt es noch nicht, so läßt es sich durch eine projektive Transformation erreichen). Die singulären Punkte von (1) liegen also gleichzeitig auf den drei Kurven $(m+1)$-ter Ordnung $B^k = 0$, die sich je zu zwei in m Punkten einer Koordinatenseite begegnen.

Satz 2: *Die Differentialgleichung (1) besitzt höchstens $m^2 + m + 1$ singuläre Punkte.*

§ 2. Hesse-Kurve des Lösungssystems.

Ist $\mu\,(x_1, x_2, x_3)$ eine (nicht verschwindende) Lösung der Differentialgleichung

$$1) \qquad \frac{\partial}{\partial x_1}(\mu\,A^1) + \frac{\partial}{\partial x_2}(\mu\,A^2) + \frac{\partial}{\partial x_3}(\mu\,A^3) = 0,$$

und ist μ in x_1, x_2, x_3 homogen von der Ordnung $-(m+2)$, so wird bekanntlich vermöge dieses „letzten Jakobi-Multiplikators" der Differentialausdruck

$$2) \qquad \mu\,(B^1\,dx_1 + B^2\,dx_2 + B^3\,dx_3) \equiv d\,\Phi$$

vollständiges Differential der in x_1, x_2, x_3 homogenen Funktion nullter Ordnung $\Phi(x_1, x_2, x_3)$; somit ist

$$(3) \qquad \Phi(x_1, x_2, x_3) = c = \text{konstant}$$

das allgemeine Integral von (1). Das durch (3) definierte Kurvensystem hat ein und dieselbe Hesse-Kurve $H_\Phi \equiv \left| \underset{\alpha\beta}{\Phi} \right| = 0$ [1]). Mit Benutzung von (2) folgt nach einfacher Umformung

$$3) \qquad (m+1)\,H_\Phi = -\,\mu^3\,\Omega,$$

wobei gesetzt ist

$$(3\,\mathrm{a}) \qquad \Omega(x_1, x_2, x_3) \equiv \begin{vmatrix} B_1^1 & B_2^1 & B_3^1 \\ B_1^2 & B_2^2 & B_3^2 \\ B_1^3 & B_2^3 & B_3^3 \end{vmatrix}.$$

Weder μ noch Ω können identisch verschwinden. Die Hesse-Kurve zerfällt in die (nicht weiter bemerkenswerte) Kurve $\mu = 0$ und die Kurve $\Omega = 0$. Aus (3a) folgt unmittelbar

Satz 3: *Die durch $\Omega = 0$ dargestellte Kurve $3\,m$-ter Ordnung setzt sich zusammen aus den geradlinigen Lösungen und aus dem Ort der Wendepunkte („Wendeort" oder „Wendekurve") der Differentialgleichung; sie hat die sämtlichen singulären Punkte der Differentialgleichung zu singulären Kurvenpunkten.*

§ 3. Algebraische Grundlösungen.

Da $\Phi(x_1, x_2, x_3)$ eine homogene Funktion nullter Ordnung in x_1, x_2, x_3 ist, gehören in (3) höchstens zu $c = 0$ solche par-

---

[1]) Zur Abkürzung steht $U_\varkappa$ für $\dfrac{\partial U}{\partial x_\varkappa}$ usw.

tikuläre algebraische Lösungen, die ohne irgendwelche Um-
formungen in der Gestalt $[G(x_1, x_2, x_3)]^\gamma = 0$ erscheinen ($\gamma \neq 0$
konstant, G homogenes Polynom n-ter Ordnung in x_1, x_2, x_3); wir
wollen solche Lösungen als algebraische Grundlösungen bezeichnen.

Ist $G = 0$ Grundlösung n-ter Ordnung, so muß sich die
Differentialgleichung $B^1 dx_1 + B^2 dx_2 + B^3 dx_3 = 0$ vermöge $G = 0$
zurückführen lassen auf $G_1 dx_1 + G_2 dx_2 + G_3 dx_3 = 0$, d. h. es
muß gelten

1)
$$B^\varkappa \equiv Q^\varkappa G + R G_\varkappa \quad (\varkappa = 1, 2, 3),$$

wobei die $Q^\varkappa$ homogene Polynome $m - n + 1$-ter Ordnung in
x_1, x_2, x_3 sind und R wegen (2a) bestimmt wird aus

2)
$$Q^1 x_1 + Q^2 x_2 + Q^3 x_3 + n R = 0.$$

Mit (1a) geht 1) über in

3)
$$\begin{cases} n A^1 = Q^3 G_2 - Q^2 G_3 + K x_1 \\ n A^2 = Q^1 G_3 - Q^3 G_1 + K x_2, \\ n A^3 = Q^2 G_1 - Q^1 G_2 + K x_3, \end{cases}$$

wo $K(x_1, x_2, x_3)$ ein homogenes Polynom $(m - 1)$-ter Ordnung in
x_1, x_2, x_3 ist. Hieraus folgt endlich

(4)
$$\underline{A^1 G_1 + A^2 G_2 + A^3 G_3 = KG.}$$

Aus den Gleichungen 1) erschließen wir den

Satz 4: *Eine Grundlösung der Differentialgleichung (1) hat höchstens die Ordnung $n = m + 1$; sie trägt außer in ihren
eigenen singulären Punkten höchstens in $n(m + 2 - n)$
Punkten (den Schnittpunkten von $R = 0$ und $G = 0$)
singuläre Punkte der Differentialgleichung.*

Soll die vorgegebene Kurve $G = 0$ n-ter Ordnung Grundlösung der Differentialgleichung sein, so muß für sie (4) identisch
erfüllt sein. Dies liefert $\binom{m+n+1}{2}$ Gleichungen zwischen den Koeffizienten der Differentialgleichung und den $\binom{m+1}{2}$ unbekannten
Koeffizienten der Funktion K, sowie den Koeffizienten von G.

Satz 5: *Soll die bestimmte Kurve n-ter Ordnung $G = 0$ Grundlösung sein, so müssen $\dfrac{n}{2}(2m + n + 1)$ Bedingungen
zwischen den Koeffizienten der Differentialgleichung bestehen.*

Will man nur fordern, daß überhaupt eine Grundlösung n-ter Ordnung vorhanden ist, so ist diese Zahl um $\dfrac{n(n+3)}{2}$ zu vermindern.

Satz 6:　Soll die Differentialgleichung eine allgemeine Grundlösung n-ter Ordnung haben, so müssen $n\,(m-1)$ Bedingungen zwischen den Koeffizienten der Differentialgleichung bestehen.

Weiter bemerken wir

Satz 7:　Nur im Fall $m=1$ (Jakobi-Differentialgleichung) ist das Auftreten von Grundlösungen selbstverständlich; in jedem andern Fall sind die Differentialgleichungen mit Grundlösungen von einfacherer Art als die ohne Grundlösungen.

§ 4. Höchstzahl der Grundlösungen einer Differentialgleichung.

Ist $G=0$ Grundlösung n-ter Ordnung, so gilt, wie im vorigen § auseinandergesetzt wurde

1)
$$B^\varkappa = Q^\varkappa G + R G_\varkappa, \quad \Sigma\,Q^\varkappa x_\varkappa + n R = 0.$$

Daraus folgt

2)
$$R\frac{d G}{G} + Q^1 dx_1 + Q^2 dx_2 + Q^3 dx_3 = 0.$$

Haben wir nun zwei Grundlösungen $G^1=0$ der Ordnung n_1 und $G^2=0$ der Ordnung n_2, so tritt an Stelle von 1) die Beziehung

3)
$$B^\varkappa = Q^\varkappa G^1 G^2 + R^1 G^1_\varkappa G^2 + R^2 G^1 G^2_\varkappa,$$

wobei

4)
$$\Sigma\,Q^\varkappa x_\varkappa + n_1 R^1 + n_2 R^2 = 0.$$

Dabei sind R^1 und R^2 homogene Polynome der Ordnung $(m+2-n_1-n_2)$ in x_1, x_2, x_3. Aus (3) folgt sogleich

5)
$$R^1\frac{d G^1}{G^1} + R^2\frac{d G^2}{G^2} + Q^1 dx_1 + Q^2 dx_2 + Q^3 dx_3 = 0.$$

Es ist klar, wie sich dies entsprechend bei drei und mehr Grundlösungen durchführen läßt. Es kann schließlich sein, daß wir q Grundlösungen $G^1, G^2, G^3, \ldots, G^q$ haben, deren k_1 von der Ordnung n_1, k_2 von der Ordnung n_2, $\ldots$, k_q von der Ordnung n_q sind, wobei gilt

(5)
$$\sum_{1}^{q} {}^{\nu} k_\nu n_\nu = m + 2.$$

Dabei seien die G^ν alle verschieden und teilerfremd! Alsdann ist $Q^1 = Q^2 = Q^3 = 0$; ferner

6) $\quad B^\varkappa = \beta^1 G_\varkappa^1 G^2 .. G^q + \beta^2 G_\varkappa^2 G^3 .. G^q G^1 + ... + \beta^q G_\varkappa^q G^1 .. G^{q-1},$

wobei die β^ν konstant sind. Jetzt geht Gleichung

$$B^1 dx_1 + B^2 dx_2 + B^3 dx_3 = 0 \text{ über in } \sum' \beta^\nu \frac{dG^\nu}{G^\nu} = 0,$$

und es gilt

(6)
$$\underline{\Phi \equiv (G^1)^{\beta^1} \cdot (G^2)^{\beta^2} .... (G^q)^{\beta^q} = \text{konstant};}$$
$$\beta^\nu \neq 0; \quad \sum_{1}^{q} {}^{\nu} n_\nu \beta^\nu = 0.$$

Damit haben wir den wichtigen Satz bewiesen.

Satz 8:   *Läßt sich eine Zahl von $q \leq m + 2$ verschiedenen teilerfremden Grundlösungen $G^\nu = 0$ der Differentialgleichung (1) angeben, von denen k_1 die Ordnung n_1, k_2 die Ordnung n_2, ..., k_q die Ordnung n_q haben, und gilt $\sum_{1}^{q} {}^{\nu} k_\nu n_\nu = m + 2$, so ist die Differentialgleichung (1) durch Quadraturen integrierbar, und ihr allgemeines Integral hat die Form (6), wobei links eine Funktion nullter Ordnung in x_1, x_2, x_3 steht.*

So haben wir ein Ergebnis von Darboux (a. a. O.) auf andere Weise wiedergefunden und verbessert; denn Darboux hat als obere Schranke q die viel zu große Zahl $\binom{m+1}{2} + 2$ erhalten.

Den Abschluß dieser allgemeinen Erörterungen bildet folgender

Satz 9:   *Kennt man $q \leq m + 2$ verschiedene teilerfremde r a t i o n a l e Grundlösungen $G^\nu = 0$ der Differentialgleichung, von denen k_1 die Ordnung n_1, k_2 die Ordnung n_2, ..., k_q die Ordnung n_q haben, und gilt $\sum_{1}^{q} {}^{\nu} k_\nu n_\nu = m + 2$, so enthält die Differentialgleichung genau $3m + 4$ wesentliche Konstante.*

Zum Beweis bedenken wir, daß eine rationale Kurve n-ter Ordnung $3\,n - 1$ wesentliche Konstante besitzt; die $\sum k_\nu$ rationalen Kurven haben also $\sum k_\nu (3\,n_\nu - 1)$ wesentliche Konstante. Von den $\sum k_\nu$ Exponenten sind $\sum k_\nu - 2$ wesentlich. Das allgemeine Integral besitzt also

$$7) \qquad \sigma = \sum k_\nu (3\,n_\nu - 1) + \sum k_\nu - 2 = 3\,(m + 2) - 2 = 3\,m + 4$$

wesentliche Konstante, und ebensoviele enthält auch die Differentialgleichung. Auf diese Zahl können wir auch durch die folgende Überlegung kommen: Die Gesamtzahl der wesentlichen Konstanten der Differentialgleichung ist $m^2 + 4\,m + 2$; die $\sum k_\nu$ Grundlösungen verzehren $(m - 1) \sum k_\nu n_\nu = (m - 1)\,(m + 2)$. Es verbleiben als wesentliche Konstante $3\,m + 4$, wie vorhin.

2. Abschnitt: Geradlinige Lösungen.

§ 5. Allgemeines; Wendepunkte.

Wir wenden uns nun zu Differentialgleichungen (1) mit $m + 2$ verschiedenen geradlinigen Lösungen. Hier liegen die Verhältnisse besonders einfach, weil die geradlinigen Lösungen zugleich Zweige der Kurve $\Omega = 0$ sind.

Ist $x_3 = 0$ eine geradlinige Lösung, so gilt sicher $A^3 \equiv x_3 \cdot A$. Gehen wir mit $x_1 = x$, $x_2 = y$, $x_3 = 1$ zurück zu Cartesischen Koordinaten, so wird die Differentialgleichung zu

$$(7) \qquad \underline{A(x, y) + B(x, y) \cdot y' = 0} \quad \left(y' = \frac{d\,y}{d\,x} \right),$$

worin A, B Polynome m-ten Grades in x, y sind. (7) hat die uneigentliche Gerade zur Lösung, auf der höchstens $m + 1$ singuläre Punkte liegen. (Man zeigt übrigens leicht, daß jede Gerade, auf der $m + 1$ singuläre Punkte liegen, Lösung der Differentialgleichung ist.) Die übrigen m^2 singulären Punkte sind genau die Schnittpunkte der beiden Kurven m-ter Ordnung $A = 0$, $B = 0$. (7) enthält $m^2 + 3\,m + 1$ Konstante, also $m + 1$ weniger wie im allgemeinen Fall.

Die $m + 1$ eigentlichen geradlinigen Lösungen geben wir in der Form

1) $g_\varkappa \equiv y - h_\varkappa x - p_\varkappa = 0$ $(\varkappa = 1, 2, 3, \ldots, m+1)$

und wir dürfen (ev. nach vorhergehender Drehung) alle h_k endlich denken. Die Geraden $g_\varkappa$ bestimmen (höchstens) $\binom{m+1}{2}$ Schnittpunkte, die für die Differentialgleichung singulär sind. Es bleiben (höchstens) $m^2 - \binom{m+1}{2} = \binom{m}{2}$ singuläre Punkte, die auf keiner geradlinigen Lösung liegen. Sie müssen also singuläre Punkte für die Wendekurve sein. Nach ausgeführter Partialbruchzerlegung wie in § 4 können wir der Differentialgleichung die Form geben

2) $$\sum_{1}^{m+1}{}_\varkappa \beta^\varkappa \frac{y' - h_\varkappa}{g_\varkappa} = 0$$

mit

2a) $$\sum_{1}^{m+1}{}_\varkappa \beta^\varkappa = 1; \; \beta^\varkappa \neq 0.$$

Differentiieren wir hier und setzen dann $y'' = 0$, so folgt

3) $$\sum_{1}^{m+1}{}_\varkappa \beta^\varkappa \left(\frac{y' - h_\varkappa}{g_\varkappa} \right)^2 = 0.$$

Multiplizieren wir in 2) mit $\Pi g_\varkappa$, in 3) mit $(\Pi g_\varkappa)^2$, so erhalten wir nach Entfernung von y' die Kurve $3\,m$-ter Ordnung, die in diesen Koordinaten der Kurve $\Omega = 0$ entspricht. Wir wissen aber, daß sie noch $m+1$ geradlinige Lösungen enthalten muß. Um diese zu entfernen, bilden wir unter Berücksichtigung von 2)

4) $$(y' - h_\varkappa) \cdot \left(\sum_{1}^{m+1}{}_\varrho \frac{\beta^\varrho}{g_\varrho} \right) = - \sum_{1}^{m+1}{}_\varrho \frac{\beta^\varrho (h_\varkappa - h_\varrho)}{g_\varrho} = \frac{g_\varkappa \, Q_\varkappa(x, y)}{\Pi g_\varrho}.$$

Auf diese Weise haben wir $m+1$ teilerfremde Polynome $Q_\varkappa$ je vom Grade $m-1$ in x, y definiert. Multiplizieren wir in 3) mit dem Quadrat von $\left(\sum \frac{\beta^\varrho}{g_\varrho} \right) \cdot (\Pi g_\varrho)$, so erhält die Wendekurve von (1) die Gleichung

5) $$W(x, y) \equiv \sum_{1}^{m+1}{}_\varkappa \beta^\varkappa Q_\varkappa^2 = 0.$$

Sie hat also die Ordnung $2(m-1)$, wie es sein muß, und besitzt singuläre Punkte in den verbleibenden höchstens $\binom{m}{2}$ singulären Punkten der Differentialgleichung, die nicht auf den geradlinigen Lösungen liegen.

Es sei nun x_0, y_0 einer dieser singulären Punkte und es werde zur Abkürzung gesetzt $g_\varkappa^0 \equiv y_0 - h_\varkappa x_0 - p_\varkappa \neq 0$. Dann bedenken wir, daß $\sum \dfrac{\beta^\varkappa}{g_\varkappa^0} = 0$, $\sum \dfrac{\beta^\varkappa h_\varkappa}{g_\varkappa^0} = 0$, und bilden

6)
$$\begin{cases} \sum \dfrac{\beta^\varkappa}{g_\varkappa} = (x - x_0) \sum \dfrac{\beta^\varkappa h_\varkappa}{g_\varkappa g_\varkappa^0} - (y - y_0) \sum \dfrac{\beta_\varkappa}{g_\varkappa g_\varkappa^0}, \\ \sum \dfrac{\beta^\varkappa h_\varkappa}{g_\varkappa} = (x - x_0) \sum \dfrac{\beta^\varkappa h_\varkappa^2}{g_\varkappa g_\varkappa^0} - (y - y_0) \sum \dfrac{\beta^\varkappa h_\varkappa}{g_\varkappa g_\varkappa^0}, \end{cases}$$

und

7)
$$\Delta(x, y) = \begin{vmatrix} \sum \dfrac{\beta^\varkappa h_\varkappa}{g_\varkappa g_\varkappa^0} & \sum \dfrac{\beta^\varkappa}{g_\varkappa g_\varkappa^0} \\ \sum \dfrac{\beta^\varkappa h_\varkappa^2}{g_\varkappa g_\varkappa^0} & \sum \dfrac{\beta^\varkappa h_\varkappa}{g_\varkappa g_\varkappa^0} \end{vmatrix} = \tfrac{1}{2} \sum_{\varkappa, \lambda}^{m+1} \dfrac{\beta_\varkappa \beta_\lambda (h_\varkappa - h_\lambda)^2}{g_\varkappa g_\lambda g_\varkappa^0 g_\lambda^0}.$$

Ist $\Delta(x_0, y_0) \neq 0$, so ist x_0, y_0 auf der Wendekurve gewöhnlicher Doppelpunkt mit zwei verschiedenen Tangentenrichtungen; die Differentialgleichung ist bei x_0, y_0 angenähert dargestellt durch

8)
$$\left\{ (x - x_0) \sum \dfrac{\beta h}{g_0^2} - (y - y_0) \sum \dfrac{\beta}{g_0^2} \right\} y' = (x - x_0) \sum \dfrac{\beta h^2}{g_0^2} - (y - y_0) \sum \dfrac{\beta h}{g_0^2}$$

in wohl leicht verständlicher Abkürzung. Diese Ersatzdifferentialgleichung hat x_0, y_0 zum Sattel oder Wirbel; ihre geradlinigen Lösungen sind gleichzeitig die beiden Tangenten an die Wendekurve im Doppelpunkt x_0, y_0. Aber auch für die ursprüngliche Differentialgleichung ist x_0, y_0 Sattel oder Wirbel und wenn es (natürlich nur im ersten Fall!) Lösungen gibt, die in x_0, y_0 münden, so berühren diese je einen Zweig der Wendekurve. Es könnte ja höchstens noch ein Strudel in Frage kommen; diese Möglichkeit scheidet aber wegen der Form des allgemeinen Integrals aus.

Ist $\Delta(x_0, y_0) = 0$, so liegen die Dinge viel verwickelter; wir wollen hierauf nicht weiter eingehen. Jedenfalls gilt der

Satz 10: *Diejenigen von den höchstens $\binom{m}{2}$ singulären Punkten der Differentialgleichung (2), die auf keiner geradlinigen Lösung liegen und für die $\Delta(x_0, y_0) \neq 0$ ist, sind gewöhnliche Doppelpunkte für die Wendekurve und Sattel bzw. Wirbel für die Differentialgleichung. Gehen durch einen solchen Doppelpunkt der Wendekurve zwei verschiedene reelle Zweige*

derselben, so überschreitet je eine Lösung der Differential-
gleichung den singulären Punkt, wobei sie je einen Zweig
der Wendekurve berührt.

§ 6. Diskussion der singulären Punkte, durch die genau zwei geradlinige Lösungen gehen.

Wir nehmen zur Diskussion der übrigen singulären Stellen unserer Differentialgleichung zunächst an, daß von den $m + 2$ geradlinigen Lösungen keine drei durch ein und denselben Punkt gehen. Dann liegt einer der zu untersuchenden singulären Punkte, z. B. $P_{\varkappa\lambda}$, stets auf zwei geradlinigen Lösungen $g_\varkappa$ und g_λ $(\varkappa \neq \lambda)$.

a) $P_{\varkappa\lambda}$ sei Schnittpunkt der reellen Geraden $g_\varkappa$ und g_λ.

Wir führen mit

$$1) \qquad x = \varrho\, g_\varkappa, \quad y = \varrho\, g_\lambda, \quad z = \varrho\, g \quad [g \equiv u_1 x_1 + u_2 x_2 + u_3 x_3]$$

neue Koordinaten ein ($g = 0$ bedeute eine Gerade nicht durch $P_{\varkappa\lambda}$). Mit $z = 1$ erhalten wir für die Lösungen in hinreichender Nähe von $P_{\varkappa\lambda}$ die Darstellung

$$2) \qquad |x|^{\beta^\varkappa}\, |y|^{\beta^\lambda}\, \Psi(x, y) = C,$$

wo $\Psi(x, y)$ eine für $x = 0$, $y = 0$ nicht verschwindende und für hinreichend kleine $x^2 + y^2$ analytische Funktion von x, y ist.

Ist $\beta^\varkappa \beta^\lambda > 0$, so ist $P_{\varkappa\lambda}$ ein Sattel.

Ist $\beta^\varkappa \beta^\lambda < 0$, $|\beta_\varkappa| < |\beta_\lambda|$, so ist $P_{\varkappa\lambda}$ ein Knoten und die weiteren in ihn mündenden Lösungen haben g_k zur Tangente.

Ist $\beta^\varkappa + \beta^\lambda = 0$, so geht durch $P_{\varkappa\lambda}$ in jeder Richtung genau eine Lösung, die sich über diesen Punkt hinaus fortsetzen läßt.

b) $P_{\varkappa\lambda}$ sei Schnittpunkt der konjugiert imaginären Geraden $g_\varkappa, g_\lambda$.

Dann ist $g_\varkappa = g' + i g''$, $\quad g_\lambda = g' - i g''$; $\quad \beta^\varkappa = \beta' + i\beta''$, $\beta^\lambda = \beta' - i\beta''$.

Jetzt führen wir folgende neue Koordinaten ein

$$3) \qquad r e^{i\varphi} = \varrho\,(g' + i g''), \quad z = \varrho\, g \equiv \varrho\,(u_1 x_1 + u_2 x_2 + u_3 x_3)$$

wie vorhin. Mit $z = 1$ kommt

$$4) \qquad r^{2\beta'}\, e^{-2\beta''\varphi}\, X(r, \varphi) = C,$$

wo $X(r, \varphi)$ eine für $r = 0$ nicht verschwindende und für hinreichend kleine $r > 0$ analytische Funktion von r, φ ist und in φ die Periode 2π besitzt.

Ist $\beta'' \neq 0$, so ist $P_{\varkappa\lambda}$ ein **Strudel**; ist $\beta'' = 0$, so ist $P_{\varkappa\lambda}$ ein **Wirbel**.

c) Ist $P_{\varkappa\lambda}$ Schnittpunkt von zwei nicht konjugierten Geraden, deren mindestens eine imaginär ist, so ist $P_{\varkappa\lambda}$ selbst imaginär und kommt für unsere aufs Reelle beschränkte Untersuchung nicht mehr in Frage.

§ 7. Zusammenfassung; Erweiterung auf die durch Grenzübergang zu bildenden Lösungen und Differentialgleichungen.

Fassen wir nun die Ergebnisse der beiden letzten §§ zusammen!

Satz 11: Die Differentialgleichung (1) besitzt höchstens $m + 2$ geradlinige Lösungen $g_\varkappa = 0$, deren keine drei durch einen Punkt gehen. Bei Erreichung der Höchstzahl ist sie durch eine Quadratur zu integrieren und hat das allgemeine Integral $g_1^{\beta^1} g_2^{\beta^2} \cdots g_m^{\beta^m} {}_+^{+2} {}_2 = C$, $\sum \beta^\varkappa = 0$; $\beta^\varkappa \neq 0$. Von ihren höchstens $m^2 + m + 1$ singulären Punkten sind $\binom{m+1}{2}$ Schnittpunkte der geradlinigen Lösungen und zu diskutieren wie in § 6; von den höchstens $\binom{m}{2}$ weitern singulären Punkten liegt keiner auf einer der geradlinigen Lösungen und ist jeder gleichzeitig singulär für die Wendekurve, die von der Ordnung $2(m-1)$ ist; stellt einer auf der Wendekurve einen gewöhnlichen Doppelpunkt vor, so ist er ein Wirbel oder Sattel.

In doppelter Weise lassen sich diese Untersuchungen durch Grenzübergang erweitern:

a) Entweder dadurch, daß wir mehrere der geradlinigen Lösungen stetig parallel zu sich selbst bewegen derart, daß sie schließlich durch einen Punkt gehen. Alsdann ändert sich an der Form des allgemeinen Integrals gar nichts. Gehen p geradlinige Lösungen durch den Punkt P_0, so sendet die Wendekurve genau $2(p-2)$ Zweige durch P_0. Die Form der Integralkurven nahe bei P_0 ist in den Sektoren zwischen zwei geradlinigen Lösungen durch P_0, in denen keine weitern geradlinigen Lösungen durch P_0 liegen, genau so zu bestimmen wie in § 6.

b) Bei der andern Art des Grenzübergangs lassen wir mehrere geradlinige Lösungen zusammenrücken. Sei etwa $g_0 \equiv y - h_0\, x - p_0 = 0$ $\left[\dfrac{1}{h_0} \neq 0\right]$ eine derart q-fach zu zählende Lösung! Dann finden wir aus der Partialbruchzerlegung wie in § 5, Gleichung 2) für die Umgebung von g_0 die Darstellung

$$1)\qquad g_0^{\beta^0} \cdot e^{\frac{x\beta'}{g_0} + \frac{x^2\beta''}{g_0^2} + \cdots + \frac{x^{q-1}\beta(q-1)}{g_0^{q-1}}} \cdot \left(\prod_1^\lambda g_\varkappa^{\beta^\varkappa}\right) = C, \quad \beta^0 + \Sigma\,\beta^\varkappa = 1$$

und können auch hier leicht die Diskussion durchführen. Alles hängt hier ab vom Zeichen des Koeffizienten $\beta^{(q-1)}$.

Wenden wir nun die eine oder andere Art der angedeuteten Grenzübergänge mehrfach an, so wird an der Sache nichts Wesentliches geändert. Damit sind alle Differentialgleichungen gekennzeichnet, die aus dem integrablen Typ mit der Höchstzahl geradliniger Lösungen (keine drei durch einen Punkt) durch Grenzübergang gewonnen werden können.

Wir bemerken, daß sich Grenzübergänge der eben beschriebenen Art auch im allgemeinen Fall des § 4 ausführen lassen. Schließlich weisen wir darauf hin, daß die Integralkurven jedesmal dann alle algebraisch sind, wenn alle g_k (bzw. G^k) verschieden und alle $\beta^\varkappa$ reell und rational sind.

3. Abschnitt: $m = 2$; vier geradlinige Lösungen.

§ 8. Allgemeines.

Wir wenden uns zum Fall $m = 2$ mit vier geradlinigen Lösungen g_1, g_2, g_3, g_4 und nehmen zunächst an, daß deren keine drei durch einen Punkt gehen.

Von den sieben auftretenden singulären Punkten fallen sechs in die Ecken $P_{\varkappa\lambda} = g_\varkappa \times g_\lambda$ des vollständigen Vierseits der g_k; der 7. singuläre Punkt P_0 ist Doppelpunkt der Wendekurve, die von der Ordnung 2 ist, also einen zerfallenden Kegelschnitt vorstellt. Das Linienpaar der Wendegeraden ist unter Annahme reeller g_k reell verschieden für $\beta^1\, \beta^2\, \beta^3\, \beta^4 > 0$, konjugiert imaginär für $\beta^1\, \beta^2\, \beta^3\, \beta^4 < 0$. Eine Doppelwendegerade kann nicht auftreten.

Machen wir etwa g_4 zur uneigentlichen Geraden und führen Cartesische Koordinaten ein, so gilt das Gleichungspaar

1)
$$\left\{ \begin{array}{l} x_{23}\,\beta^1 + x_{31}\,\beta^2 + x_{12}\,\beta^3 + x_0\,\beta^4 = 0 \\ y_{23}\,\beta^1 + y_{31}\,\beta^2 + y_{12}\,\beta^3 + y_0\,\beta^4 = 0 \end{array} \right\}.$$

Da noch $\beta^1 + \beta^2 + \beta^3 + \beta^4 = 0$ hinzutritt, so sind β^1, β^2, β^3 die Schwerpunktskoordinaten des 7. singulären Punktes bezüglich des Dreiecks P_{12}, P_{23}, P_{31}. Damit sind sie auch in bestimmter Weise als Doppelverhältnisse zu definieren. Sind also g_1, g_2, g_3, g_4 gegeben, so sind die $\beta^\varkappa$ bis auf ihre Verhältnisse bestimmt, wenn noch P_0 gegeben ist.

Satz 12: Sind die vier geradlinigen Lösungen g_k und der 7. singuläre Punkt P_0 nicht auf ihnen der Lage nach bekannt, so ist die zugehörige Differentialgleichung eindeutig festgelegt.

Sehen wir zwei Differentialgleichungen, die sich durch umkehrbare projektive Transformationen ineinander überführen lassen, als **gleichwertig** an, so erkennen wir demnach, daß es eine **zweifache Mannigfaltigkeit** wesentlich verschiedener Differentialgleichungen des zu untersuchenden Typus gibt.

Die gestaltliche Diskussion ist sofort durchführbar, wenn noch die Richtungen der Wendegeraden bekannt sind. Wir können die dazu notwendige Rechnung sparen, wenn wir folgende Überlegung ausführen: Vermöge der Transformation

2) $x = x_0 + t\xi$, $y = y_0 + t\eta$ ($t \neq 0$, konstant)

erscheint die (x, y)-Ebene als Bild der (ξ, η)-Ebene; legen wir die (ξ, η)-Ebene koaxial auf die (x, y)-Ebene und lassen ihren Ursprung mit P_0 zusammenfallen, so sind beide Ebenen aus P_0 in ähnlicher Lage und t ist der Verzerrungsmaßstab; für $t = 1$ fällt das Bild auf das Original. Die Differentialgleichung und die Lösung (letztere erst nach Multiplikation mit dem Generalnenner) enthält nach Übergang zu ξ, η den Parameter t analytisch. Wie wir auch t wählen, die beiden Wendegeraden durch P_0 in der (x, y)-Ebene sind immer die nämlichen. Mit $t \to 0$ rücken die Punkte P_{23}, P_{31}, P_{12} gemeinsam gegen P_0. In der Differentialgleichung $A + By' = 0$ sind alsdann A, B in $x - x_0$, $y - y_0$ homogen zur zweiten Ordnung und im übrigen teilerfremd. Diese Differentialgleichung hätten wir immer gesondert betrachten müssen, sodaß wir nichts Nutzloses tun, wenn wir sie voraus behandeln.

§ 9. Allgemeine Untersuchung der Hilfsgleichung.

Wir untersuchen also die Differentialgleichung

$$(8) \quad F(x,y;y') \equiv a_0 x^2 + 2a_1 xy + a_2 y^2 + (b_0 x^2 + 2b_1 xy + b_2 y^2)y' = 0,$$

indem wir P_0 zum Ursprung der x, y-Ebene machen; da außerdem die A, B teilerfremd sind, gilt

$$(8a) \quad 4 \begin{vmatrix} a_0 & a_1 \\ b_0 & b_1 \end{vmatrix} \begin{vmatrix} a_1 & a_2 \\ b_1 & b_2 \end{vmatrix} - \begin{vmatrix} a_0 & a_2 \\ b_0 & b_2 \end{vmatrix}^2 \neq 0.$$

Die Partialbruchzerlegung zur Integration folgt aus

$$(9) \quad \frac{F(x,y;y')}{F(x,y;\frac{y}{x})} \equiv \beta^1 \frac{y'-h_1}{\frac{y}{x}-h_1} + \beta^2 \frac{y'-h_2}{\frac{y}{x}-h_2} + \beta^3 \frac{y'-h_3}{\frac{y}{x}-h_3},$$

indem wir die h_k (sie sind die Wurzeln der Gleichung $F(1,h;h)=0$) endlich und verschieden annehmen. Aus (9) folgt unmittelbar mit $y' = \frac{y}{x}$

$$(9a) \quad \beta^1 + \beta^2 + \beta^3 = 1, \quad \text{also } \beta^4 = -1.$$

Die Wendekurve hat die Gleichung

$$(10) \quad W(x,y) \equiv \begin{vmatrix} \beta^1 & h_1 \beta^1 & (y-h_1 x)^2 \\ \beta^2 & h_2 \beta^2 & (y-h_2 x)^2 \\ \beta^3 & h_3 \beta^3 & (y-h_3 x)^2 \end{vmatrix} = 0$$

mit der Diskriminante

$$(10a) \quad \Delta_W \equiv \begin{vmatrix} h_1^2 & h_1 & 1 \\ h_2^2 & h_2 & 1 \\ h_3^2 & h_3 & 1 \end{vmatrix}^2 \beta^1 \beta^2 \beta^3.$$

Wie wir aus der allgemeinen Theorie (oder direkt) finden, ist (9) gegenüber homogenen affinen Transformationen

$$1) \quad \begin{cases} x = p_1 x^* + p_2 y^*, \\ y = q_1 x^* + q_2 y^*, \end{cases} \quad \begin{vmatrix} p_1 & p_2 \\ q_1 & q_2 \end{vmatrix} \neq 0$$

invariant; dabei transformieren sich die h_k kovariant, die $\beta^\varkappa$ invariant. Da übrigens die Verhältnisse der $\beta^\varkappa$ bei gegebenen h_k und gegebenen Wendegeraden aus (10) berechenbar sind, bemerken wir: Aus den geradlinigen Lösungen und den Wendegeraden durch den Ursprung ist die Differentialgleichung (8) eindeutig bestimmt. Das Verhalten der Lösungen zu den geradlinigen Lösungen wollen wir entsprechend § 6 so kennzeichnen:

1. $\beta < 0$ Die Lösungen münden längs der geradlinigen in den Ursprung ein; Symbol E.

2. $0 < \beta < 1$ Die Lösungen laufen mit der geradlinigen als Asymptote ins Unendliche; Symbol A.

3. $1 < \beta$ Die Lösungen laufen zur geradlinigen parabolisch (d. h. sie bleiben von einer gewissen Stelle ab zur geradlinigen Lösung konkav und haben keine Asymptote): Symbol P.

Sonderfall: $\beta = 1$. Die Lösungen laufen mit Asymptoten parallel zur geradlinigen Lösung ins Unendliche: Symbol S. Eine geradlinige Lösung fällt im Fall $\beta = 1$ genau mit einer Wendegeraden zusammen, deren gestaltlicher Einfluß damit außer Betracht kommt.

Nun zur gestaltlichen Diskussion selbst. Wir behandeln zuerst den Fall von drei reellen h_k. Die $\beta^\varkappa$ ordnen wir nach der Größe, sodaß also gilt $\beta^1 \leq \beta^2 \leq \beta^3$, und erreichen durch eine passende affine Transformation, daß ihnen drei h_k von folgender Eigenschaft entsprechen: $h_1 < h_2 < h_3$. Da die Differentialgleichung homogen ist, liegen alle nicht geradlinigen Lösungen aus dem Ursprung ähnlich. Wir schreiben zur Kennzeichnung der Typen je drei (richtig gewählte) Symbole der obigen vier A, E, P, S an und wollen damit sagen, daß der Geraden $y - h_1 x = 0$ das 1. Symbol, der Geraden $y - h_2 x = 0$ das 2., der Geraden $y - h_3 x = 0$ das 3. zukommt. Liegt zwischen zwei aufeinanderfolgenden dieser Geraden eine Wendegerade, so setzen wir zwischen ihre Symbole ein W. So können wir jeden der topologisch verschiedenen Fälle kennzeichnen und bemerken, daß damit der Verlauf der Lösungen ohne weiteres abgelesen werden kann.

Bei drei reell verschiedenen h_k haben wir folgende fünf Hauptfälle:

I) EEP II) $EWAAW$ III) $EWAWP$ IV) $EPWWP$

V) AAA. Als Übergangsfälle mit $S = \widehat{AW} = \widehat{WP}$:

II)$+$III) $EWAS$ III)$+$IV) $ESWP$ II)$+$III)$+$IV) ESS.

Ist von den h_k nur eines (h) reell, die beiden andern konjugiert imaginär, so gilt $\varDelta \cdot \beta < 0$. In der vorigen Bezeichnung folgen die drei weiteren Hauptfälle:

VI) E VII) AWW VIII) PWW;

Übergangsfall VII) + VIII) SW.

Hat $F(1, h; h) = 0$ mehrfache Wurzeln, so sind diese alle reell. Ist z. B. h_0 Doppelwurzel, so tritt an Stelle von (9)

$$2) \qquad \beta \frac{y'-h}{y-hx} + (1-\beta) \frac{y'-h_0}{y-h_0 x} + \beta' \frac{xy'-y}{(y-h_0 x)^2} = 0$$

mit $\beta \neq 0$, $\beta' \neq 0$, $h \neq h_0$. Durch affine Transformation kann β' niemals zu Null werden. Das Integral ist

$$3) \qquad (y-hx)^\beta (y-h_0 x)^{1-\beta} e^{-\frac{\beta' x}{y-h_0 x}} = C.$$

Die Geraden $y = hx$, $y = h_0 x$ definieren in der Ebene zwei Winkelfelder; im einen laufen die Lösungen zu $y = h_0 x$ parabolisch, im andern münden sie in den Ursprung längs $y = h_0 x$ ein. Wir erteilen also der Geraden das Symbol PE, womit übrigens auch die geometrische Erzeugungsweise in Einklang steht: es haben sich nämlich zwei geradlinige Lösungen mit den Symbolen P und E vereinigt. Nur geradlinige Lösungen mit diesen Symbolen können sich in der Grenze vereinigen. Wir haben folgende Fälle:

I²) $E\,PE$ aus I); III²) $PE\,WAW$ aus III); IV²) $PWW\,PE$ aus IV). Übergangsfall aus III²) + IV²) $SW\,PE$.

Ist h_0 dreifache Wurzel, so wird (9) ersetzt durch

$$4) \qquad \frac{y'-h_0}{y-h_0 x} + \beta' \frac{xy'-y}{(y-h_0 x)^2} + \frac{x\beta''(xy'-y)}{(y-h_0 x)^3} = 0$$

mit $\beta'' \neq 0$. Durch affine Transformation kann β'' niemals sein Zeichen ändern. Das Integral ist

$$5) \qquad (y-h_0 x) e^{-\frac{\beta' x}{y-h_0 x} - \frac{\beta'' x^2}{2(y-h_0 x)^2}} = C.$$

Mit $\beta'' > 0$ laufen also alle Lösungen längs $y = h_0 x$ im Ursprung ein, daher Symbol EPE nach der geometrischen Erzeugung durch Grenzübergang; mit $\beta'' < 0$ laufen die Lösungen zu $y = h_0 x$ parabolisch; daher Symbol PEP. Wir haben folgende Fälle:

I³) EPE aus I); gestaltlich wie VI) E;

IV³) *PEP WW* aus .IV); gestaltlich wie VIII) *PWW*.

Damit ist die Gleichung (8) unter der Bedingung (8a) vollständig diskutiert. Es ergeben sich acht Hauptfälle, aus denen zehn weitere durch Grenzübergang gewonnen werden. Die Gestalt der Lösungen ist jeweils aus dem zuerteilten Symbol ablesbar. Man vgl. auch über eine andere Art der Diskussion die Abhandlung von v. Dyck, Über den Verlauf der Integralkurven einer homogenen Differentialgleichung 1. Ordnung[1]).

§ 10. Klassifikation im allgemeinen Fall.

Nun zur Erledigung der gestaltlichen Diskussion im allgemeinen Fall. Wir nehmen folgende Klassifizierung vor:

a) Alle vier geradlinigen Lösungen verschieden, keine drei durch einen Punkt.

I) $\beta^\varkappa + \beta^\lambda \neq 0$; keine Wendegerade ist geradlinige Lösung. („Allgemeiner Fall".)

II) Nach passender Indizierung: $\beta^1 + \beta^2 = 0$, $\beta^3 + \beta^4 = 0$, $\beta^\varkappa \neq \beta^\lambda$ ($\varkappa \neq \lambda$). Eine Wendegerade ist geradlinige Lösung, die andere nicht.

III) Nach passender Indizierung: $\beta^1 = -\beta^2 = -\beta^3 = \beta^4 \neq 0$. Beide Wendegeraden sind geradlinige Lösungen. Das allgemeine Integral hat die Form $g_1 g_4 = C g_2 g_3$; es stellt ein Kegelschnittbüschel vor. Damit ist Fall III) völlig gekennzeichnet und braucht nicht weiter behandelt zu werden.

b) Alle vier geradlinigen Lösungen verschieden, genau drei durch einen Punkt.

Von den geradlinigen Lösungen sind mindestens zwei reell (man zeigt leicht, daß vier geradlinige Lösungen nur dann durch einen Punkt gehen oder einander naherücken und in der Grenze zusammenfallen können, wenn aus der Differentialgleichung der Faktor $xy' - y$ herausgeht, was der Bedingung „A, B teilerfremd" widerspricht). Sind die beiden andern geradlinigen Lösungen imaginär, so liegt ihr reeller Schnittpunkt auf einer der beiden reellen Geraden, aber nicht in deren Schnittpunkt. Machen wir die andere reelle Gerade zur uneigentlichen, so kommen wir genau auf die Fälle des § 9.

---

[1]) Abhandl. d. Bayr. Akad. d. Wissenschaften, XXVI (1918).

c) Mehrere geradlinige Lösungen vereinigen sich.

Wir lassen zunächst etwa g_4 gegen g_3 rücken. Das Bild kann auch dadurch erzeugt werden, daß wir zuerst die drei Geraden g_2, g_3, g_4 durch einen Punkt gehen lassen. Damit kommen wir zu den Fällen des § 9 zurück, außerdem noch zu zwei andern Fällen:

a) g_1, g_2 konjugiert imaginär, $g_4 \rightarrow g_3$ ⎱ Diese wenig bemerkenswerten
b) $g_2 \rightarrow g_1$, $g_4 \rightarrow g_3$; $g_1 \neq g_3$. ⎰ Fälle sollen nicht weiter behandelt werden.

Vereinigen sich drei geradlinige Lösungen, so ist die 4. sicher reell und darf zur uneigentlichen Geraden gemacht werden. Damit sind wir zu den in § 9 erwähnten Fällen zurückgekommen.

§ 11: Geometrische Diskussion der noch verbleibenden Fälle.

Die folgenden Untersuchungen gelten also nur den Fällen a I) und a II). Dabei erscheint a II) stets als Sonderfall von a I).

1. Alle vier geradlinigen Lösungen sind reell verschieden.

Die vier Geraden definieren vier Bereiche in der Ebene, die von je drei Geraden begrenzt sind; liegt P_0 in einem derselben, so ist $\beta^1 \beta^2 \beta^3 \beta^4 < 0$ und die Wendegeraden sind konjugiert imaginär. Außerdem definieren die vier Geraden drei Bereiche, die von allen vier Geraden begrenzt werden; liegt P_0 in einem dieser Bereiche, so ist $\beta^1 \beta^2 \beta^3 \beta^4 > 0$ und die Wendegeraden sind reell. Also zwei Fälle.

a) Ist $\beta^1 \beta^2 \beta^3 \beta^4 < 0$,

so haben drei $\beta^\varkappa$ gleiches Zeichen. Dann erreichen wir stets (ev. durch Umordnen der Indizes) $0 < -\beta^1 \leq -\beta^2 \leq -\beta^3 < \beta^4$. Die Punkte P_{23}, P_{31}, P_{12} sind Sättel, die Punkte P_{14}, P_{24}, P_{34} sind Knoten, und zwar laufen in sie längs g_4 keine weiteren Lösungen mehr ein. Der Punkt P_0 liegt im Dreieck P_{23}, P_{31}, P_{12} und ist ein Wirbel. Wir machen etwa g_4 zur uneigentlichen Geraden, g_1, g_2, g_3 zu den Seiten eines gleichseitigen Dreiecks. P_0 liegt in dessen Inneren. Wir nehmen das Beispiel $\beta^1 = -1$, $\beta^2 = -1$, $\beta^3 = -1$, $\beta^4 = 3$; es stellt das wohlbekannte System von Kurven 3. Ordnung dar $g_1 g_2 g_3 = C g_4^3$, bei dem P_0 der harmonische Pol der Geraden g_4 bz. des Dreiecks der Geraden $g_1 g_2 g_3$ ist. Das Bild im allgemeinen Fall ist von dem dieses Sonderfalles nicht wesentlich verschieden.

b) Ist $\beta^1 \beta^2 \beta^3 \beta^4 > 0$,

so haben je zwei der $\beta^\varkappa$ gleiches Zeichen. Wir erhalten (nach passender Anordnung der Indizes) $0 < \beta^1 < -\beta^2 \leqq -\beta^3 < \beta^4$. Die Punkte P_{14}, P_{23} sind Sättel; die Punkte P_{12}, P_{13} sind Knoten, in die weitere Lösungen längs g_1 münden; die Punkte P_{24}, P_{34} sind Knoten, in die längs g_4 keine weitere Lösung mündet. Der Punkt P_0 ist ein Sattel und liegt im Viereck P_{12}, P_{13}, P_{24}, P_{34}. Wir machen g_1, g_2, g_3, g_4 zu den Seiten eines Quadrats mit den parallelen Seiten g_1, g_4 und g_2, g_3. Dann haben wir das in Fig. 1 wiedergegebene Kurvenbild vor uns. Algebraisches Beispiel: $g_1 g_4^3 = C g_2^2 g_3^2$.

c) Der Sonderfall $0 < \beta_1 = -\beta_2 < -\beta_3 = \beta_4$

gehört zum Typus a II). Jetzt liegen die Punkte P_0, P_{12}, P_{34} in einer Geraden, die selbst Lösung ist; die andere Wendegerade ist

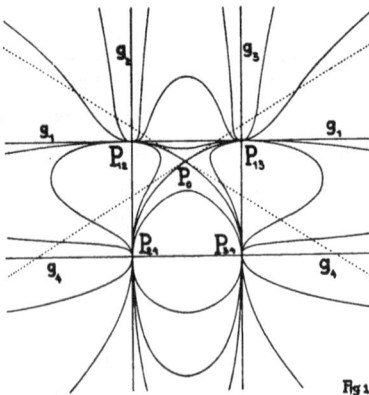 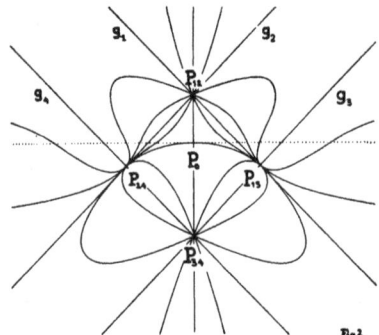

Fig. 1   Fig. 2

nicht Lösung. Durch P_{12} und P_{34} geht in jeder Richtung genau eine Lösung hindurch. Kurvenbild wie in Fig. 2; algebraisches Beispiel: $g_1 g_4^2 = C g_2 g_3^2$.

2. Zwei geradlinige Lösungen sind reell verschieden, die beiden andern sind konjugiert imaginär.

Die beiden reellen Geraden seien g_1, g_4. Wir setzen

$$g_2 = g' + ig'', \quad g_3 = g' - ig'', \quad \beta^2 = \beta' + i\beta'', \quad \beta^3 = \beta' - i\beta''.$$

Dann hat das allgemeine Integral die Form

$$g_1^{\beta^1} g_4^{\beta^4} (g'^2 + g''^2)^{\beta'} = C e^{2\beta'' \operatorname{arc tg} \frac{g''}{g'}}; \quad \beta^1 + \beta^4 + 2\beta' = 0.$$

Nehmen wir $\beta^1 + \beta^4 \neq 0$, so ist $\beta' \neq 0$. Jetzt sind außer P_0

nur die Punkte P_{14}, P_{23} reell. P_{23} ist Strudel für $\beta' \beta'' \neq 0$, Wirbel für $\beta' \neq 0$, $\beta'' = 0$. Werden die Punkte P_0, P_{23} voneinander durch die Geraden g_1, g_4 getrennt, so ist $\beta^1 \beta^4 > 0$; werden sie nicht getrennt, so ist $\beta^1 \beta^4 < 0$. Also folgende Fälle:

a) Ist $\beta^1 \beta^4 > 0$,

so sei etwa $0 < \beta^1 \leqq \beta$. Der Punkt P_{14} ist Sattel, P_{23} Strudel oder Wirbel, P_0 Wirbel. Wir machen etwa g_4 zur uneigentlichen Geraden. Dann trennt g_1 das wendepunktsfreie Wirbelgebiet um P_0 von dem wendepunktsfreien Wirbel — oder Strudelgebiet um P_{23}. Die entstehende Figur ist selbstverständlich.

b) Ist $\beta^1 \beta^4 < 0$,

so sei $0 < - \beta^1 < \beta^4$. Der Punkt P_{14} ist Knoten; die weitern in ihn mündenden Lösungen haben g_1 zur Tangente. Der Punkt P_0 ist Sattel; es gibt eine Lösung, die von ihm ausgeht und wendepunktsfrei zu ihm zurück-
kehrt. Sie umschließt den Wirbel oder Strudel P_{23}, und ist im Strudelfall Grenzzykel der Spiralen. Fig. 3 bezieht sich auf den Wirbelfall. Algebraisches Beispiel $(x^2+y^2)(y-1) = C(y+1)^3$.

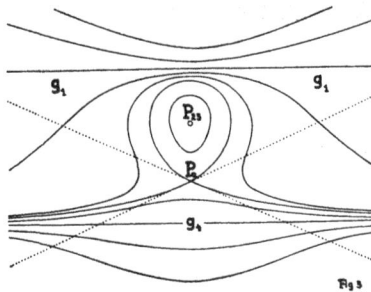

Fig. 3

c) Der Sonderfall $0 < - \beta^1 = \beta^4$.

Dann ist $\beta' = 0$, $\beta'' \neq 0$. Das allgemeine Integral hat die Form $g_4 = C g_1 e^{\frac{2\beta''}{\beta^4} \operatorname{arc tg} \frac{g''}{g'}}$. Die Punkte P_{14} und P_{23} liegen auf der Wendegeraden, die Lösung ist; durch sie geht in jeder Richtung genau eine Lösung. Für die Figur mache man die Wendegerade zur uneigentlichen, die nicht Lösung ist, und kann dann das Bild leicht aufbauen.

3. Die vier geradlinigen Lösungen sind paarweise konjugiert imaginär.

Wir setzen ähnlich wie oben

$$g_2 = g' + ig'' \quad g_1 = h' + ih'' \quad \beta^2 = \beta' + i\beta'' \quad \beta^1 = \gamma' + i\gamma''$$
$$g_3 = g' - ig'' \quad g_4 = h' - ih'' \quad \beta^3 = \beta' - i\beta'' \quad \beta^4 = \gamma' - i\gamma''$$

Das allgemeine Integral hat dann die Form

$$(g'^2 + g''^2)^{\beta'} (h'^2 + h''^2)^{\gamma'} = C e^{2\beta'' \operatorname{arc tg} \frac{g''}{g'} + 2\gamma'' \operatorname{arc tg} \frac{h''}{h'}}; \quad \beta' + \gamma' = 0.$$

Von den singulären Punkten ist außer P_0 nur P_{14}, P_{23} reell. P_0 ist auf jeden Fall Sattel.

a) Ist $\beta' \neq 0$, $\beta'' \gamma'' \neq 0$,

so sind die Strudel P_{14}, P_{23} für $\beta'' \gamma'' > 0$ gleichdrehend und werden durch die Wendestrahlen getrennt; für $\beta'' \gamma'' < 0$ sind sie gegendrehend und werden durch die Wendestrahlen nicht getrennt. Im ersten Fall erhalten wir die Figur einfach, indem wir den einen Wendestrahl zur uneigentlichen Geraden machen; im zweiten ist es günstiger beide Wendegerade eigentlich, aber parallel zu machen und die Strudel durch den ganzen Streifen von endlicher Breite zwischen den Wendegeraden zu trennen.

b) Im Sonderfall $\beta' = 0$, $\beta'' \gamma'' \neq 0$

ist die Gerade durch P_{14}, P_{23} selbst Lösung und durch diese Punkte geht in jeder Richtung genau eine Lösung. Die Figur ist topologisch von der eines elliptischen Kreisbüschels im Endlichen nicht wesentlich verschieden, wenn wir die Wendegerade uneigentlich machen, die nicht Lösung ist. Form des allgemeinen Integrals: $\beta'' \operatorname{arc tg} \frac{g''}{g'} + \gamma'' \operatorname{arc tg} \frac{h''}{h'} = C.$

c) Im Sonderfall $\beta' \neq 0$, $\beta'' \gamma'' = 0$, $\beta''^2 + \gamma''^2 \neq 0$

sei etwa $\beta'' = 0$, $\gamma'' \neq 0$. Die Lösung hat die Form

$$g'^2 + g''^2 = C(h'^2 + h''^2) e^{\frac{2\gamma''}{\beta'} \operatorname{arc tg} \frac{h''}{h'}} \ (\beta' > 0).$$

Wieder machen wir die Wendegerade, die nicht Lösung ist, uneigentlich. Auf der einen Seite der Wendegeraden, die Lösung ist, liegt dann der Strudel P_{14}, auf der andern Seite der Wirbel P_{23}. Wäre $\beta'' = \gamma'' = 0$, so kämen wir zu einem Fall aus a III) zurück.

Damit haben wir einen Überblick in großen Zügen über die möglichen Fälle im Fall $m = 2$, (mindestens) vier geradlinige Lösungen gegeben. Es bleibt noch zu bemerken, wie hier nicht weiter ausgeführt werde, daß aus einzelnen Sektoren, in denen sich die Lösungen verhalten wie die der eben behandelten Differentialgleichung, in den meisten Fällen der Verlauf der Integralkurven von Gleichungen wie im 2. Abschnitt bestimmbar ist.

———————

Die Gleichgewichtslage der Erdkruste und ihre Bewegungen.

Von **Erich von Drygalski**.

Vorgetragen in der Sitzung am 15. Dezember 1928.

Der Gleichgewichtszustand der Erdkruste und seine Veränderungen, sowie die tektonischen und magmatischen Vorgänge
die daraus folgen, sind neuerdings vielfach erörtert worden, ohne
schon in den Grundlagen geklärt zu sein. Die Faltung der Gebirge und ein Niedersinken nach ihrer Bildung, die davon abhängigen Fragen der Erosion und Denudation, die Bodenbewegungen früher vereister Gebiete oder der Abtragungs- und Aufschüt-
tungsräume, die Rand- und Innensenken der Kettengebirge, das
Anwachsen der Korallenbauten auf sinkenden Ozeanböden und
anderes bis zu Horizontalbewegungen ganzer Kontinente wird jetzt
mehr oder weniger mit der Isostasie der Erdkruste in Beziehung
gebracht. Das ist teils in eindringenden Untersuchungen, teils
in spekulativen Erörterungen geschehen. Man versuchte dabei
die isostatische Lage der Erdkruste entweder an Beobachtungs-
tatsachen zu prüfen oder setzte sie schon voraus und leitete Er-
klärungen anderer Erscheinungen deduktiv daraus ab. Das Letztere
erscheint noch verfrüht.

Allen diesen Arbeiten liegt die Tatsache zu Grunde, daß die
wechselvolle Massenanordnung an der Erdoberfläche, die wir
sehen, also das Nebeneinander von Kontinenten und Ozeanen, von
Gebirgen und Ebenen, Bergen und Tälern, Massengesteinen und
Sedimenten, irgendwie kompensiert und in ihrem verschiedenen Einfluß auf die Schwerewerte an der Erdoberfläche annähernd neutrali-
siert ist. Denn wenn das nicht der Fall wäre, müßten die sichtbaren Massen in ihren großen Verschiedenheiten — die Kontinente

ragen ja mit einer Dichte von rund 2,7 bis gegen 9000 m Höhe
auf, während die Ozeane daneben mit rund 1.023 bis über
10000 m hinabreichen — auch große Verschiedenheiten der
Schwerkraftswerte im Meeresniveau erzeugen, was tatsächlich
nicht zutrifft. Ihre beobachteten und auf das Meeresniveau reduzierten Beträge weichen vielmehr, ob Land oder Meer unter der
Station liegt, nur um geringe Beträge von den Normalwerten ab,
wie sie für die betreffende geographische Breite gelten, meist um
weniger als 0.1 der Schwerkraft in Zentimetern. Wo besondere
Verhältnisse vorliegen, namentlich auf Inseln, kommen größere
Abweichungen vor, die z. B. auf Hawai nach F. R. Helmert[1]) um
0.5 bis fast 0.7 cm über dem Normalwert liegen. Doch das sind
Ausnahmen und ohne weitreichenden Einfluß.   Auch die Deformationen des Geoids, also der wahren Erdform, von der ihr
am meisten angenäherten mathematischen des Rotationsellipsoids,
die sich an jenen Schwereanomalien messen lassen, schwanken
nur innerhalb rund $\pm 100\,\mathrm{m}^2$. Beides ist nur zu erklären, wenn
jene allgemeine Kompensation besteht. Doch wie diese beschaffen
ist und wodurch die restierenden Abweichungen von der normalen
Schwerkraft zustande kommen, ist eine offene Frage. Wir dürfen
bei negativen Anomalien auf unsichtbare Defekte und bei positiven
auf unsichtbare Massenüberschüsse schließen.   Es läßt sich aber
nicht eindeutig beantworten, wo diese liegen, da es strenge genommen unendlich viele Möglichkeiten dafür gibt. Wir können
ihre Art und Lage nur schätzen, weil nahe gelegene störende
Massen die Schwerkraftsmessungen am wirksamsten beeinflussen.
So sind schon manche Erfolge erzielt worden, doch keine, ohne
noch wesentliche Unsicherheiten bestehen zu lassen.

Man sucht das Wesen der allgemeinen Kompensation seit
lange in zwei Richtungen, die nach J. H. Pratt[3]) und G. B. Airy[4])
bezeichnet werden.   Pratt hat angenommen, daß von einer bestimmten Tiefe unter dem Meeresniveau an nach unten eine
hydrostatische, konzentrische Dichteanordnung herrscht, und nur
darüber Dichteverschiedenheiten, wie wir sie an der Oberfläche

---

1) Encyklopädie der math. Wissenschaften, Band VI 1 B, S. 129.
2) F. R. Helmert, a. a. O., S. 112.
3) Philos. Transact. of the Royal Society of London, 1855, Bd. 145, S. 53.
4) Phil. Transactions, 1855, 145, S. 101.

sehen. Dabei sollte die Dichte innerhalb vertikaler Prismen von
gleichem Querschnitt zwischen der Oberfläche und jener bestimmten Tiefe so verteilt sein, daß in dieser überall der gleiche Druck
herrscht. Die Prismen sollten also trotz verschiedener Länge das
gleiche Gewicht haben. Diese Dichteunterschiede seien bei der
Abkühlung durch verschieden starke Kontraktion entstanden.
Dagegen hat Airy wohl über die hydrostatische Dichteschich-
tung unten und über die Verschiedenheiten der Dichte oben die
gleiche Vorstellung, aber er denkt die letzteren anders verteilt.
Er sieht von gleichen Gewichten in jener bestimmten Tiefe ab
und läßt die Kontinente, ihren Massen entsprechend, verschieden
tief in die untere hydrostatisch geschichtete Zone eintauchen und
darin schwimmen; dann müssen an ihren Unterflächen den Eintauchtiefen entsprechende, verschiedene Drucke herrschen.

Hiernach ist bei Airy der Übergang in die konzentrisch
geschichtete Dichteanordnung des Innern an einer stark welligen
Fläche, bei Pratt an einer Niveaufläche zu denken, einem Geoid,
wie das Meeresniveau selbst und mit ähnlich geringen Abweichungen vom Rotationsellipsoid, wie dieses. Auch kann man
bei Pratt den Zustand an seiner „Ausgleichsfläche" als einen
allmählichen Übergang annehmen, während er bei Airy ohne
ein schärferes Absetzen in den „Ausgleichstiefen" an den
Unterflächen der Kontinente schwer zu denken ist, ähnlich wie
bei Eisschollen, die im Wasser schwimmen, oder bei Laven in
ihrem Schmelzfluß. Eine isostatische Einstellung der Rinde besteht in beiden Fällen, doch bei Pratt für die ganze Kruste einheitlich an einer Niveaufläche und bei Airy für die Erdräume
verschieden tief, ihrer Dicke und Dichte entsprechend. In beiden
Fällen werden also die Schwerewerte im Meeresniveau jenen
ausgeglichenen Gang haben, wie er beobachtet wird und der
nahezu ellipsoidischen Erdgestalt entspricht, und die kleinen Abweichungen von der Normalschwere, die bestehen bleiben, sind
nur Anomalien der Schwerkraft. Diese rühren von den
horizontalen und vertikalen Dichteunterschieden in der Kruste
her, von denen ich sprach, weil deren Wirkung wohl für die
ganze Erde ausgeglichen und zur Normalschwere summiert ist,
doch lokal bei der einzelnen Station oder regional in einer Gruppe
von Stationen in Erscheinung tritt.

Um die Normalschwere und ihren Gang, sowie die Anomalien darin zu bestimmen, muß man die gemessenen Schwerewerte einheitlich auf das Meeresniveau reduzieren und so von
den Störungen aus der Nähe der physischen Erdoberfläche be-
freien. Es gibt verschiedene Reduktionsarten, die hier nicht zu
erörtern sind, da es kritische Darstellungen dafür gibt[1]). Es sei
nur erwähnt, daß die Reduktionen dahin auseinandergehen, daß
die gemessene Schwerkraft entweder nur vom Einfluß der Höhenlage der Station über Meer (Übergang durch Freiluftreduktion
von G zu G_0) oder erweitert von den Höhenunterschieden ihrer
Umgebung (Übergang durch Geländereduktion von G zu G_0') befreit wird, oder zweitens zugleich von dem Einfluß der sichtbaren
Massenverteilung über und sogar den dieser etwa entsprechenden
Defekten und Überschüssen unter dem Meeresniveau (Übergang durch
J. F. Hayfords isostatische Reduktion von G zu Gi_0); hierzu sind
Voraussetzungen über die Dichteverteilung im einzelnen, wie über
die Art der allgemeinen Kompensation schon notwendig. Zwischen
diesen beiden Richtungen liegt noch die sogenannte Bouguer'sche
Reduktion (Übergang von G zu G_0''), welche die gemessenen Werte
von dem Einfluß der Stationshöhe und des Geländes, sowie zu-
gleich der Massen über Meer, also nur der sichtbaren, befreit. Auf
Einzelheiten dieser Reduktionen komme ich gelegentlich zurück.

Die Anomalien oder Störungen sind dann die Differenzen
zwischen den reduzierten Werten G_0, G_0', Gi_0, G_0'' einerseits und
der Normalschwere γ_0 im Meeresniveau andererseits; man nennt
sie entsprechend Δg, $\Delta' g$, Δg_i, $\Delta'' g$. Die beiden ersten Δ werden
als totale Schwereanomalien bezeichnet, weil bei G_0 und G_0'
nur Höhenwirkung abgezogen ist, keine Massenwirkung, dagegen
Δg_i als isostatische, weil bei Gi_0 schon lokale und regionale
Masseneinflüsse, soweit sie sichtbar oder denkbar waren, abgezogen wurden, sodaß nur die nicht erfaßbaren als störend bestehen
bleiben. Der Ausdruck isostatische Reduktion und isostatische
Anomalie ist nicht ganz richtig, weil auch die dabei abgezogenen
Massenunregelmäßigkeiten, wie Gebirge und ihnen etwa ent-

---

[1]) F. R. Helmert, a. a. O. S. 99 ff., E. A. Ansel in B. Gutenberg, Lehrbuch der Geophysik, Bornträger, Berlin 1926, S. 74 ff., auch an anderen
Stellen.

sprechende Defekte, die Isostasie stören, doch es kommt auf
den Ausdruck nicht an. Die Δg_i sind in der Regel kleiner als
die Δg und $\Delta' g$, weil beim Übergang von G zu Gi_0 mehr abgezogen ist, als bei dem von G zu G_0 und G_0', auch zu G_0''.
Das bedeutet jedoch keineswegs, daß die Δg_i wirklich kleinere
Störungen anzeigen, als die andern Δg, und daß die isostatische
Reduktion das Gleichgewicht der Kruste besser darstellt, wie die
anderen. Denn die Δg_i sind von den Δg und $\Delta' g$ abhängig, wie
E. A. Ansel[1]) gezeigt hat, und so werden die Störungen in ihnen
nur anders verrechnet, wie bei Δg, $\Delta' g$ und $\Delta'' g$. Aus ähnlichem
Grunde fallen auch die $\Delta'' g$ meistens größer aus, wie die anderen.
Bei Beachtung dieser Unterschiede können alle vier Δg die Män-
gel des isostatischen Gleichgewichts der Erdkruste beurteilen
lassen und werden auch dazu benutzt, wobei bald das eine, bald
das andere Δg anschaulicher ist und Art oder Lage der störenden Massen bestimmter andeutet[2]).

Für die geologischen Anwendungen der Lehre von der
isostatischen Lage der Erdkruste, oder ihrer lokalen und regionalen Störungen ist es nun von Bedeutung, ob die allgemeine
Kompensation an einer geschlossenen Ausgleichsfläche nach Pratt
oder in verschiedenen Eintauchtiefen der Kruste nach Airy angenommen wird. W. Heiskanen[3]) hat diese Frage vom geodätischen Standpunkt in einer ebenso interessanten, wie mühe-
vollen Untersuchung beleuchtet, indem er für die an europäischen
und kaukasischen Stationen gemessenen Schwerewerte 6—8 Reduktionsarten durchführte, bei denen drei verschiedene Ausgleichstiefen nach Pratt und drei nach Airy benutzt wurden, bei den
letzteren auch noch verschiedene Dichtedifferenzen zwischen dem
Magma und den eintauchenden Kontinentalmassen. Das Ergebnis
war, daß die Airy'sche Vorstellung wenigstens ebenso gut oder
etwas besser, als die von Pratt, die Schweremessungen der
Normalschwere angleicht; doch sind bei beiden die Ausgleichs-

---

[1]) B. Gutenberg, Lehrbuch der Geophysik, Bornträger, Berlin 1926,
S. 87.

[2]) Vgl. hierzu auch H. Jung in Zeitschrift für Geophysik III, 1927,
S. 181.

[3]) Veröffentlichungen des Finnischen Geodätischen Instituts No. 4,
Helsinki 1924.

tiefen nicht überall auf der Erde gleich groß, sondern haben
regionale Verschiedenheiten. Also wird in den verschiedenen
Erdräumen bald diese bald jene Vorstellung besser entsprechen.
Auch zeigte O. Meissner[1]), daß beide Hypothesen bei geeigneter
Wahl der Konstanten ziemlich gleich gut sind.

Bezeichnender Weise ist nun bisher von Geodätischer Seite
die Vorstellung Pratts und von Geologischer die von Airy bevorzugt worden. Die erstere ist einmal für die Rechnung bequemer und schien nach F. R. Helmert[2]) auch für den Verlauf
der Schwerkraft im einzelnen, nämlich in Hochgebirgen und auf
Hochflächen, bessere Annäherungen zu geben, dagegen geologisch
schwerer verständlich und verwendbar zu sein. So wurde sie
von den Geodäten bevorzugt und von den Geologen abgelehnt,
während umgekehrt die von Airy bei den Geologen Anklang und
bei den Géodäten Widerspruch fand. Heute dürften die geodätischen Bedenken gegen Airys Vorstellung durch W. Heiskanen
beseitigt sein, da er auch diese sowohl rechnerisch gut handhaben,
wie den Einzelheiten der Erdoberfläche anpassen konnte. Desgleichen kann man die geologischen Einwände gegen Pratt jetzt
kaum mehr aufrecht erhalten, weil sie sich vor allem gegen
dessen Annahme von Defekten und Auflockerungen in tieferen
Lagen der Erdkruste gerichtet haben, die aber, besonders nach den
Experimenten von Frank D. Adams[3]), doch möglich erscheinen.
Eine Entscheidung zwischen Pratt und Airy ist deshalb
auf diesem Wege, lediglich von den Schweremessungen an der
Oberfläche her, nicht zu erreichen. Einen größeren Erfolg hat
dagegen die Erdbebenforschung dafür gebracht.

Der Zustand des Erdinnern unter der uns bekannten
kalten, starren Kruste wurde früher oft als ein feurig flüssiger
gedacht, als der eines zähflüssigen plastischen Magmas. Die hohen

---

[1]) Pet. Mitteilungen 1918, S. 224; 1921, S. 214; 1926, S. 262; Sitzungs-
berichte der Berliner Akademie 48, 1919, S. 1192; Astronom. Nachrichten
No. 4924—25, Band 206; No. 4967, Band 207; No. 5125, Band 214; Zeit-
schrift für Vermessungswesen 1922, Heft 6; auch E. Hübner in Gerlands
Beiträgen zur Geophysik Bd. 12, 1913, S. 587; W. Stackler, Dissertation,
Berlin 1926 u. a.

[2]) Encyklopädie der mathem. Wissenschaften VI 1 B, S. 127.

[3]) Journal of Geology, Chikago, XX, 1912, S. 97—118.

Temperaturen des Innern, die man aus der beobachteten Zunahme der Wärme mit der Tiefe erschloß und aus der geothermischen Tiefenstufe zu berechnen suchte, ließen dort keinen festen Aggregatzustand, sondern einen flüssigen oder gasförmigen möglich erscheinen. Andererseits forderten aber Betrachtungen über den wachsenden Tiefendruck, daß das Innere starr sei. Denn die Erdkruste kann sich nicht selbst, wie ein Gewölbe tragen, weil ihre Bruchfestigkeit zu gering ist[1]), und drückt deshalb auf das Innere, je tiefer um so mehr. Erst bei ca. 1200 km Tiefe beginnt eine Abnahme des Druckes, weil die Schwerkraft dann wieder abnimmt; diese wächst ja mit der Annäherung an den Erdschwerpunkt nur bis zu jener Tiefe, weil darunter die ihr entgegengerichtete Anziehung der äußeren Schalen überwiegt[2]). Diese größeren Tiefen kommen hier aber nicht in Betracht. Jedenfalls ist der Druck der Erdkruste schon darüber so gewaltig, daß auch flüssige und gasförmige Massen, wie wir sie an der Erdoberfläche unter Atmosphärendruck kennen, eine größere Starrheit annehmen, als sie die Erdkruste selbst hat. Die Starrheit wächst mindestens bis ca. 1200 km Tiefe[3]).

Die Laufzeitkurven der Erdbebenwellen, die mehr oder weniger durch das Innere gehen, haben dieses bestätigt; denn die Geschwindigkeit elastischer Wellen wächst mit der Starrheit und die Erdbebenwellen werden wirklich mit der Tiefe schneller. Andererseits nimmt die Geschwindigkeit freilich mit wachsender Dichte ab, die ebenfalls mit der Tiefe zunimmt; das geschieht aber nicht so stark, daß es den Einfluß der zunehmenden Starrheit überwiegt[4]).

Der Grad der Starrheit oder Righeit, also der elastischen Widerstandsfähigkeit der Erde, ist mehrfach bestimmt worden.

---

[1]) Vgl. hierzu A. Born, Isostasie und Schweremessung, J. Springer, Berlin 1923, S. 63 ff. Borns Darstellung beruht auf J. Loukaschewitsch, Le mécanisme de l'écorce terrestre et l'origine des continents. St. Petersburg 1911.

[2]) Joh. Koenigsberger nach F. R. Helmert in W. Salomon, Grundzüge der Geologie, Stuttgart 1922, Teil I, S. 12. A. Prey in Einführung in die Geophysik, J. Springer, Berlin 1922, S. 173.

[3]) Zeitschrift für Geophysik, II, S. 29.

[4]) A. Sieberg, Geologische Einführung in die Geophysik, G. Fischer, Jena 1927, S. 296 ff. B. Gutenberg, Der Aufbau der Erde, Borntraeger, Berlin 1925, S. 76 ff. und an anderen Stellen. H. Reich in Gerlands Beiträgen zur Geophysik XVII, 1927, S. 105.

W. Thomsons „Natural Philosophy" ist vorangegangen; neuere
wichtige Arbeiten rühren namentlich von W. Schweydar[1]) her.
Die Höhen und die Phasen der Gezeiten, die geringer,
bezw. anders sind, als sie sein müßten, wenn die Erde ganz starr
wäre und nicht selbst Gezeiten hätte, die sich von denen des
Meeres abziehen und sie verringern, die Perioden der Breitenvariationen, die bei einer ganz starren Erde kürzer sein müssen (Eulersche Periode von 305 Tagen), als sie es tatsächlich
sind (Chandlersche Periode von 427 Tagen), Lotschwankungen
durch die Anziehung von Sonne und Mond, die auch anders sind,
als wenn die Erde ganz starr wäre, sowie Änderungen der
Schwerkraft durch die Gezeiten der festen Erde — wurden zur
Ableitung des Starrheitskoeffizienten benutzt. W. Schweydar
·gibt ·jetzt die Starrheit der Erde als ganzes zu $19{,}8 \cdot 10^{11}$ Dynen
an, das ist etwa $2^1/_2$ mal so groß wie die Starrheit des Stahls,
wobei die der obersten Kruste $2{,}6 \cdot 10^{11}$ Dynen und die der zen-
tralen Teile viel mehr, nämlich $30 \cdot 10^{11}$ Dynen beträgt, und bei
sehr raschen Deformationskräften noch größer ist[2]).

In einem gewissen Gegensatz zu dieser Vorstellung einer mit
der Tiefe wachsenden Starrheit stehen die Ergebnisse der Geologie, welche Faltungen und Verbiegungen der Erdkruste und
ihrer Gesteine, plutonische und vulkanische Intrusionen oder Er-
güsse, ein säkulares Auf- und Absteigen großer Gebiete, kurz
eine Deformierbarkeit der Erdrinde und ihrer Unterlage nachweist, welche nicht Starrheit sondern Plastizität bedeutet,
also nicht elastische Deformationen, die nach dem Aufhören der
wirkenden Kräfte wieder verschwinden, wie beim Gummi, sondern
plastische, welche bleiben, wie bei Siegellack, Pech oder Wachs.
Die Lösung dieses Widerspruchs ist darin zu sehen, daß die Erde
als ganzes und in ihren Teilen — das Meer natürlich ausge-
nommen — gegenüber rasch wirkenden Kräften starr und nur

---

[1]) Gerlands Beiträge zur Geophysik, Band IX, Heft 1, 1907. Die Naturwissenschaften 1917, Heft 38. Veröffentlichungen des Geodätischen Instituts,
Neue Folge, No. 54, 1912; No. 59, 1914; No. 66, 1916; No. 79, 1919. Veröffentlichungen des Zentralbureau der Internationalen Erdmessung, Neue
Folge, No. 38, 1921.

[2]) So von W. Schweydar zusammengefaßt in „Die Naturwissenschaften",
1917, Heft 38, Sonderdruck S. 20/21.

elastisch deformierbar ist, doch bei lange dauernden Kräften plastisch und bleibenden Umformungen unterworfen. Ersteres tritt bei den schnellen Erdbebenwellen ein, sowie bei den 12 oder 24 stündigen, halbmonatlichen oder monatlichen Gezeitenperioden, auch noch bei den Schwankungen der Rotationsaxe, welche annähernd in der Jahresperiode die Breitenvariationen bedingen, dagegen das letztere in den langen geologischen Perioden der Epiro- und Orogenese, sowie ihrer Folgen. Und durch die ständig wirkende Rotationskraft hat die Erde ihre abgeplattete Gestalt angenommen, die sie durch Schwerkraft und Zentrifugalkraft bei einem vollkommen flüssigen Zustand ebenso annehmen würde, wie jetzt in ihrer Starrheit[1]).

Der oben erwähnte große Druck der Erdkruste wirkt nun teils konstant und von allen Seiten radial gegen das Zentrum hin, teils nur in längerer geologischer Periode und nicht allgemein, auch nicht überall gleich. Auf dem ersteren beruht die mit der Tiefe wachsende Starrheit und auf letzterem und seinen Verschiedenheiten, also auf einem Druckgefälle, periodische Übergänge des starren in den plastischen Zustand, wie wir annehmen müssen. Wir kennen diese aus den Vorgängen der Gebirgsbildung, des Plutonismus, des Vulkanismus und anderen; nur über d , Tiefen ihres Auftretens herrscht einige Unsicherheit. Sicher ist, daß sie schon in weit geringerem Abstand von der Erdoberfläche beginnen, als F. R. Helmert und J. F. Hayford die Ausgleichstiefe nach Pratt bestimmt haben (rund 120 km unter dem Meeresniveau) oder auch als W. Heiskanen[2]) die zum Ausgleich nach Airy erforderlichen Krustendicken annimmt, welche zwischen 30 und 80 km schwanken; sie sind für die verschiedenen Erdräume verschieden, doch meist größer als rund 40 km zu schätzen. Dem gegenüber fand A. Heim[3]) plastische Umformungen beim Röthikalk in der Tödigruppe schon in 2 bis 2,5 km Tiefe. Auch H. Stilles[4]) Mobilität des Gesteins beginnt nahe der

---

[1]) W. Schweydar in Geodät. Institut, Neue Folge, No. 79, Berlin 1919.

[2]) Schwerkraft und Isostasie, a. a. O., Helsinki 1924, S. 16, auch 77 f. Zeitschrift für Geophysik III, 1927, S. 217.

[3]) Mechanismus der Gebirgsbildung, Basel 1878, Band II, S. 97.

[4]) Grundfragen der vergleichenden Tektonik, Bornträger, Berlin 1924, S. 34 ff.

Erdoberfläche und H. Jeffreys[1]) nimmt aus thermischen Gründen in 30 km Tiefe schon eine Fließzone an. Andere Autoren, z. B. J. Barrell[2]), denken an größere Tiefen, doch nur für den Hauptsitz der Mobilität, ohne einen früheren Beginn abzulehnen. Jedenfalls gelten die meisten Annahmen und, soweit vorhanden, zahlenmäßige Angaben über die Tiefenlage der plastischen Umformungen oder der Möglichkeiten dazu schon für die Nähe der Erdoberfläche und für erheblich geringere Beträge, als sie die Ausgleichstiefen nach Pratt oder Airy haben.

Man ist davon abgekommen, den Sitz dieser plastischen Deformationen in einer geschlossenen, zähflüssigen Zone zwischen der kalten, oberen Schale und dem heissen, doch ebenfalls starren Erdinnern zu suchen. Man dachte früher gerne an eine mit geschmolzener Lava vergleichbare Magmaschicht, in der die plutonischen Intrusionen und vulkanischen Eruptionen ihren Ursprung nehmen, wohl auch andere Vorgänge, wie z. B. die Unterströmungen O. Ampferers[3]) bei der Orogenese. Das war im wesentlichen das Sima von Ed. Sueß, in dem die Kontinente nach Airy schwimmen und nach A. Wegener wandern sollen. Andere dachten an eine Auflösung dieser Zone in größere und kleinere Schlieren oder Nester, wie A. Stübels peripherische Vulkanherde, auch an Magmagebiete von kontinentaler Größe[4]). Die Fließbewegungen von B. Gutenberg[5]) und die Asthenosphäre von J. Barrell[2]) zwischen der Lithosphäre oben und der Centrosphäre darunter gehören ebenfalls hieher, sind nur bestimmter definiert, als sonst. Geophysiker, wie E. Wiechert[6]), gaben die Möglichkeit einer solchen Zone früher zu, doch nicht ohne Bedenken; auch W. Schweydar[7]) vermutete in ihr Gezeitenbewegungen, welche die darüber liegende Erdkruste deformieren könnten.

---

[1]) Gerlands Beiträge zur Geophysik, Bd. 18, 1927, S. 28.

[2]) The Journal of Geology, Chikago, Bd. 22, 1914, besonders 655-683.

[3]) Über das Bewegungsbild von Faltengebirgen. Jahrbuch der Geol. Reichsanstalt, Wien 1906, Bd. 56, S. 597 ff.

[4]) K. Sapper, Vulkankunde, Engelhorn, Stuttgart 1927, S. 64.

[5]) Gerlands Beiträge zur Geophysik, Bd. XVI, 239 ff., 396 ff.; XVIII 281 ff.

[6]) Göttinger Nachrichten 1907; Deutsche Rundschau 1907, S. 393.

[7]) Gerlands Beiträge zur Geophysik, 1907, Band IX, S. 77.

Heute wird man von dieser Vorstellung absehen müssen. Die Bedenken E. Wiecherts, daß die Erdbebenwellen auffallender Weise kein Anzeichen dafür geben, haben sich bestätigt; auch W. Schweydar[1]) konnte aus den Deformationen der Erde, die von den Breitenvariationen abhängen, anders als früher aus den Gezeitenbewegungen[2]), schließen, daß sich eine geschlossene Zone zähflüssigen Magmas unter der Erdrinde nicht befinden kann, insbesondere keine, die mit geschmolzener Lava zu vergleichen wäre. A. E. H. Love[3]) und J. Joly[4]) kommen zu demselben Ergebnis und halten nur noch größere lavaerfüllte Räume unter der Lithosphäre für möglich. Vor allem ist jene geschlossene Magmazone den Erfahrungen der hochentwickelten Erdbebenforschung gewichen, welche unter Eurasien und Amerika in 50—60 km Tiefe, unter dem atlantischen und arktischen Meer in 20—30 km, unter dem pazifischen schon nahe unter dem Meeresboden einen starren (rigen) Zustand nachweisen, der bei rasch wirkenden Kräften nur elastich, nicht plastisch, reagiert. Seine Starrheit ist größer, als in der Erdkruste darüber, und ist in den genannten Tiefen sprungweise gesteigert, wie B. Gutenberg[5]) nachweist und mit Tabellen belegt. Für Südeuropa hatte schon vorher St. Mohorovičić[6]) bei nicht ganz 60 km Tiefe die gleiche Unstätigkeitsfläche gefunden, an der die Geschwindigkeit der seismischen Longitudinalwellen von 5,6 auf 7,8 km/sec. springt. Diese Geschwindigkeit entspricht über dieser Fläche der Starrheit des Granit und darunter etwa der des Dunit oder Pyroxenit. Diese Differenz gleicht dem Unterschied zwischen Sial und Sima im Sinne von Ed. Sueß.

Hiernach besteht also dort, wo nach der Hypothese von Airy Sial und Sima an einander grenzen sollen, nicht Plastizität, sondern Starrheit, sowohl über wie unter der Grenztiefe.

---

[1]) Geodätisches Institut, Neue Folge No. 79, Berlin 1919, S. 10.

[2]) S. o. S. 320, Anm. 7.

[3]) Monthly Notices of the R. Astr. Soc. Vol. 69, 1909, S. 479.

[4]) The surface-History of the earth, Oxford 1925, S. 58 ff.

[5]) Der Aufbau der Erde, Bornträger, Berlin 1925, S. 117; auch Zeitschrift für Geophysik I, 1924/25, S. 107.

[6]) Gerlands Beiträge zur Geophysik, 1927, Bd. XVII, S. 180 und früher am gleichen Ort; auch B. Gutenberg in Zeitschrift für Geophysik 1927, III, S. 371 ff.

22*

An der Ausgleichsfläche nach Pratt, wo noch höhere, ständige
Drucke herrschen, muß das um so mehr der Fall sein, nur daß
hier von einer sprungweisen Steigerung der Starrheit nach unten
nichts bekannt ist. Der plastische Zustand, den das Schwimmen
der sialischen Kontinente im Sima voraussetzt, ist also weder in
einer geschlossenen Zone, noch in Räumen von kontinentaler Größe vorhanden. Das dürfte heute feststehen, wie schon
E. Wiechert vermutete, auch wenn die Erfahrungen der Erdbebenforschung im einzelnen noch lückenhaft sind[1]). Wie weit dabei
der Sprung des Starrheitsgrades an der Grenzfläche mit der Art
der Materie oder nur mit Druckdifferenzen zusammenhängt, bleibt
noch zu klären. Jedenfalls wird aber der plastische Zustand,
wie er zur Mobilisierung jener Tiefen erforderlich ist — bei konstanter Wärme — nicht dauernd vorhanden sein, sondern nur
durch Druckveränderungen und ein Druckgefälle eintreten können.

Solche Druckveränderungen sind in verschiedener Weise möglich, z. B. bei regionalen Belastungen der Erdoberfläche durch
Sedimente oder durch Eis, bei Entlastungen durch Abtragung
von Gebirgen oder durch Schmelzen des Eises, bei Ausdehnung
oder Kontraktion erwärmter oder erkalteter Schollen, vor allem
bei der Epiro- und Orogenese. Der Gewölbedruck nimmt diese
Veränderungen freilich teilweise auf; sie werden dann zur Mobilisierung der äußeren Kruste beitragen können. Wo aber die
Bruchfestigkeit der Gesteine überschritten wird, muß ein Niedersinken der neu belasteten Schollen und eine Druckdifferenz in
der Tiefe folgen.

J. Barrell[2]) hat neuerdings den ersten Punkt, die Tragfähigkeit des Gewölbes zu klären gesucht, einmal geologisch aus den
Wirkungen neuer Lasten auf die Lage der Erdkruste, und zweitens gravimetrisch aus der Größe der nicht kompensierten Erdräume. Die Ergebnisse sind freilich unbestimmt. Denn wenn
J. Barrell annimmt, daß die Erdkruste so mächtige Aufschüttungen,
wie Nil- und Niger-Delta, oder die Inlandeismassen Grönlands
und der Antarktis trägt, ohne niederzusinken, und daraus ihre

---

[1]) S. o. S. 320, Anm. 6.

[2]) „The strength of the earth crust" in acht sich folgenden Arbeiten
im Journal of Geology, Chikago, Band 22, 1914 und 23, 1915.

Tragfähigkeit berechnet, so fehlt einerseits der Beweis, daß unter jenen Lasten wirklich keine Senkungen erfolgt sind, weil man die Lage beim Beginn ihrer Bildungen nicht kennt, und anderseits fehlen bestimmte Vorstellungen über die Dicke der tragenden Kruste. So bleibt der Tragfähigkeit des Gewölbes nur wenig vorbehalten, wie es den vorher erwähnten Bestimmungen von J. Loukaschewitsch[1]) entspricht, und das Ergebnis geht dahin, daß die Druckveränderungen der Oberfläche im wesentlichen von der Tiefe aufgenommen werden. J. Barrells gravimetrische Betrachtungen zeigen das gleiche. Also folgt, daß in und unter der Kruste Übergänge des starr-elastischen Zustands in den plastischen eintreten müssen, doch nur regional, dem regionalen Umfang der Druckändungen entsprechend, nicht allgemein.

Die Frage, in welchen Tiefen das geschieht, wurde schon oben vom geologischen Standpunkt berührt. Geophysisch schließt Joh. Königsberger[2]) aus der Druck- und Temperaturzunahme mit der Tiefe, daß die Erdkruste bis gegen 30 km, wo etwa 600° C. herrschen, als ziemlich starr und auch für Kräfte, die einige 100 Millionen Jahre lang wirken, nur durch Bruch der Gesteinsmineralien deformierbar zu betrachten ist. Von 50 km Tiefe könnten die Gesteine der höheren Temperaturen wegen nachgiebig werden und so der Druck nach allen Seiten hin gleich, doch könnten sich auch bei 120 km Tiefe größere Druckunterschiede noch Jahrmillionen halten. Nach der Erdtheorie von A. E. H. Love[3]) wäre es noch in größeren Tiefen möglich, doch gilt das nur innerhalb seiner Theorie und kommt hier nicht in Betracht. B. Gutenberg[4]) schließt aus der Häufung der Erdbebenherde um 30 km Tiefe, daß dort noch keine erhebliche Plastizität besteht und die wichtigen Versuche von Frank D. Adams[5]) erweisen die Möglichkeit von Hohlräumen und sonstigen Lockerungen, also die Abwesenheit plastischer Vorgänge, bis 20 km Tiefe,

---

[1]) S. o. S. 317, Anm. 1.

[2]) W. Salomon, Grundzüge der Geologie, Stuttgart 1922, S. 8, 12, 18.

[3]) The gravitational Stability of the Earth. Phil. Transactions of the Royal Society of London, A, Band 207, 1908, S. 171—241.

[4]) Gerlands Beiträge zur Geophysik, Band 16, 1927, S. 239, 396.

[5]) Journ. of Geology, Chikago, Bd. 20, 1912, S. 97—118. Vgl. auch v. Wolff, Vulkanismus, Stuttgart, Enke 1914, I, S. 24.

und bei Füllung mit Wasser, Eis oder Dampf noch darüber hinaus, doch andererseits die Möglichkeit plastischer Umformungen schon in geringeren Tiefen, den geologischen Beobachtungen entsprechend. In Summa darf man annehmen, daß von wenigen Kilometer Tiefe unter der Oberfläche abwärts bis zu den Ausgleichstiefen von Pratt und Airy bei Druckänderungen der plastische Zustand aus dem starren hervorgehen kann, je tiefer um so häufiger, doch nicht eintreten muß, sondern daß gleichzeitig auch Dichteunterschiede und Lockerungen bestehen können, je tiefer um so weniger.

Die Art dieser Plastizität ist viel erörtert worden, besonders klärend durch die Experimente von G. Tammann[1]). Die Plastizität ist darnach eine Eigenschaft, die allen Kristallen mehr oder weniger zukommt und nicht durch vorhergehende Schmelzung bedingt ist, sondern wesentlich auf Gleitung beruht. Sie wächst bei wechselnder Art der Beanspruchung mit der deformierenden Kraft, zugleich mit steigender Temperatur, um in der Nähe der Schmelztemperatur erhebliche Beträge zu erreichen. Dadurch können Fließbewegungen entstehen und mit der Tiefe zuerst schnell, dann langsamer an Geschwindigkeit wachsen, weil die Temperatur mit der Tiefe zuerst schnell und dann langsamer zunimmt. Bei größeren Druckveränderungen wird eine besondere Beweglichkeit eintreten, und wo dann gleichzeitige Temperaturerhöhungen erfolgen, etwa bei Senkung in wärmere Erdtiefen durch neue Belastung, da wird ein Maximum der Beweglichkeit sein.

Zu solchen bruchlosen Umformungen kommen in den oberen Teilen der Kruste auch bruchbedingte. Sie bestehen in Zertrümmerung und Wiederfestigung, also in einer Pseudoplastizität, und sind von der Geologie in allen Gesteinen bis zu den kristallinen Schiefern nachgewiesen worden, zugleich mit den bruchlosen, wie es A. Heims zweites und drittes Gesetz im Mechanismus der Gebirgsbildung[2]) klassisch dargestellt hat. Auch in den jüngsten Erstarrungsprodukten der Erdrinde, in den Gletschern und polaren Inlandeismassen, sind beide Arten der Plastizität bei

---

[1]) Kristallisieren und Schmelzen, Joh. Ambr. Barth, Leipzig 1903, z. B. S. 180, 183. „Aggregatzustände", II. Auflage, L. Voß, Leipzig 1923.

[2]) II. Band, Basel 1878, S. 5 ff., auch L. Kober, Der Bau der Erde, II. Auflage, Bornträger, Berlin 1928, S. 80.

den Fließerscheinungen und sonstigen innern Deformationen zugleich beteiligt. Ich habe früher darauf hingewiesen, daß in dieser wie in mancher andern Hinsicht große Ähnlichkeiten zwischen dem Inlandeise und den Gneißmassen Grönlands bestehen[1]). Plötzliche Beanspruchungen führen zum Bruch, langsam ansteigende zur bruchlosen Deformation, auch wenn sie die Bruchfestigkeit nicht überschreiten. Je größer diese ist, desto schwerer tritt auch die bruchlose Umformung ein[2]). Nach den Experimenten von Frank D. Adams[3]) können beide nebeneinander erscheinen, schon nahe der Erdoberfläche, wie noch in den Ausgleichstiefen von Pratt und Airy. Die bruchbedingten Umformungen werden oberhalb etwa 30 km Tiefe und die bruchlosen darunter, also schon um die erwähnten (S. 321) Sprungflächen im Elastizitätskoeffizienten überwiegen. Beide gehen aus dem starren Zustand hervor, der mit der Tiefe zunimmt und wachsen selbst mit der Tiefe. Es bestehen aber keine geschlossenen oder aufgelösten, dauernd plastischen Fließzonen, wohl aber die Möglichkeiten zu ihrer Bildung, wo Druckveränderungen den starr-elastischen Dauerzustand in den plastischen ändern.

Wo die Drucke sich ausgleichen, also unter den Ausgleichsflächen, sei es daß man diese nach Airy oder erst tiefer nach Pratt annimmt, werden die plastischen Zustände allmählich verschwinden und ganz dem starr-elastischen weichen. Auch G. Tammanns Experimente[4]) lassen das annehmen, da eine bestimmte Art der Beanspruchung, wie wachsender Druck, durch Homogenisierung des inneren Kraftfeldes die Festigkeit steigert und die Fließfähigkeit mindert, während die wachsende Temperatur die letztere steigert. Da die Temperatur nun mit der Tiefe zuerst schnell und dann langsamer zunimmt, doch der Druck konstant, kommt eine Zone, wo der festigende Einfluß des Drucks den lockernden der Temperatur überwiegt. In ihr wird man die untere Grenze des plastischen Fließens bei äußeren Druckänderungen

---

[1]) E. v. Drygalski in Grönlandexpedition der Berliner Gesellschaft für Erdkunde, Band I, Berlin 1897, S. 537. Auch Deutsche Südpolar-Expedition, Georg Reimer, Berlin, Band I, S. 552, 638 ff., 694.

[2]) F. v. Wolff, Vulkanismus, I, S. 21.

[3]) S. o. S. 323, Anm. 5.

[4]) Lehrbuch der Metallographie, Leopold Voß, Leipzig 1923, S. 92 ff.

und die obere eines starrelastischen Dauerzustands annehmen müssen. Erst tiefer als rund 1200 km, wo die Drucke
von neuem abnehmen (S. 317), könnte es wieder zur Entstehung
plastischer Zustände kommen, wenn die Temperatur weiter steigt.
Doch davon wissen wir nichts bestimmtes; auch ist es für die
Frage nach den Zuständen um die Ausgleichsflächen ohne Belang.

Bei diesen Zuständen wird kein· dauerndes Schwimmen
der Kontinente im Magma, sondern höchstens ein subkrustales
Fließen eintreten können, und das nur in den Räumen, wo durch
Druckveränderungen auf oder in der Kruste Plastizität in
der Tiefe entsteht. Einen allgemeinen oder auch nur kontinentalen
Umfang haben solche Bewegungen zweifellos nicht. Es sind also
Fließerscheinungen, wie sie von B. Gutenberg[1]), F. Kossmat[2]),
O. Ampferer[3]), J. Barrell[4]) in seiner Asthenosphäre und anderen
geschildert sind, auch mit aktiven Einwirkungen auf die Orogenese. Wir kommen damit also nicht zu der Vorstellung von Airy,
sondern eher zu der von Pratt; denn die Kruste und ihre Unterlage bilden ein zusammenhängendes starres System, in dem
bis zur Ausgleichstiefe auch Dichteunterschiede bestehen und aus
Druckveränderungen Plastizität und Fließbewegungen
erfolgen. Über den Umfang dieser und ihre aktive Einwirkung
auf die Orogenese gehen die Ansichten noch auseinander, doch nur
graduell. Denn während F. Kossmat[2]), O. Ampferer[3]), J. Barrell[4])
und andere dabei an umfangreichere subkrustale Bewegungen und
Wirkungen denken, spricht L. Kober[5]) von einem Druckausgleich
durch Assimilation nur an Ort und Stelle, und T. C. Chamberlin[6]) von einem „planetesimal growth" der Kontinente, wonach
diese nicht aus einem magmatischen Zustand entstanden seien —
ihrer bestehenden Dichteunterschiede wegen —, sondern aus einer
starren und immer starrer werdenden Kruste, in der nur noch

---

[1]) S. o. S. 320, Anm. 5.

[2]) Die mediterranen Kettengebirge in ihren Beziehungen zum Gleichgewichtszustand der Erdrinde. Abhandlungen der Sächsischen Akademie der
Wissenschaften, math.-phys. Klasse, Nr. II, Leipzig 1921, S. 40, auch 45 ff.

[3]) Jahrb. der geol. Reichsanstalt, Wien 1906, Bd. 56, S. 597 ff.

[4]) S. o. S. 320, Anm. 2.

[5]) Der Bau der Erde, II. Auflage, Bornträger, Berlin 1928, S. 399.

[6]) The Journal of Geology, Chikago 1926, Bd. 34.

ein Druckausgleich durch eine dem Gletscherströmen vergleichbare „idiomolecular reorganization" erfolgt; hierbei ist allerdings weniger an plastische, wie an elastische Bewegungen gedacht worden. Jedenfalls ist die subkrustale Bewegung nur eine sekundäre und regionale, die innerhalb der starren Kruste zwischen der Ausgleichstiefe und der Nähe der Oberfläche bei Druckveränderungen und Druckgefällen entsteht.

Die isostatische Lage der Erdkruste bleibt dabei gewahrt, nur daß sie nach Störungen nicht durch ein Auf- oder Niedertauchen im Magma, sondern durch regionale Überführungen des starren Zustandes in den plastischen wieder hergestellt wird, soweit die Bruchfestigkeit der Kruste jenen Störungen nicht gewachsen ist. Nur die Ausgleichstiefe verliert an Bedeutung, soweit sie nicht schon früher auch geodätisch aus ihrem einst durch F. R. Helmert und J. F. Hayford bestimmten, für die ganze Erde geltenden Werte in regional recht verschiedene Beträge aufgelöst war. Jedenfalls kann der Druckausgleich durch Entstehung plastischer Zustände schon in der Nähe der Erdoberfläche und noch in erheblicher Tiefe, bis gegen die Ausgleichsfläche von Pratt hin, erfolgen, nur nicht im Sinne von Airy. Also hat die Ausgleichstiefe keine mechanische und allgemeine, sondern nur eine geodätische und regionale Bedeutung.

.Die Anwendungen, welche man aus diesen Grundlagen der Isostasie für geologische Vorgänge machen kann, fallen naturgemäß anders aus als bisher, wo sie meist auf der Hypothese von Airy aufgebaut waren. So wurde schon erwähnt, daß die Vorstellung A. Wegeners[1]) über die Bewegungen der Kontinente mit den isostatischen Grundlagen nicht vereinbar ist; denn man müßte dazu Druckänderungen auf oder in der Kruste von kontinentaler Größe voraussetzen, was weder durch die Erfahrungen der Epiro- oder Orogenese, noch bei Abtragung oder Sedimentation, noch beim Entstehen und Vergehen der Eiszeit bestätigt wird. In allen diesen Fällen handelt es sich ja um Druckänderungen von weit kleinerem als kontinentalem Ausmaß, also auch um kleinere plastische Räume, als kontinentale Verschiebungen sie voraussetzen würden. Auch müßte man annehmen, daß die Plastizität

---

[1]) Die Entstehung der Kontinente und Ozeane, Fr. Vieweg, Braunschweig 1922.

nicht nur unter einem Kontinent, sondern unter mehreren gleichzeitig entsteht, was noch schwieriger ist. Es gibt eben keine allgemeine plastische Grundlage für das Schwimmen der Kontinente, und damit fallen auch die Kräfte fort, mit denen man bisher Verschiebungen der Kontinente zu begründen versucht hat, also die Polflucht und die Westtrift, weil sie auch plastische Zonen von mindestens kontinentaler Größe zur Voraussetzung haben. Diese Einwände gegen A. Wegeners Theorie darf ich mit meinen anderen früher dagegen vorgebrachten vereinigen[1]).

Dagegen dürften sich die hier entwickelten Grundlagen der Isostasie recht gut mit den heutigen Vorstellungen über Epiro und Orogenese vereinigen lassen, wie sie besonders H. Stille[2]) entwickelt hat. Denn Oberflächenbelastung und vor allem die Einbiegung zu Geosynklinalen „mobilisieren das Magma", bilden also plastische Räume, auch F. Kossmats[3]) „Erweichungsgürtel", aus denen die Orogenese entsteht und zur weiteren Mobilisierung mit beiträgt. Darnach wechseln dann die Undationen, das sind Faltenwürfe größter Spannweite, in den Perioden der Evolution oder Epirogenese mit den Undulationen, also Faltungen, in den Zeiten der Revolution oder Orogenese. In jenen werden die subkrustalen Schichten durch Druckveränderungen mobilisiert und in diesen die neuen Oberflächen geschaffen und zugleich stabilisiert; dabei wirken die unten erregten vulkanischen Massen mit, indem sie in Ausnutzung des subkrustalen Gefälles die Erdkruste in den Hohlräumen und Lockerungen durchdringen, die bei den Revolutionen entstanden. Diese Entwicklung erfolgt gleichzeitig auf der ganzen Erde, doch räumlich nur regional, und nicht allgemein oder geschlossen; sie entspringt einem differenzierten Druck in der Tiefe, der für die dabei entstehenden plastischen Massen zugleich das subkrustale Gefälle ergibt.

Die Einleitung dieser Entwicklung möchte ich mit H. Stille vor allem dem tangentialen Druck in der Erdrinde zuschreiben, wie er aus thermischen Veränderungen entsteht.

---

[1]) E. v. Drygalski, Die Entstehung der Kontinente und Ozeane, Geogr. Anzeiger, 24. Band, Gotha 1923, S. 145 ff.

[2]) H. Stille, Grundfragen der vergleichenden Tektonik, Bornträger, Berlin 1924.

[3]) a. a. O. (siehe Anmerkung 2, S. 326) S. 40.

Denn damit werden auch Druckveränderungen in der Kruste und isostatische Ausgleichsvorgänge ins Leben gerufen; das sind sekundäre Erscheinungen der Orogenese, die ihre Entwicklung dann mit beeinflußen können. Rein isostatische Ausgleichsvorgänge, d. h. ohne Anregung und Gestaltung durch die Orogenese, wie sie etwa aus oberflächlichen Be- und Entlastungen der Kruste entstehen können, sind weniger ausgedehnt und nicht allgemein genug, um die planetarischen Entwicklungen der Undationen und Undulationen begründen zu können. Hiermit ist die Orogenese wieder mehr in den Bereich der Kontraktionserscheinungen gerückt[1]), wie es früher der Fall war, doch nicht im Sinne von Ed. Sueß durch Bruch und Verwerfung, sondern durch die Einbiegung von Geosynklinalen bei Epirogenese und durch ihre thermischen und mechanischen Folgen. Wie weit das mobilisierte Magma dann auch aktiv bei der Gebirgsbildung mitwirkt, wie es mit gewichtigen Gründen angenommen wird[2]), kann hier unerörtert bleiben. Die Schwereanomalien aber, von denen ich ausging, zeigen uns die nicht kompensierten Gebiete, wo solche Kräfte, welche Isostasie anstreben, vorhanden sind.

Es bleibt nun zu prüfen, wie weit auch rein isostatische Ausgleichsvorgänge die Bewegungen der Lithosphäre zu erklären vermögen, also außerhalb ihrer sekundären Mitwirkung bei der Orogenese. Diese Frage ist neuerdings vor allem durch A. Born[3]) behandelt worden, der dabei auch frühere Ergebnisse der Geologie zusammengefaßt hat. Es handelt sich um zwei Gruppen von isostatischen Vorgängen, nämlich solche bei der Gebirgsbildung und bei Druckänderungen durch exogene Kräfte.

Die Gebirgsbildung bewirkt eine Häufung leichteren sialischen Materials in den obersten Krustenzonen, welche plastische Bewegungen in den tieferen auslöst. An dem subkrustalen Gefälle für diese kann es bei der Entstehung der Gebirge nicht fehlen. Auch H. Jeffreys[4]) schreibt diesem Vorgang erhebliche Bedeutung

---

[1]) Vgl. auch L. Kober, Der Bau der Erde, II. Auflage, Bornträger, Berlin 1928, S. 453.

[2]) Vgl. z. B. O. Erdmannsdörffer, Grundlagen der Petrographie, 1924, S. 40 f.

[3]) Isostasie und Schweremessung, Julius Springer, Berlin 1923.

[4]) Gerlands Beiträge zur Geophysik, Bd. 18, S. 1—29.

zu. Die oben gehäuften Massen werden niedersinken und schwerere
unten verdrängen, sodaß ein Schweredefizit in der Tiefe entsteht,
wie es unter Faltengebirgen zu beobachten ist.

Hierzu hat F. Kossmat in seiner mehrfach zitierten Arbeit
die Ergänzung gegeben, daß die sinkenden Gebirge auch ihre
Vorländer mit herabziehen, da diese mit ihnen starr elastisch
verbunden seien, z. B. die Randsenken nördlich von den Alpen
oder in der Gangesfurche südlich vom Himalaya, die pazifischen
Tiefseegräben, kurz die Saumtiefen H. Stilles. Ein Schweredefizit
in diesen Vorländern soll seine Hypothese beweisen. Denn wenn
die Vorländer tatsächlich durch die nahen Gebirge mit herabgedrückt sind, haben sie in der Tiefe schwerere Massen verdrängt,
ohne oben einen Ausgleich durch Häufung sialischen Materials erhalten zu haben, wie die Gebirge selbst. Jene müssen deshalb eine
negative Anomalie haben und damit ein Schweredefizit anzeigen,
während das Defizit unter dem nahen Gebirge durch die Häufung
oben ganz oder teilweise ausgeglichen wird. Der Gebirgsraum der
Alpen bedeutet deshalb in Summa sogar eine positive Anomalie von
$+ 0.073$ cm nach F. Kossmat[1]), weil der Zuwachs oben den Defekt
in der Tiefe überwiegt. Im Vorland fehlt dieser Zuwachs und
der Defekt allein besteht, also sei dieses passiv niedergedrückt.

Zum Beweis dieses Defizits stützt sich F. Kossmat neuerdings[2]) auf die Karte W. Heiskanens[3]), doch ist derselben in
Wirklichkeit nicht zu entnehmen, daß ein Schweredefizit unter
der Randsenke der Alpen besteht. Denn von den auf ihr ver-
merkten negativen Anomalien gehören drei, nämlich — 2, — 7,
— 14 in Einheiten der dritten Dezimale, also in tausendstel Zenti-
meter Schwerkraft, noch zum Gebirge selbst und beweisen nur
das Defizit, das unter diesem besteht. Allein die vierte in dem
nicht beweiskräftigen Betrage von — 0,001 cm liegt im Vorland.
Allerdings ist W. Heiskanens Karte in dieser Hinsicht nicht sehr
klar, doch seine Tabellen (a. a. O. S. 56/57) zeigen um so bestimmter, daß die Randsenke der Alpen tatsächlich kein Schwere-

---

[1]) F. Kossmat a. a. O. (Anm. 2, S. 326), S. 20. Vgl. auch E. A. Ansel in
Gutenbergs Lehrbuch der Geophysik.

[2]) Berichte der Sächsischen Akademie der Wissenschaften, math.-phys.
Klasse, Bd. 78, 1926. S. 15.

[3]) a. a. O. S. o. S. 315, Anm. 3.

defizit hat. Hierin stimmt die von ihm für sechs Orte isostatisch
ausgeführter Reduktionen gut überein. Reduktionen nach Bouguer
oder nur für Höhenlage und Gelände geben im Vorland ein
falsches Bild, da sie wegen der Nähe des Gebirges zu kleine
Schwerewerte, also auch zu kleine Anomalien $\varDelta''g$, $\varDelta g$ und $\varDelta'g$
ergeben und damit ein Defizit vortäuschen. Man sieht das schon
daran, daß das scheinbare Defizit des Vorlands mit der Entfernung vom Gebirge abnimmt. Nach allem liegt kein gravi-
metrischer Grund dafür vor, daß das nördliche Vorland der Alpen
passiv niedergedrückt ist.

Ob die Verhältnisse in den Vorländern oder Saumtiefen anderer Gebirge, auch in den pazifischen Tiefseegräben, ebenso liegen,
wird sich bei den letztern durch weitere Messungen und bei allen
erst durch isostatische Reduktionen entscheiden lassen, die noch
nicht vorliegen. Die andern Reduktionen, wie sie z. B. A. Born[1])
in diesen Fragen verwendet, reichen dafür nicht aus, weil bei
ihnen nahe gelegene, über die Stationen des Vorlands aufragende
Gebirge die gemessenen Schwerewerte und damit auch die Anomalien zu klein erscheinen lassen. Nur die isostatische Reduktion schaltet jene Einflüsse genügend aus und läßt die unter dem
Vorland selbst befindlichen Störungen erkennen, wie W. Heiskanens
mühevolle Arbeit zeigt. Ob übrigens die Saumtiefen herabgebogen
sind, wie H. Stille[2]) nachweist, oder herabgebrochen, wie man
früher annahm, wird durch gravimetrische Ergebnisse nicht ent-
scheidend berührt, weil die Schwereanomalien in beiden Fällen
die gleichen und gleich begründet sein können. Nach allem darf
man nur aus dem Schwereüberschuß des Raumes der Alpen als ganzes
schließen, daß sie nach ihrer Bildung isostatisch niedersanken und
daß dieser Vorgang noch anhält. Denn der Defekt, der unter ihnen
entstehen müßte, ist noch nicht voll entwickelt, es sei denn, daß
die Häufung sialischen Materials, die das Gebirge darstellt, vom
Gewölbedruck getragen werden kann oder daß sie in der Tiefe
von schwereren Massen durchdrungen ist.

Geringer als der Einfluß der Orogenese auf die Gleich-

---

1) Isostasie und Schweremessung, a. a. O., S. 80/81.
2) Nachrichten kgl. Ges. d. Wissenschaften Göttingen, Math.-physik.
Klasse 1918, S. 362—393. Auch Grundfragen der vergleichenden Tektonik,
Bornträger, Berlin 1914, S. 383 ff.

gewichtslage der Erdkruste ist der von Abtragung und Sedimentation. Denn bei beiden hat das Material, welches fortgenommen oder aufgetragen wird und damit zu Druckänderungen führt, eine geringere Dichte als die Falten und Decken der Gebirge, ist also leichter, natürlich auch weniger mächtig und weniger ausgedehnt, als die Gebirge, da es nur aus Teilen von ihnen besteht. Andererseits werden aber isostatische Vorgänge bei Abtragung und Sedimentation reiner in Erscheinung treten, als bei der Gebirgsbildung, weil sie bei dieser nur sekundär und mit den sonstigen Kräften der Orogenese verbunden sind. Nur thermische Kräfte werden immer gleichzeitig mit den isostatischen wirken, weil die Geoisothermen sich auch bei der Abtragung senken und bei der Sedimentation heben, was nicht unwesentlich ist. Ich komme hierauf zurück.

Die Beträge von Senkungen nach Neubelastung der Erdkruste durch Sedimente sind verschieden bewertet worden. T. C. Chamberlin[1] schätzt sie hoch ein; denn wenn er folgert, daß die Erdkruste mit ihren Kontinenten und Ozeanen besonders starr verankert sein müsse, um die Neulast von Sedimenten tragen zu können, so ist das eine hohe Schätzung oder Überschätzung zu nennen. Quantitative Bewertungen werden dazu nicht gegeben oder doch nur in den Grundlagen angedeutet. Direkter sucht J. Barrell[2] isostatische Vorgänge, die in Zusammenhang mit der Sedimentation stehen, zu erfassen, kommt aber auch nicht zu bestimmten Ergebnissen, wie ich erwähnt habe. Dasselbe gilt von A. Born[3], der nur sehr anschaulich die rhytmischen Vorgänge schildert, die dann entstehen, wenn die Erdkruste den äußeren Belastungen nicht sogleich nachgibt, sondern immer erst, wenn die Bruchfestigkeit überwunden ist. Erst hiernach könnten isostatische Senkungen eintreten, dann neue Sedimentation bis zum Eintritt der neuen Senkung u. s. w. Dieser Rhytmus wird von A. Born durch geologische Beispiele belegt, doch bleibt bei allen die Unsicherheit, ob nicht die der Sedimentation folgende Hebung der Geoisothermen eine stätige Mobilisierung der tieferen Lagen bewirken wird, und nicht eine rythmische, ähnlich wie

---

[1] Journal of Geology, Chikago, Band 34, 1926.
[2] S. o. S. 322, Anm. 2.
[3] a. a. O. S. 116 ff.

bei der Orogenese. Unsicher ist auch, ob und wann Bruch und Senkung eintreten, da man die Lage der Kruste am Anfang der Sedimentation nicht kennt. Schließlich können isostatische Rindenbewegungen immer leicht von orogenetischen und auch von der Wirkung klimatischer Vorgänge überlagert und verdeckt sein, wie A. Born selbst hervorhebt.

Bestimmter lauten die Schlüsse über isostatische Neueinstellungen der Erdrinde bei jenen äußeren Be- und Entlastungen, die im Zusammenhang mit der Eiszeit stehen. Da es auffällig ist, daß alle früher vereisten Gebiete bedeutende Bodenbewegungen in oder nach der letzten Eiszeit gehabt haben und teilweise noch haben, lag es nahe, sie mit dem Druck der Eismassen in Beziehung zu setzen. Dieses ist vor langer Zeit durch T. F. Jamieson[1]) geschehen und neuerdings theoretisch durch M. P. Rudzki[2]), der die Beträge abschätzte, um die sich eine sehr starre, elastische Erdrinde einerseits und eine vollkommen plastische andererseits unter dem Druck von großen Eismassen deformieren würde. Für den letzteren Fall wurde eine „vollkommene Isostasie" der Erdkruste von ihm vorausgesetzt, doch keineswegs bewiesen, was später mehrfach übersehen ist.

Diese Voraussetzung ist wichtig, da sie die Frage, ob die Erdrinde einem äußeren Druck und seinen Verschiedenheiten, etwa wechselnden Eisdicken, mit jeder Stelle, beziehungsweise mit kleinen Räumen folgte, oder nur mit geschlossenen größeren Schollen, im erstern Sinne vorwegnimmt. Sie bedeutet also die Möglichkeit von Verbiegungen der Erdrinde und nicht das Sinken und Heben geschlossener Klötze. Bei der Orogenese kennt man solche Verbiegungen, desgleichen in Zusammenhang mit der Sedimentation, doch faßt man die betreffenden Räume dann als mobilisiert auf. In diesem Falle sind auch isostatische Verbiegungen denkbar. Das Eis erscheint aber als eine fremde, kalte Last und senkt die Geoisothermen[3]), anstatt sie, wie es bei Sedimentationen der Fall ist, zu heben. Damit ist die Möglichkeit von Mobilisierungen und Verbiegungen zum mindesten beschränkt.

---

[1]) Quart. Journ. Band 21, London 1865.
[2]) Zeitschrift für Gletscherkunde, I. Band, 1906, S. 182.
[3]) E. v. Drygalski in Verhandl. des Berliner Geographentages, Dietrich Reiner, Berlin 1889, S. 162.

Wir wissen aus den Schweremessungen, daß sich die Erdkruste tatsächlich nur mit größeren Schollen isostatisch einstellt
und nicht im einzelnen verbiegt. F. R. Helmert[1]) schätzt die
linearen Dimensionen dieser Schollen auf einige hundert Kilometer.
Innerhalb derselben sind die Verschiedenheiten der orographischen
Gestaltung, Gesteinsdichte, Bruchflächen, Verwerfungen, Graben-
bildungen u. a. nicht kompensiert; die Rinde ist also nicht isostatisch verbogen. Das gleiche betont A. Prey[2]), besonders wenn
man die Isostasie nach Airy auffaßt. Entsprechend zeigen die
isostatischen Reduktionen der Schweremessungen durch J. F. Hayford und W. Bowie keinen Unterschied, ob die Kompensation rein
lokal oder innerhalb 60 km Radius regional gedacht wird[3]), und
wie die geologischen Argumente von J. Barrell[4]) und T. C. Chamberlin[5]) gegen Verbiegungen sprechen, geht aus dem früher gesagten hervor (S. 332). Schließlich kann man darauf hinweisen,
daß Zeugen oder Inselberge ihre Unterlage nicht eindrücken, ob-
gleich diese stärker belastet ist als in der Umgebung, wo die den
Zeugen entsprechenden Schichten fortgeschafft sind. Also darf man
aussprechen, daß rein isostatische Verbiegungen bisher nicht
bekannt und daß sie unter dem Druck von kalten Eismassen noch
besonders erschwert sind. Wo die Rinde von Bruchflächen durch-
setzt oder sonstwie gelockert ist, wird sie bei Neubelastung auch
rein örtlich einsinken, wie es z. B. bei Einsturzbeben geschieht,
doch hat das mit der lokalen isostatischen Einstellung wenig zu tun.

Bei den geologischen Anwendungen isostatischer Vorstellungen
ist dieser Tatsache meistens Rechnung getragen, denn F. Koß-
mats[6]) Dichtesyn- und -antiklinalen, worunter er mit den Ge-
birgsketten verbundene Zonen von Schweredefekten oder Überschüssen, also von gleicher Kompensationsart versteht, hier im
Zusammenhang mit der Orogenese, seine Rand- und Innensenken,
oder W. Deekes[7]) Parallelisierung deutscher und italienischer

---

[1]) Sitzungsberichte der Preuß. Ak. d. Wiss., phys.-math. Klasse, 1912,
S. 308, Encyklopädie der math. Wiss. VI. 1. B., S. 145, 155.

[2]) Gerlands Beiträge zur Geophysik, Band 18, S. 185 ff.

[3]) Vgl. hiezu W. Heiskanen a. a. O. (Anmerkung 3, S. 315), S. 14.

[4]) Journ. of Geology, Chikago, Bd. 22, 1914, S. 39 ff.

[5]) Ebenda, Bd. 34, 1926, S. 1—28.   [6]) a. a. O. (Anm. 2, S. 326) S. 11.

[7]) Neues Jahrbuch für Mineralogie, Geologie, Paläontologie, Beilage-
band 22 und Festband 1907, S. 129—158.

Räume von bestimmter geologischer Struktur mit solchen von bestimmter Schwereanomalie setzt die mehr oder weniger isostatische Einstellung recht ausgedehnter Gebiete voraus. Die Schweizer Alpen will R. Schwinner[1]) freilich schon in etwa ein Dutzend tektonische Schollen zerlegen, um ihre Kompensation zu untersuchen, doch meint er augenscheinlich, daß die isostatischen Einheiten dort besonders klein und außerhalb des Faltengebirges größer sind. Es wird also von der Annahme örtlicher Kompensationen und damit isostatischer Einstellungen kleiner Gebiete, die als Verbiegungen auftreten, durchweg abgesehen.

Nur im Zusammenhang mit Druckänderungen durch Eislast werden isostatische Verbiegungen für möglich gehalten, z. B. von A. Born[2]), entgegen seinen sonstigen Ansichten, daß die isostatische Einstellung und die ihr zustrebenden Bewegungen regionale Ausdehnung haben. Denn er nimmt für Eiszeitgebiete „eine gewisse selbständige Reaktionsfähigkeit relativ kleiner Teile" an, übersieht aber, daß dieses, z. B. bei M. P. Rudzki, nur Voraussetzung und nicht Ergebnis ist. Freilich hat die skandinavische Glacialgeologie[3]) nachgewiesen, daß beim Abschmelzen des Eises die zuerst entlasteten Außenteile früher aufstiegen als das noch belastete Zentrum, und daß Hebungswellen zentripetal nach Innen wandern, doch sie hat das zunächst nicht als isostatischen Vorgang betrachtet. Zu dieser Annahme kam man erst später und folgerte dann aus einem angeblich isostatischen Niedersinken vereister Länder und ihrem Wiederaufstieg nach dem Schwinden des Eises noch umfangreiche subkrustale Massenbewegungen, welche auch wieder aktiv neue Hebungen und Senkungen bedingen sollten. Das war ein Kreisschluß, dem die exakte Grundlage fehlt.

Am weitesten in solchen Anwendungen gehen F. Nansen[4])

---

[1]) Zeitschrift für Geophysik II, 1926, S. 128.

[2]) Isostasie und Schweremessung, S. 112.

[3]) G. de Geer, Geol. För. Förh. Stockholm 1888, S. 367; Proc. Boston Soc. Nat. History, XXV, 1892, S. 454. Rolf Witting, Fennia, Bd. 39, Nr. 5, S. 274, Helsingfors 1918. A. G. Högbom, Bull. Geol. Inst. Upsala, Vol. XVI, S. 172. Auch Handbuch der regionalen Geologie, Fennoskandia, Bd. 4, Abt. 3, 1913. Auch in W. Salomon, Grundzüge der Geologie, Stuttgart 1922, S. 181 ff.

[4]) The earth's crust, its surface forms, and isostatic adjustment, Oslo 1928, S. 51 ff.

und A. Penck[1]), indem sie die Krustenbewegungen Skandinaviens, und in anderen Arbeiten auch die der Alpen, isostatisch zu begründen suchten, doch haben ihre Rechnungen keine Beweiskraft; dafür sind schon die Prämissen zu unsicher gefaßt. Es wird z. B. von A. Penck angenommen: das Areal der letzten skandinavischen Vereisung zu 3,3 Million qkm, ihre mittlere Dicke zu 1000 m, also der Kubikinhalt zu 3,3 Million cbkm. Wenn diese Masse die Kruste eindrückt, sollen etwa $\frac{1}{3}$ ihres Kubikinhalts in der Tiefe fortgepreßt werden, was einer Magma- oder Sima-Dichte von etwas unter 3,0 und einer Eisdichte von etwas über 0,9 entsprechen würde. Tatsächlich wird man aber die Simadichte, sowohl des Materials wie des Tiefendrucks wegen, mindestens zu 3,2 ansetzen müssen[2]) und die Eisdichte des Luftgehalts wegen höchstens zu 0,84. Denn H. Thorade[3]) gibt die Eintauchtiefe von Eisbergen zu $\frac{3}{4}$ bis $\frac{7}{8}$ an und ich[4]) fand sie direkt vor der Mauer des antarktischen Inlandeises zu $\frac{4}{5}$ bis $\frac{5}{6}$ im dortigen Meerwasser, woraus man die Dichte 0,84 ableiten kann. Nach diesen veränderten, doch den Tatsachen besser entsprechenden Prämissen, würden die unter der skandinavischen Vereisung fortgepreßten Massen nur 825000 cbkm, gegen 1,1 Million bei A. Penck, betragen, also nicht 159 cbkm, sondern nur 120 durch jeden Kilometer des Eisrandes.

Ferner berechnet A. Penck eine Rückwanderung des Sima beim Schwinden des Eises aus der darnach festgestellten Aufwölbung Skandinaviens zu 49 cbkm für jeden Kilometer Eisrand, also bisher 110 cbkm weniger, als fortgepreßt wurden. Er erklärt diese große Differenz einmal dadurch, daß noch nicht alles Sima zurückgekehrt sei, weil sich Skandinavien heute weiter aufwölbt und noch dauernd subkrustale Masse empfängt. Zweitens seien jene 49 cbkm zu klein angenommen, also die Differenz zwischen Fort- und Rückwanderung zu groß, und schließlich sei tatsäch-

---

[1]) Sitzungsberichte der Preuß. Ak. der Wiss., Phys.-math. Klasse, 1922, S. 305.

[2]) A. Sieberg, Geologische Einführung in die Geophysik, G. Fischer, Jena 1927, S. 61; M. P. Rudzki, Physik der Erde, Leipzig 1911, S. 99; B. Gutenberg, Der Aufbau der Erde, Borntraeger, Berlin 1925, S. 117.

[3]) Müller-Pouillet, 11. Aufl., Bd. V, 1, S. 318.

[4]) „Deutsche Südpolar-Expedition", Band I, Tafel 15, auch S. 510f., 529.

lich schon weit mehr Masse zurückgekehrt. Dieses letztere wird
damit begründet, daß beim Abschmelzen des Eises eine allgemeine Senkung des Landes eintreten müsse, infolge allgemeiner
Hebung des Meeresspiegels durch Wasserzuwachs. Deshalb werde
die gleichzeitige Aufwölbung des Landes zu klein gesehen, angeblich um 40 m. Außerdem sehe man die postglaciale Aufwölbung
schon deshalb zu klein an, weil das Land tiefer herabgedrückt gewesen sei, als man aus den höchsten alten Meeresspuren erkennt;
denn diese seien entstanden, während die nördlichen Gebiete Skandinaviens noch nicht eisfrei waren, also Meeresspuren nicht annehmen konnten. Deshalb sei die glaciale Senkung und postglaciale Hebung im Norden um 180 m größer gewesen, als die
alten Strandlinien und Terrassen des Südens zeigen, den größeren
Eisdicken des Nordens entsprechend. Aus diesen 180 m und den
obigen 40 m wird abgeleitet, daß der mittlere Aufstieg des Landes
mit dem Schwinden des Eises nicht 120 m, sondern 212 m betragen hat und entsprechend die bisherige subkrustale Rückwanderung nicht 293 900 cbkm (49 cbkm pro km Eisrand), sondern
693 000 cbkm. Diese Zahl käme der früheren Auspressung von
1,1 Mill. cbkm näher, so daß nur noch etwa $1/3$ fehlte, das nun
allmählich zurückkäme und die noch anhaltende Hebung bewirkte.

Auch diese Schlüsse sind unzulänglich, schon abgesehen
davon, daß A. Pencks Prämissen selbst die Rückwanderung nicht
zu 693 000 cbkm, sondern zu 645 000 cbkm ergeben würden, also
weniger. Wichtiger ist, daß der Betrag von 40 m für die allgemeine Hebung des Meeresspiegels nicht zutrifft, weil die At-
traktion des Eises nicht berücksichtigt ist. Man kommt höchstens
auf den halben Betrag, etwa 20 m, wobei gleichzeitige Schmelz-
vorgänge in der Antarktis berücksichtigt sind[1]). Somit würde
noch nicht die Hälfte des Materials zurückgekehrt sein, welches
A. Penck ausgepreßt denkt, und rund $5/8$, wenn man dafür meine auf
bestimmteren Grundlagen beruhende Schätzung von 825 000 cbkm
zu Grunde legt. Und dieses außerdem nur, wenn Skandinavien
durch verschiedene Eisdicken verschieden tief herabgedrückt, also
stark verbogen war, und im Maximum um 180 m mehr, als die

---

[1]) E. v. Drygalski, Die Geoiddeformationen zur Eiszeit in Zeitschrift
d. Ges. für Erdkunde, Berlin 1888.

alten Meeresspuren erkennen lassen. Auch dafür fehlt der Beweis, wie es überhaupt an der Möglichkeit fehlt, die lastenden Eisdicken mit den differenzierten Senkungen des Landes zu parallelisieren, da die ersteren unsicher und die letzteren unbekannt sind, sich auch gar nicht schätzen lassen.

Aus obigem geht hervor, wie unsicher die Grundlagen sind, aus denen A. Penck die isostatische Erklärung der glacialen und portglazialen Bodenbewegungen Skandinaviens folgert. Nur mit starkem Zwang und mit konstruierten Schiebungen subkrustaler Massen innerhalb weiter Grenzen ließ sich sein Ergebnis erzielen, doch kein annehmbarer Beweis. Diese Konstruktionen müssen noch willkürlicher werden, wenn man die alternierenden skandinavischen Bewegungen der Yoldia, Ancylus und Litorinazeit erklären wollte, die noch gar nicht bedacht sind. Das gleiche wäre von den Ausführungen F. Nansens zu sagen, der die Begründung weniger durch Rechnungen als durch Überlegungen zu geben sucht, doch das, was er beweisen will, auch im wesentlichen schon als Voraussetzung hat. In anderen Glacialgebieten, wie sie A. Born[1]) im gleichem Sinne behandelt, ist das keineswegs anders, eher noch weniger beweiskräftig, z. B. in Schottland, wo die Eismächtigkeiten und die davon abhängigen Verbiegungen des Landes auf kleinem Raum besonders differenziert sein müßten, um zu genügen. Schließlich sind die beobachteten Bewegungen vielfach anders, als die Erklärung durch isostatische Verbiegung[2]) verlangt. Beispielsweise müßte Norddeutschland, das weithin vereist war, in der Eiszeit Senkung und nachher Hebung gehabt haben, wie Skandinavien selbst, während die Ostseeküsten eher den umgekehrten Vorgang hatten. So kommt man zu Widersprüchen und vollen Willkürlichkeiten.

Ich verkenne nicht, daß in solchen Fragen die Rechnungen keine bestimmten Beträge ergeben können, weil die Prämissen unsicher sind. Doch ich halte es für unzulässig zur Begründung dieser Beträge immer neue Hypothesen zu häufen, wie es von A. Penck zur Erklärung seiner Differenzen zwischen fortgepreßtem und rückgewanderten Magma geschieht. Denn wenn man seine Prämissen

---

[1]) Isostasie und Schweremessung, S. 101 ff.
[2]) A. G. Högbom in W. Salomon, Grundzüge der Geologie, S. 190.

verändert, wie ich es berichtigend getan habe, müssen wieder
andere Hypothesen entwickelt werden, was zur Verschleierung
der Tatsachen führt. Schon die Möglichkeit von isostatischen Verbiegungen der Erdkruste, auf der vieles[1]) weitere beruht, ist ja
Hypothese — oder bei M. P. Rudzki Voraussetzung für einen
bestimmten, rein theoretischen Fall —; was man von isostatischen
Bewegungen kennt und annehmen darf, betrifft nicht kleine Räume,
sondern größere Schollen, wie die Ergebnisse der Schweremessungen zeigen. Noch hypothetischer sind die subkrustalen
Magmabewegungen und Stauungen, wie sie A. Penck
konstruiert hat und willkürlich variiert.

Natürlich entsteht nun die Frage, wie der Zusammenhang
zwischen den Vereisungen und den Bodenbewegungen der davon
betroffenen Länder, welcher tatsächlich besteht, anders zu erklären ist. H. Stille[2]) spricht auch hierfür von Epirogenese und
hat die Erscheinung so wohl treffend charakterisiert. Ihre Gründe
sind mannigfaltiger Art; und bei vereisten Ländern darf man vor
allem an thermische denken. Ich[3]) habe das früher dahin entwickelt, daß eine vereiste Scholle durch Wärmeleitung
erkaltet und sich nach dem Schwinden des Eises durch
Strahlung wieder erwärmt. M. P. Rudzki[4]) hatte dem quantitativ widersprochen, doch qualitativ voll zugestimmt. Auch A.
de Lapparent[5]) hatte die Vorstellung übernommen und quantitativ
noch höher bewertet, als ich.

Zahlenmäßig läßt sich diese Verstellung auch heute nicht
genügend begründen, doch daß derartige Wärmeschwankungen
bei den eiszeitlichen Formen der Epirogenese qualitativ von Bedeutung sind, ist nicht zu bezweifeln. Sie lösen eine diluviale
Periode von tangentialen Spannungen und damit von epirogene-
tischen Bewegungen aus. Nur die Größe der thermischen Schwankungen, und der von ihnen abgeleiteten Vorgänge in der Erdrinde ist noch wenig bestimmt. Früher nahm man an, daß die

---

[1]) Zeitschrift für Gletscherkunde, I. Band, S. 185.
[2]) Grundfragen der vergleichenden Tektonik, S. 25, 366.
[3]) E. v. Drygalski in Verhandlungen des VIII. deutschen Geographentages, Berlin 1889, S. 162.
[4]) Pet. Mitteil. 1891, S. 27, 77, 101, 127.
[5]) Revue générale des sciences, Paris, 15 Mai, 1890 S. 269.

Erde durch Strahlung erkaltet, doch durch gleichzeitige Kontraktion ihre Wärme wieder ersetzt und erhält, wie es H. v. Helmholtz angab. So konnte man die Wärmeschwankungen und die davon abhängigen Krustenbewegungen einigermaßen berechnen. Heute hat man in dem Zerfall von radioaktiven Substanzen eine stärkere Quelle für die Erdwärme kennen gelernt, doch ohne daß man sie quantitativ genügend abschätzen kann, schon weil das Vorkommen jener Substanzen noch zu wenig bekannt ist. Man muß annehmen, daß ihre Wirkungen die von andern Wärmequellen überlagern; deshalb kann man auch letztere nicht mehr im einzelnen berechnen. Es handelt sich aber um Kräfte und Wirkungen von erheblichem Ausmaß[1]) und ohne die Einwände, welche der Vorstellung von rein isostatischen Verbiegungen der Erdrinde begegnen. Auch ihr Zusammenhang mit der Eiszeit und den glazialen Krustenbewegungen ist nicht zu verkennen.

Über den Einfluß, den subkrustale Strömungen dabei haben, kann man nur Vermutungen äußern. Einige Forscher glauben an ihre aktive Betätigung bei den Bewegungen der Erdkruste, doch andere nicht. Sie entstehen durch Druckänderungen, die von der Erdkruste ausgehen, wie ich dargelegt habe, und folgen einem subkrustalen Gefälle, das in der Richtung der geringsten Widerstände, also der Entlastungen, Lockerungen und Hohlräume in der Kruste verläuft und im Vulkanismus die Erdoberfläche erreicht. Daß dann gleichzeitig direkt und auch thermisch bedingte Hebungen und Senkungen der Kruste eintreten könne, wie es die Britischen Geophysiker, vor allem Mellard Reade und O. Fisher entwickelt haben[2]), ist nicht zu bezweifeln; doch läßt es sich quantitativ noch nicht näher bestimmen.

Wenn ich nun zusammenfasse, so ging meine Arbeit von der Art der isostatischen Einstellung der Erdkruste aus, wie sie die Schweremessungen erkennen lassen. Dieselbe ist regional, da die Ausgleichsfläche, bis zu der die Dichteunterschiede der Erdrinde reichen und sich kompensieren, regional verschiedene

---

[1]) Am weitesten hierin blickt das Buch von G. Kirsch, Geologie und Radioaktivität (J. Springer, Wien und Berlin 1928), das mir bei Abschluß dieser Arbeit noch bekannt wurde.

[2]) E. Tams, Einführung in die Geophysik, J. Springer, Berlin 1922, S. 252 ff.

Tiefen hat. Unter den beiden Darstellungen der isostatischen Einstellung möchte ich der von Pratt den Vorzug geben, weil sich ein im Magma schwimmender Zustand der Kontinente, wie ihn Airy annahm, mit den Ergebnissen der Erdbebenforschung über die Starrheit der Erde nicht vereinigen läßt. Wir kennen keine geschlossene Magmazone, in welcher ein dauerndes Schwimmen der leichteren Landmassen stattfinden kann. Dagegen wächst die Starrheit der Erde mit der Tiefe und kommt dort, wo die Magmazone liegen müßte, sprungweise zu größeren Beträgen. Die Verschiedenheiten der Dichte über der Ausgleichstiefe — unter ihr herrscht eine konzentrische Dichteanordnung — wird man teils auf das Material, teils auf Lockerungen und Hohlräume zurückführen können. Die plastischen Zustände, welche schon nahe unter der Erdoberfläche aus den elastisch-starren entstehen, beruhen auf Druckveränderungen, die von der Erdkruste ausgehen. Diese mobilisieren die starren Massen und erzeugen darin inner- und subkrustale Bewegungen, welche dem durch Lastverlagerungen und Dichtedifferenzen gegebenen subkrustalen Gefälle folgen und in den Vulkanen die Erdoberfläche erreichen. Dabei entstehen isostatische Senkungen von den überlagernden Schichten, unter welchen die plastischen Massen weichen, wohl auch isostatische Hebungen, wo diese hinstreben, doch ist der aktiv hebende Einfluß der Magmabewegungen noch nicht geklärt.

Die Druckänderungen, welche zur Mobilisierung und zu den isostatischen Veränderungen führen, beruhen teilweise auf äußeren Lastverlagerungen, z. B. durch Abtragungen, Sedimentationen oder Vereisungen und ihr Schwinden, doch vor allem auf den inneren durch Orogenese. Die isostatischen Neueinstellungen bestehen dann in Bewegungen größerer geschlossener Schollen, nicht in Verbiegungen, also nicht in differenzierten Hebungen und Senkungen. Also kann man auch die glazialen und postglazialen Krustenbewegungen nicht durch das Streben nach isostatischem Ausgleich erklären. Diese sind vielmehr epirogenetischer Art und thermisch bedingt, also eine diluviale Phase der Epirogenese, wofür Wärmeschwankungen in der Erdrinde, die mit Vereisungen zusammenhängen, eine qualitative Begründung abgeben, während isostatische Vorgänge, wie sie aus Schweremessungen erkennbar sind, ihrer Art widerspricht.

Kritisch-historische Bemerkungen zur Funktionentheorie.

Von **Alfred Pringsheim**.

Vorgetragen in der Sitzung am 15. Dezember 1928.

I. Über den sogenannten Vivanti-Dienes'schen Satz.

1. Im Laufe meiner langjährigen mathematisch-literarischen Tätigkeit habe ich mir zu gelegentlicher Behandlung verschiedene Einzelheiten aus dem Gebiete der Funktionentheorie, teils sachlicher, teils historischer Natur angemerkt, die nach meinem Dafürhalten einer Berichtigung, Ergänzung oder verbesserten Darstellung bedürfen. Und ich möchte einen Teil der Zeit, die mir zu produktiver Tätigkeit noch zugemessen ist, dazu benützen, um vor Toresschluß noch einige von diesen Dingen auszuarbeiten und in zwangloser Folge unter dem in der Überschrift angegebenen Gesamttitel an dieser Stelle zu veröffentlichen. Ich beginne mit dem gleichfalls in der Überschrift bereits genannten Satze von Vivanti-Dienes, zeige zunächst, daß der erste Teil dieser Benennung auf einem nachweisbaren Irrtum beruht, der leider schon in die Enzyklopädie der mathematischen Wissenschaften Eingang gefunden hat, und knüpfe daran einige Bemerkungen prinzipieller Natur gegen die überhandnehmende Unsitte, beliebige Sätze und Sätzchen sofort mit Erfindermarken zu versehen. Gegen den zweiten Teil der obigen Benennung wird keinerlei Einwand erhoben, jedoch wird gezeigt, daß der Satz selbst allzu wenig leistet und leicht durch einen wesentlich besseren ersetzt werden kann. Dieser letztere führt mich schließlich zu einer Verallgemeinerung, die, so nahe sie liegen mag, bisher nicht ausgesprochen zu sein scheint und immerhin einiger Beachtung wert sein dürfte.

2. In der bekannten Monographie des Herrn Edmund Landau: „*Darstellung und Begründung einiger neuerer Ergebnisse der Funktionentheorie* (1916)" findet sich auf S. 65 als Über-

schrift von § 17: „*Satz von Vivanti-Dienes*" und auf S. 12 als
Erläuterung zu dem Vivanti'schen Anteil an dem fraglichen
Satze die Mitteilung: „*Wie zuerst Vivanti*[1]) *bemerkt hat, ist bei
einer Potenzreihe, deren Koeffizienten ≥ 0 sind, ... der positive
Punkt des Konvergenzkreises ein singulärer Punkt der Funktion.*"
Diese Aussage erscheint zunächst, soweit sie von der Bedeutung
des Verbums „*bemerkt hat*" abhängt, nicht ganz eindeutig. Bestehen ja doch in dieser Beziehung die beiden Möglichkeiten:
bemerkt = *angemerkt*, also *ausgesprochen*, andererseits *bemerkt* =
wahrgenommen (ohne es auszusprechen). Glücklicher Weise hat
Herr Landau durch den ausdrücklichen Hinweis (a. a. O. Fußn. 3)
auf eine frühere Publikation diesen Zweifel selbst aufgeklärt. Daselbst (Mathem. Ann. 61 [1905], S. 534) lautet die entsprechende
Aussage ganz unzweideutig folgendermaßen: „Dieser (sc. der oben
genannte) Satz wurde trotz seiner *Einfachheit zuerst im Jahre 1893
von Herrn Vivanti*[2]) *ausgesprochen. Ein Beweis wurde etwa gleichzeitig von Herrn Pringsheim*[3]) *veröffentlicht.*"

Leider beruht der erste Teil dieser Aussage auf einem frag-
losen Versehen, und der zweite bedarf infolgedessen der Ergänzung dahin, daß der genannte Satz von mir auch *zuerst ausgesprochen* wurde. Da die in Fußn. 2 angegebene Belegstelle auf
eine kleinere, wenig verbreitete und längst eingegangene Zeitschrift sich bezieht, so will ich, um meine Behauptung *ad oculos*
zu demonstrieren, die in Frage kommende Stelle aus dem in meinen Händen befindlichen Separatabzuge der nur drei Oktavseiten
langen Vivanti'schen Note wörtlich anführen:

„*E noto che, se* $\lim\limits_{n=\infty} \dfrac{c_n+1}{c_n} = 1$, *la serie* $\sum\limits_{n=0}^{\infty} c_n x^n$, *dove le
c_n si suppongono reali e positivi, è convergente, insieme a tutti
le sui derivate, entro in cerchio di raggio 1 col centro nell'
origine, ...*[4]).

---

[1]) Mit dem Hinweise: Vivanti 1, S. 112, woselbst das in der folgenden Fußnote angeführte Zitat sich findet.

[2]) „*Sulle serie di potenze.*" Rivista di matematica, Bd. 3 (1893) S. 112.

[3]) *Über Funktionen, welche in gewissen Punkten Differentialquotienten
jeder endlichen Ordnung, aber keine Taylor'sche Reihenentwicklung besitzen.*"
Math. Annalen, Bd. 44 (1894), S. 42.

[4]) Die ausgelassenen Zeilen haben mit der hier vorliegenden Frage
nichts zu tun. Sie besagen lediglich, daß die Reihe auch noch für $|x| = 1$

D' altra parte la funzione analitica di cui quella serie è un elemento ha evidentemente una singolarità nel punto x = 1.
Kurz zusammengefaßt:

Ist $\lim\limits_{n=\infty} \dfrac{c_{n+1}}{c_n} = 1$ und sind die c_n *reell* und *positiv*, so hat die Reihe $\Sigma\, c_n x^n$ den Konvergenzradius 1 und *offenbar* („*evidentemente*") die singuläre Stelle $x = 1$.

„*Offenbar*"? Auf Grund der *beiden* Voraussetzungen:

$$\lim_{n=\infty} \frac{c_{n+1}}{c_n} = 1 \text{ und } c_n \text{ reell} > 0,$$

oder *welcher* von beiden? Die *ältere* Landausche Aussage, daß hier irgendein *bestimmter* Satz *ausgesprochen* worden sei, scheint mir völlig unhaltbar.

„*Vorsorglich*", wie die Advokaten zu sagen pflegen, möchte ich indessen mit Rücksicht auf die *spätere*, vielleicht nicht ganz unabsichtlich etwas eingeschränkte Fassung ausdrücklich bemerken, daß ein Autor durch ein solches „*offenbar*" noch keinerlei Anrecht erwirbt, als wirklicher und alleiniger Erfinder irgend eines von ihm *verschwiegenen*, aber leicht zu vermutenden und zur ausreichenden Begründung jenes fragwürdigen „*offenbar*" geeigneten Satzes patentiert zu werden[1]). Und der vorliegende Fall darf geradezu als warnendes Schulbeispiel dafür dienen, zu welch wundersamen Konsequenzen die gegenteilige Praxis führen könnte. Da nämlich unter den Vivanti'schen Voraussetzungen — überdies sogar als *erste* — die folgende: $\lim\limits_{n=\infty} \dfrac{c_{n+1}}{c_n} = 1$ figuriert und diese nach einem gleichfalls leicht zu vermutenden (aber umso schwerer zu beweisenden) Satze unweigerlich die *Singularität* der Stelle $x = 1$ nach sich zieht, so müßte man darauf gefaßt sein, auch diesen (angeblich von Herrn Fabry bewiesenen) Satz auf den Namen Vivanti getauft zu sehen. Damit soll keineswegs geleugnet werden,

---

konvergiert, wenn das Raabe'sche Kriterium: $\lim\limits_{n=\infty} n \left(1 - \dfrac{c_{n+1}}{c_n}\right) > 1$ erfüllt ist, und daß das gleiche für alle derivierten Reihen gilt, wenn:

$$\lim_{n=\infty} n \left(1 - \frac{c_{n+1}}{c_n}\right) = \infty.$$

[1]) Sonst müßte man z. B. denjenigen Mathematiker, der lange vor Abel gefolgert hat, daß aus: $\lg(1+x) = \sum\limits_{1}^{\infty} \nu\, (-1)^{\nu-1}\, \dfrac{x^\nu}{\nu}$ „offenbar" sich ergebe: $\lg 2 = \sum\limits_{1}^{\infty} \nu\, (-1)^{\nu-1}\, \dfrac{1}{\nu}$, zum Erfinder des Abel'schen Grenzwertsatzes machen.

daß der Wunsch, gerade die betreffende von Herrn Vivanti offen
gelassene Beweislücke (obschon auch mehrere andere dazu ein-
luden) auszufüllen, mich zur Formulierung und zum Beweise des
fraglichen Satzes angeregt hat.

Im übrigen wurde ja durch wörtliche Mitteilung der von Herrn
Landau angegebenen Belegstelle die Existenz eines wirklichen
Versehens einwandfrei nachgewiesen — eines Versehens, das bei
der sonst geradezu vorbildlichen Gewissenhaftigkeit und Zuverlässig-
keit dieses Autors in dem bekannten „*Dormitat quandoque bonus
Homerus*" seine Erklärung und Entschuldigung finden mag.

3. Obschon dieses Versehen, das mir bei seiner ersten Publikation im Jahre 1905 entgangen war, bald nach Erscheinen der
Monographie von 1916, also vor etwa 12 Jahren mir bekannt wurde,
überdies seine ausdrückliche Feststellung und eventuelle Korrektur
für mich immerhin ein gewisses persönliches Interesse haben
konnte, zog ich vor, es bis zum heutigen Tage vollständig mit
Schweigen zu übergehen. Und wenn ich trotzdem jetzt plötzlich
damit an die Öffentlichkeit trete, so dürfte man wohl von mir
eine Angabe der Gründe erwarten, die mich zu diesem zwiefachen
Verhalten bewogen haben.

Ich hatte — gleichfalls kurz nach Erscheinen jener Monographie — in einem daran anknüpfenden Aufsatz die Unvorsich-
tigkeit begangen, mein Bedauern darüber auszusprechen, daß der
hartnäckige und nach meinem Dafürhalten übertriebene Gebrauch
kleiner und großer o's bzw. *O*'s das Studium der „*lehrreichen und
dankenswerten Schrift*" außerordentlich erschwere, was den Zorn
des Verfassers wider alles Erwarten in solchem Maße erregte,
daß er ostentativ jeden persönlichen Verkehr mit mir abbrach. Um
den hierdurch hinlänglich gekennzeichneten Konflikt nicht noch
zu verschärfen, vermied ich bis auf weiteres jede Erwähnung des
Themas Vivanti. Als dann nach mehr als acht Jahren Herr Landau
meinen 75jährigen Geburtstag dazu benützte, mir durch einen
wenigstens „bedingt konvergierenden" Glückwunsch einen Friedens-
schluß ohne Sieger und Besiegten zu ermöglichen, so war nach
der eben gemachten Erfahrung für mich erst recht nicht daran
zu denken, in absehbarer Zeit diese alte Streitaxt wieder auszu-
graben. Und da ich andererseits weit davon entfernt war, auf
allenfalls mir zustehende Prioritätsansprüche irgendwelchen Wert

zu legen, so erschien es mir als das vernünftigste, die ganze Sache in Vergessenheit geraten zu lassen, zumal ich annahm, jene lediglich als Paragraphen-Überschrift des Herrn Landau aufgetretene Fehlbezeichnung werde ihre Geburtsstätte niemals verlassen. Darin hatte ich mich aber leider in einer Weise verrechnet, die mich zwingt, meinem wohlgemeinten Vorsatz gänzlich untreu zu werden, was ich aufrichtig bedaure.

4. Als ich nämlich vor einiger Zeit die „*Moderne Funktionentheorie*", den im Vorjahre erschienenen 2. Band des Bieberbachschen Standard-Lehrbuches der Funktionentheorie zur Hand nahm, bemerkte ich auf S. 280 als groß gedruckte Überschrift zu § 1 des siebenten Abschnitts: Der Satz von Vivanti-Borel-Dienes. Abgesehen von dem Mißvergnügen, welches mir das unerhoffte Wiederauftauchen des „Vivanti"-Satzes bereitete, befremdete mich zunächst das mir völlig neue Auftreten des Namens Borel in dem obigen Zusammenhange[1]). Um mir hierüber nähere Auskunft zu verschaffen griff ich zu dem im großen und ganzen ausgezeichneten Artikel: „*II C 4. Neuere Untersuchungen über Funktionen einer komplexen Variablen*", den Herr Bieberbach in Bd. II, 3, 1 (1909—1921) der Enzyklopädie veröffentlicht hat. Von dem, was ich eigentlich suchte, fand ich indessen keine Spur, dagegen auf S. 461 eine für mich nicht uninteressante Überraschung, nämlich zu dem im Texte nach der Landau'schen Terminologie angeführten: „*Satz von Vivanti-Dienes*" in der zugehörigen Fußnote 186 außer der Belegstelle: G. Vivanti, Sulle serie di potenze, Rivista di matematica 3 (1893), p. 111—114[2])" die aus dem bisher Gesagten inhaltlich uns wohlbekannte Bemerkung: „Hier kommt der Satz zuerst ohne Beweis für positive Koeffizienten vor." Da ich an die sonst sprichwörtlich gewordene „Duplizität der Fälle" in dem vorliegenden Falle nicht recht glauben kann, so möchte ich

---

[1]) S. Mandelbrojt (The Rice Institute Pamphlet, Vol. XIV, Nr. 4) bezeichnet (a. a. O. p. 240) Hadamard als den Autor des „Vivanti"-Satzes — unter Berufung auf die 2. Auflage von H.'s bekannter Schrift: *La série de Taylor* [Paris, 1926]. Dieselbe ist mir leider nicht zur Hand. Aus den Literaturangaben der *ersten* [1901] geht jedoch unzweideutig hervor, daß H. den Satz von mir entnommen hat.

[2]) Diese ausführlichere Seitenangabe findet sich (an Stelle der auf unserer S. 344, Fußn. 1 angegebenen auch auf S. 108 der Landau'schen „Monographie" unter Vivanti, 1.

vermuten, daß Herr Bieberbach nicht bei Einsicht in die (einigermaßen schwer zu beschaffende) Vivanti'sche Originalnote ein
Opfer der gleichen optischen Täuschung, wie Herr Landau geworden ist, vielmehr die obige *unrichtige* Bemerkung von dem
letzteren übernommen hat, woraus ihm bei dessen oben bereits
als vorbildlich bezeichneten Gewissenhaftigkeit und Zuverlässigkeit
nicht der geringste Vorwurf zu machen wäre. Wie dem auch sei,
jedenfalls ist durch ihre Aufnahme in die Enzyklopädie (einschließlich der von mir angefochtenen Satzbezeichnung) für mich eine
wesentlich veränderte Situation entstanden. Besteht ja doch eine
ausdrücklich in den Plan der Enzyklopädie aufgenommene [1]) Haupt-
aufgabe darin, *„durch sorgfältige Literaturangaben die geschichtliche
Entwicklung der mathematischen Methoden seit dem Beginn des
19. Jahrhunderts nachzuweisen“*. Nun glaube ich aber als einer
der ältesten Mitarbeiter der Enzyklopädie durch meine einführenden
Artikel in Bd. I, 1 und II, 1, sowie durch verschiedene andere
historisch-mathematische Aufsätze und besonders zahlreiche in
meinen übrigen Arbeiten verstreute historische Bemerkungen nicht
nur das Recht, sondern auch die Pflicht erworben zu haben, nach
Möglichkeit dazu beizutragen, daß Irrtümer wie der vorliegende
auf dem Wege über die Enzyklopädie nicht geradezu „geschichts-
notorisch“ werden. Aus diesem Grunde möchte ich ausdrücklich
dafür plädieren, daß die oben angeführte Bemerkung gelegentlich
berichtigt wird und daß zwar nicht der angeblich Vivanti'sche
Satz, wohl aber diese seine Benennung wieder verschwindet [2]).
Wie aber soll der Satz alsdann benannt werden? Aha, *„hinc illae
lacrimae“*, wird wohl mancher freundliche Leser denken: „Vielleicht
als Pringsheim'scher Satz?“ Ach nein, ganz im Gegenteil: ich
würde gegen einen derartigen Mißbrauch meines Namens auf's
schärfste protestieren. Wie also soll dann der Satz schließlich
doch benannt werden? Nach meiner Meinung soll er und seines-
gleichen [3]) geradeso wenig, wie nach seinem *Verschweiger*, nach
seinem *Erfinder* bzw. seinen *Erfindern*, sondern, wo es irgend angeht,

---

[1]) s. Bd. I, 1, S. IX.

[2]) Mit dem „Dienes'schen“ Satz, bei dem die Sache gerade umgekehrt liegt, werde ich mich weiter unten noch auseinandersetzen.

[3]) Damit meine ich Sätze, die nicht in irgend einem besonderen Zusammenhange eine *hervorragende* Wichtigkeit besitzen.

insbesondere als *Überschrift*, nach seinem *Inhalt* benannt werden
(z. B. in dem vorliegenden Falle als „Spezielles Singularitäts-Kri-
terium" oder ausführlicher als „Hinreichende Bedingung für die
Singularität der Stelle $x = 1$ bzw. $x = r$") was nicht ausschließt,
daß nach Bedarf auch *der* bzw. *die* Erfinder, sei es im Text oder
in einer Fußnote, angegeben werden.

5. Ich möchte die im Anschluß an die letzte Bemerkung sich bie-
tende Gelegenheit nicht ungenützt lassen, etwas ausführlicher auf das
mir schon längst am Herzen liegende Thema[1]) der schlagwortmäßigen
Benennung einzelner mathematischer Lehrsätze durch Autorennamen
einzugehen. Ich beschränke mich dabei, wie es der Zusammenhang
ja von selbst ergibt, auf das Gebiet der Funktionentheorie.

Wir älteren Mathematiker — ich denke dabei naturgemäß besonders an diejenigen, deren Hauptstudienzeit (nicht bloß Studenten-
zeit) noch in das letzte Drittel des vorigen Jahrhunderts fiel —
pflegten die Mathematik als eine im wesentlichen „anonyme" Wissen-
schaft zu erlernen. In den Vorlesungen, in den Lehrbüchern (z. B.,
um nur die besten zu nennen, in den *Cours* und *Traités d'Analyse*
von Cauchy-Moigno [1840] bis Picard [1891] und bis zu der
zweiten Auflage von Camille Jordan [1893 ff.]), aus denen wir
den größten Teil unseres mathematischen Wissens bezogen, war
das Erscheinen von Autornamen eine außerordentliche Seltenheit,
in den Originalabhandlungen trat der Meister hinter seinem Werke
zurück. Die ausschließliche Benennung einzelner Sätze mit den
Namen ihrer Entdecker blieb eine bis auf wenige geradezu trivial gewordene Beispiele (Pythagoreischer, Fermat'scher,
Taylor'scher Satz) beschränkte Ausnahme[2]). Hie und da wurde
ein *besonders wichtiger* Satz außer mit einer Andeutung seines
Inhalts mit dem Namen des Verfassers gekennzeichnet. Hier
einige glänzende Beispiele dieser Art: der Cauchy'sche Inte-
gralsatz (1814 bzw. 1825), der Abel'sche Grenzwert- (oder Ste-
tigkeits-)Satz für Potenzreihen[3]) (1826), der Weierstraß'sche

---

[1]) Vgl. z. B. meine „Vorlesungen über Zahlen- und Funktionenlehre" I,
3 [1921], S. 920, Zeile 2 ff.

[2]) Unter diesen Ausnahmen wäre etwa noch der Laurent'sche Satz
zu erwähnen.

[3]) Trotz seiner Unscheinbarkeit ein Markstein in der Entwickelungs-
geschichte der Funktionentheorie, als Ausgangspunkt für den Begriff der
gleichmäßigen Konvergenz. Vgl. dieser Berichte Bd. 27 (1897), S. 344.

Doppelreihensatz[1]) (1880), der Jordan'sche Kurvensatz (1893). Im übrigen war man aber auch im Gebrauche dieser „gemischten" Bezeichnungsweise äußerst sparsam, sofern es sich nicht um Unterscheidung verschiedener, einem gemeinsamen Zwecke dienender Sätze (z. B. Konvergenzkriterien) handelte.

Die im vorstehenden geschilderte Praxis hat sich leider in neuerer Zeit sehr zum Nachteil verändert. Die „Entdecker"-Sätze ohne irgendwelche anderweitige Charakterisierung wachsen wie die Pilze aus der Erde, gehen aus dem Tagesbetrieb der Zeitschriften (wo solche kurze Benennungen der Bequemlichkeit halber ihre Berechtigung haben mögen) in die Lehrbücher über und geben dem Studierenden, da die älteren, schon mehr durchgearbeiteten und zu einem Ganzen zusammengewachsenen Partien einen ähnlichen Namenreichtum nicht aufzuweisen pflegen, ein ganz *falsches* Bild von ihrer Wichtigkeit[2]). In dieser Hinsicht müßte Wandel geschaffen werden, sollten unsere modernen Lehrbücher sich nicht ziemlich rasch zu einer Art von Eitelkeitsmarkt für die jüngere und jüngste Generation auswachsen. Hierfür bieten sich zunächst zwei Wege: entweder durch reichlichere und gerechtere Verteilung von Quellenangaben und Autorennamen ein der Wahrheit näher kommendes Bild herzustellen oder zu der anonymen Darstellungsweise früherer Zeiten zurückzukehren. Ich würde eine Art Mittelweg oder vielmehr eine passende Kombination beider Methoden für das beste halten. Das erfolreiche Studium der Mathematik erfordert eine ganz besondere Konzentration des Denkens, der man jede Störung nach Möglichkeit fern halten

---

[1]) Eine der Hauptgrundlagen der Weierstraß'sche Funktionentheorie. Vgl. z. B. meine „Vorlesungen über Zahlen- und Funktionenlehre" Bd. II, 1, [1925]. S. 365, 372.

[2]) Sie liefern übrigens ein zwar recht bequemes, aber keineswegs einwandfreies Ordnungsprinzip für die Sachregister. Die glücklichen Satzbesitzer werden daselbst unter dem Schlagwort „*Satz*" der dankbaren Mit- und Nachwelt dauernd in Erinnerung gebracht, während die an Zahl und Gesamtleistung infinitär überlegenen Satzlosen in dem Massengrab der Anonymität ruhmlos der Vergessenheit anheimfallen.

Ein lehrreiches Beispiel der entgegengesetzten Art bietet der *Satz von Wigert* (Enzyklopädie, a. a. O. S. 467; Bieberbach, a. a. O. S. 288, § 3). Wigert? Bisher ein in den weitesten Kreisen unbekannter Name! Jetzt aber hat er seinen „*Satz*", sein „*monumentum aere perennius*".

sollte. Deshalb müßte man nach meinem Dafürhalten bei der Darstellung mathematischer Gegenstände alles, was den Leser von dem Gange der Untersuchung abziehen könnte, aufs sorgsamste vermeiden und, soweit seine Erwähnung wünschenswert erscheinen sollte, in einen Anhang am Ende des Bandes verbannen. Dahin gehören Quellenangaben, historische und literarische Dinge einschließlich der Hervorhebung von Autorennamen (soweit dieselben, zur Benennung besonders wichtiger Sätze nach Art der oben angeführten Beispiele bereits „klassisch" geworden, nicht bereits im Text ihren Platz gefunden haben). Dabei wäre nicht vom Text auf eine zugehörige Stelle des Anhangs[1]), sondern umgekehrt vom Anhang auf die in Betracht kommende Textstelle zu verweisen. Ich habe diese Methode bei Herausgabe meiner in der ersten Fußnote S. 349 erwähnten Vorlesungen streng durchgeführt und würde es im Interesse der Sache lebhaft bedauern, wenn ich damit lediglich ein „Muster ohne Wert" geschaffen haben sollte.

6. Ehe ich mich zur Betrachtung des Dienes'schen Satzes, der Übertragung des (ehemals) „Vivanti'schen" Satzes auf den Fall *komplexer* Koeffizienten wende, möchte ich mit Rücksicht auf eine in diesem Zusammenhange zu machende Bemerkung kurz auf die beiden Beweise für jenen spezielleren auf den Fall *reeller* Koeffizienten bezüglichen Satz eingehen.

Der ältere, von mir herrührende Beweis (s. S. 344, Fußn. 3) lautet folgendermaßen: Es habe die Reihe $\mathfrak{P}(x) \equiv \sum_{0}^{\infty} a_\nu x^\nu$, wo $a_\nu \geq 0$ *(reell)*, den Konvergenzradius 1. Wird $0 < \xi_0 < 1$ angenommen und $x_0 = \xi_0 e$ gesetzt (wo e jede beliebige komplexe Zahl mit dem Absolutwert 1 bedeutet), so besteht die Transformation:

$$\mathfrak{P}(x) = \mathfrak{P}(x \,|\, x_0) \equiv \sum_{0}^{\infty} \frac{1}{\nu!} \mathfrak{P}^{(\nu)}(x_0) \cdot (x - x_0)^\nu,$$

wo der Konvergenzkreis von $\mathfrak{P}(x \,|\, x_0)$ *zum mindesten* den Einheitskreis von Innen berührt. Da die Reihe $\mathfrak{P}(x)$ auf dem Einheitskreise mindestens *eine* singuläre Stelle besitzen muß, so muß für irgend ein x_0 der Konvergenzkreis von $\mathfrak{P}(x \,|\, x_0)$ *wirklich* den Ein-

---

[1]) Unter dieser älteren Methode habe ich z. B. bei dem Studium der ersten Auflage von O. Stolz's „Vorlesungen über allgemeine Arithmetik" (1885/6), aus der ich viel gelernt habe, schwer gelitten.

heitskreis von innen berühren, und das wird mit Sicherheit dann stattfinden, wenn die Absolutwerte der Koeffizienten $\mathfrak{P}^{(v)}(x_0)$ ihr *Maximum* erreichen, was offenbar für $x_0 = \xi_0$ eintritt. Die betreffende Berührung findet also im Punkte $x = 1$ statt, dieser letztere ist daher, wie behauptet, eine *singuläre* Stelle[1]). —

Während dieser Beweis die Kenntnis des Satzes von der Existenz mindestens einer singulären Stelle auf dem Konvergenzkreise voraussetzt, also wesentlich funktionentheoretischer Natur ist, hat Herr Landau[2]) einen elementar-reihentheoretischen Beweis geliefert, der lediglich die Kenntnis des Cauchy'schen Doppelreihensatzes voraussetzt. Unter Beibehaltung der oben benützten Bezeichnungen (wenn noch $\mathfrak{R}(x) = \xi$ gesetzt wird) findet man:

$$\mathfrak{P}(\xi) = \sum_0^\infty{}_v a_v \xi^v = \sum_0^\infty{}_v a_v (\xi_0 + \xi - \xi_0)^v$$

$$= \sum_0^\infty{}_v a_v \sum_0^v{}_\lambda (v)_\lambda \xi_0^{v-\lambda} (\xi - \xi_0)^\lambda$$

$$= \mathfrak{P}(\xi \mid \xi_0)$$

und zwar geht die vorletzte Reihe[3]), welche für $\xi_0 < \xi < 1$ aus lauter *nichtnegativen* Bestandteilen zusammengesetzt ist, durch bloße *Umordnung* in die nach Potenzen von $\xi - \xi_0$ fortschreitende letzte Reihe über. Wäre nun $\xi = 1$ *keine* singuläre Stelle für $\mathfrak{P}(\xi)$, so müßte $\mathfrak{P}(\xi \mid \xi_0)$ für gewisse $\xi > \xi_0$ noch *absolut konvergieren*. Diese absolute Konvergenz für jene $\xi > 1$ müßte dann aber auch erhalten bleiben, wenn man die Reihe $\mathfrak{P}(\xi \mid \xi_0)$ durch Rück-Umordnung in den Zustand $\mathfrak{P}(\xi)$ zurückversetzt, was der Voraussetzung widerspricht. —

Nach einer in der oben angeführten Fußn. 186 des Bieberbach'schen Enzyklopädie-Artikels sich findenden Bemerkung soll erst dieser Beweis den *inneren* Grund des (ehemals) „Vivantischen" Satzes aufdecken. Das dürfte bis zu einem gewissen Grade Ansichtssache sein — jedenfalls bin ich der genau entgegengesetzten Ansicht. Ich verstehe nicht recht, wie ein *indirekter*, lediglich auf einer *rechnerischen Verifikation* beruhender Beweis

---

1) Einen noch kürzeren, auf demselben Prinzip beruhenden Beweis s.S.358.

2) In der oben erwähnten Arbeit von 1905: Math. Ann. 61, S. 534/6.

3) Eigentlich eine unvollständige Doppelreihe (besser: iterierte Reihe) mit Zeilen von endlicher, für $v \to \infty$ ins Unendliche wachsender Gliederzahl.

„*innere*“ Gründe aufdecken soll. Mir scheint gerade der *innere* Grund in dem Satze von der notwendigen Existenz mindestens *einer* singulären Stelle auf dem Konvergenzkreise zu liegen, welcher ganz direkt die singuläre Beschaffenheit der Stelle $x = 1$ nach sich zieht. Im übrigen wird sich zeigen, daß gerade die direkte Übertragung des Landau'schen Beweises auf den Fall *komplexer* Reihen-Koeffizienten eine wichtige Aufklärung und damit verbundene wesentliche Verbesserung des Dienes'schen Satzes verhindert hat.

7. Der Dienes'sche Satz[1]) pflegt gewöhnlich in folgender Form ausgesprochen zu werden:

Hat die Potenzreihe $\mathfrak{P}(x) \equiv \sum_0^\infty a_\nu x^\nu$ *den Konvergenzradius* 1 *und gehören die Punkte* a_ν *einem Winkelraume an von weniger als* 180° *mit dem Scheitel im Nullpunkt, so ist die Stelle* $x = 1$ *eine singuläre.*

Für den Beweis genügt es, den Fall zu betrachten, daß der fragliche Winkelraum der rechten Halbebene angehört und durch die positiv-reelle Axe halbiert wird (da ja der oben ausgesprochene allgemeinere Fall durch Drehung um einen gewissen Winkel ϑ, welchen die nunmehrige Mittellinie mit der positiv-reellen Axe bildet — arithmetisch gesprochen, durch Multiplikation der Reihe mit $e^{-\vartheta i}$ auf diesen spezielleren zurückgeführt werden kann)[2]).

Setzt man $a_\nu = a_\nu + \beta_\nu i$ und beachtet, daß $\dfrac{|\beta_\nu|}{a_\nu}$ als *Tangens* des (absolut gemessen weniger als 90° betragenden) Winkels φ_ν, den der Halbstrahl $\overline{0\,a_\nu}$ mit der positiv-reellen Axe bildet, unter einer endlichen Schranke $B > 0$ bleiben muß, so lassen sich die oben gemachten Voraussetzungen des Satzes auch folgendermaßen formulieren:

$$\text{I. } a_\nu \geqq 0, \quad \text{II. } \varlimsup_{\nu \to \infty} |a_\nu + \beta_\nu i|^{\frac{1}{\nu}} = 1, \quad \text{III. } |\beta_\nu| < B.\ a_\nu\ {}^{3}).$$

---

[1]) „*Essai sur les singularités des fonctions analytiques*“. Journ. de math. (6), 5 (1909), p. 338/40.

[2]) Der Dienes'sche (im Gegensatz zu dem Landau'schen wesentlich funktionentheoretische) Beweis behandelt gleich den allgemeinen Fall.

[3]) Anders geschrieben $\cos \varphi_\nu > \dfrac{1}{1 + B^2} > 0.$

Man erkennt leicht an Beispielen einfachster Art, daß die Bedingung III die Wirkung des Satzes sehr stark und, wie sich zeigen wird, in ganz überflüssiger Weise beschränkt. Sie verlangt offenbar, daß die $|\beta_\nu|$ für $\nu \to \infty$ *höchstens* von der Größenordnung der a_ν sein dürfen; daß ferner für $a_\nu = 0$ auch $\beta_\nu = 0$ sein muß. Hiernach wären z. B. folgende Reihen von der Wirkung des Satzes *ausgeschlossen*, während sie nichtsdestoweniger die singuläre Stelle $x = 1$ aufweisen:

$$a_\nu = \frac{1}{\nu}, \ \beta_\nu = 1 \ \text{oder} \ (-1)^\nu,$$

$$\text{also:} \ \sum_1^\infty \left(\frac{1}{\nu} + (\pm 1)^\nu i \right) x^\nu = \lg \frac{1}{1-x} \mp \frac{i\,x}{1+x}.$$

$$a_\nu = 1, \ \beta_\nu = \nu \ \text{oder} \ (-1)^\nu,$$

$$\text{also:} \ \sum_1^\infty \left(1 + (\pm 1)^\nu \nu i \right) x^\nu = \frac{x}{1-x} \mp \frac{i\,x}{(1+x)^2}.$$

$$a_\nu = \frac{1}{2}(1 + (-1)^\nu), \ \text{d. h.} \ a_{2\nu} = 1, \ a_{2\nu+1} = 0,$$

$$\beta_\nu = 1 \ \text{oder} \ (-1)^\nu,$$

$$\text{also:} \ \sum_0^\infty \left\{ \frac{1}{2}(1 + (-1)^\nu) + (\pm 1)^\nu i \right\} x^\nu$$

$$= \sum_0^\infty x^{2\nu} + i \sum_0^\infty (\pm 1)^\nu x^\nu = \frac{1}{1-x^2} + \frac{i}{1+x}.$$

Ein Blick auf diese Beispiele lehrt aber folgendes:

1. Der *reelle* Teil dieser Reihen besitzt jedesmal die singuläre Stelle $x = 1$.

2. Der *imaginäre* Teil kann sie gleichfalls besitzen oder auch nicht, ist aber *in keinem Falle* im Stande, die vom reellen Teil herrührende Singularität zu zerstören.

Wir werden nun zeigen, daß diese *beiden* Erscheinungen nicht auf dem speziellen Bildungsgesetz der obigen Reihen herrühren, vielmehr *stets* auch dann eintreten, wenn die oben mit I, II, III bezeichneten Voraussetzungen des Dienes'schen Satzes bestehen.

Da nämlich $\sum (a_\nu + \beta_\nu i) x^\nu$ den Konvergenzradius 1 haben soll, so muß mindestens *eine* der beiden Reihen $\sum a_\nu x^\nu$, $\sum \beta_\nu x^\nu$ den Konvergenzradius 1 haben[1]). Das trifft dann aber in erster

---

[1]) Der Konvergenzradius der anderen Reihe kann dann noch $\geqq 1$ (niemals < 1) sein.

Linie die Reihe $\sum a_\nu x^\nu$, da wegen: $a_\nu > \dfrac{1}{B} |\beta_\nu|$ der Konvergenz-radius *niemals größer* sein kann, als derjenige von $\sum \beta_\nu x^\nu$ [1]). Anders ausgesprochen: Die Bedingungen I, II, III zusammen involvieren stets die Beziehung $\overline{\lim_{\nu \to \infty}} \, a_\nu^{\frac{1}{\nu}} = 1$. Nimmt man diese *an Stelle der Bedingung* III in die *Voraussetzung* auf, so erweist sich die Voraussetzung der Beziehung III, also die dadurch geschaffene Beschränkung der β_ν, als *völlig überflüssig*. Denn nunmehr liefert ja die Reihe $\sum a_\nu x^\nu$ sofort die singuläre Stelle $x = 1$, und diese kann, wie schon aus den oben gegebenen Beispielen mit hinreichender Deutlichkeit hervorgeht, durch das Hinzutreten des imaginären Teils $i \sum \beta_\nu x^\nu$ niemals zerstört werden.

Es dürfte einigermaßen auffallen, daß die unheilvolle Wirkung jener Voraussetzung III bisher niemals bemerkt worden zu sein scheint. Den Grund hiervon darf man wohl in der äußerlich recht eleganten, aber, wie soeben gezeigt, *den wahren Zusammenhang verschleiernden* geometrischen Fassung suchen, sodann aber in dem Umstande, daß die Übertragung des zuvor angeführten Landau'schen Beweises auf den Fall *komplexer* Reihenkoeffizienten *wesentlich* auf der durch die Voraussetzung III eingeführten *Beschränkung* der a_ν, β_ν (in der Form wie in Fußn. 3, S. 353 angegeben) beruht, *ohne* dieselbe hinfällig wird.

8. Die vorstehenden Überlegungen haben mich zu der Überzeugung geführt, daß das Problem, den ehemals „Vivanti'schen" Satz auf den „komplexen" Fall zu übertragen, durch den Dienesschen Satz nur in sehr unzulänglicher Weise gelöst wird und daß es vielleicht einen gewissen Fortschritt bedeuten würde, wenn man

---

[1]) Oder auch folgendermaßen: Aus $a_\nu \geqq 0$, $\overline{\lim_{\nu \to \infty}} \, |a_\nu + \beta_\nu i|^{\frac{1}{\nu}} = 1$ folgt: $\overline{\lim_{\nu \to \infty}} \, a_\nu^{\frac{1}{\nu}} \leqq 1$, $\overline{\lim_{\nu \to \infty}} \, |\beta_\nu|^{\frac{1}{\nu}} \leqq 1$ in *dem* Sinne, daß mindestens in *einer* der beiden Ungleichungen das *Gleichheits*zeichen gilt. Andererseits folgt aber aus $a_\nu > \dfrac{1}{B} |\beta_\nu|$, daß: $\overline{\lim_{\nu \to \infty}} \, a_\nu^{\frac{1}{\nu}} \geqq \overline{\lim_{\nu \to \infty}} \, |\beta_\nu|^{\frac{1}{\nu}}$ (wegen: $\lim_{\nu \to \infty} B^{\frac{1}{\nu}} = 1$), also mit Sicherheit: $\overline{\lim_{\nu \to \infty}} \, a_\nu^{\frac{1}{\nu}} = 1$.

ihn durch den folgenden ersetzt und allenfalls zur Stellung eines Corollars degradiert:

Satz: *Gehören die Punkte a_ν der rechten Halbebene (einschließlich der begrenzenden imaginären Axe) an und haben die beiden Potenzreihen $\mathfrak{P}(x) \equiv \sum_0^\infty a_\nu x^\nu$, $\mathfrak{P}_1(x) \equiv \sum_0^\infty \Re(a_\nu) x^\nu$ den Konvergenzradius 1, bestehen also die drei Voraussetzungen:*

$$\Re(a_\nu) \geqq 0. \quad \overline{\lim_{\nu \to \infty}} \Re(a_\nu)^{\frac{1}{\nu}} = 1, \quad \overline{\lim_{\nu \to \infty}} \mid a_\nu \mid^{\frac{1}{\nu}} = 1$$

anders geschrieben (für $a_\nu = \alpha_\nu + \beta_\nu i$):

$$\alpha_\nu \geqq 0, \quad \overline{\lim_{\nu \to \infty}} \alpha_\nu^{\frac{1}{\nu}} = 1, \quad \overline{\lim_{\nu \to \infty}} \mid \beta_\nu \mid^{\frac{1}{\nu}} \leqq 1,^1)$$

so besitzt die Reihe $\mathfrak{P}(x)$ die singuläre Stelle $x = 1$.

Beweis. Wir setzen:

(1) $\quad \mathfrak{P}(x) = \mathfrak{P}_1(x) + i\,\mathfrak{P}_2(x) \quad$ (wo also: $\mathfrak{P}_2(x) = \sum_0^\infty \beta_\nu x^\nu$).

Wird eine positive Zahl $\xi_0 < 1$ beliebig angenommen, so hat man zunächst für $\xi_0 < \xi < 1$:

(2) $\qquad \mathfrak{P}(\xi) = \mathfrak{P}(\xi \mid \xi_0) = \mathfrak{P}_1(\xi \mid \xi_0) + i\,\mathfrak{P}_2(\xi \mid \xi_0).$

Da $\mathfrak{P}_1(x)$ wegen $\alpha_\nu \geqq 0$ nach dem ehemals „Vivanti'schen" Satze[2]) die singuläre Stelle $x = 1$ hat, so divergiert die aus lauter positiven Gliedern bestehende Reihe $\mathfrak{P}_1(\xi \mid \xi_0)$ für $\xi > 1$ nach $+\infty$, kann also durch das Hinzutreten des rein imaginären Bestandteils niemals zu einer *konvergenten* Reihe werden. Die Stelle $x = 1$ ist also für $\mathfrak{P}(\xi)$ bzw. $\mathfrak{P}(x)$ eine *singuläre*.

Zusatz. Sind die a_ν statt auf die ganze rechte Halbebene nur auf einen symmetrisch zur positiv-reellen Axe liegenden, weniger als 180° betragenden Winkelraum verteilt, so kann die Voraus-

---

[1]) Aus: $\overline{\lim_{\nu \to \infty}} (\sqrt{\alpha_\nu^2 + \beta_\nu^2})^{\frac{1}{\nu}} = 1$ folgt: $\overline{\lim_{\nu \to \infty}} \mid \beta_\nu \mid^{\frac{1}{\nu}} \leqq 1$; *umgekehrt folgt aus der* letzten Beziehung, wegen $\overline{\lim_{\nu \to \infty}} \alpha_\nu^{\frac{1}{\nu}} = 1$, die erste. Diese darf also, wie im Text geschehen, in dem vorliegenden Zusammenhange durch die andere ersetzt werden.

[2]) Will man diesen Satz nicht als bekannt voraussetzen, so wäre an dieser Stelle mein in der vorigen Nummer angegebener Beweis einzuschieben.

setzung $\overline{\lim\limits_{\nu \to \infty}} \, \mathfrak{R} \, (a_\nu)^{\frac{1}{\nu}} \equiv \overline{\lim\limits_{\nu \to \infty}} \, a_\nu^{\frac{1}{\nu}} = 1$ als bereits von selbst erfüllt (s. oben, insbesondere Fußn. 1, S. 355) unterbleiben.

9. Da die an Gleichung (2) anknüpfende Schlußweise keineswegs auf den dort vorliegenden Fall beschränkt ist, daß die *reelle* Reihe *eigentlich divergiert*, vielmehr erhalten bleibt, wenn sie nur *überhaupt divergiert*, so kann sie auch zum Beweise des folgenden *wesentlich allgemeineren* und, soviel mir bekannt ist, trotzdem er sehr nahe zu liegen scheint, *niemals ausgesprochenen Satzes* dienen:

Eine notwendige und hinreichende Bedingung dafür, daß die mit dem Konvergenzradius 1 begabte Potenzreihe

$$\mathfrak{P}\,(x) \equiv \sum_{0}^{\infty}{}^{\nu}\,(a_\nu + \beta_\nu\,i)\,x^\nu \ \textit{die singuläre Stelle } x = 1 \ \textit{besitzt,}$$

besteht darin, daß dies zum mindesten bei einer der beiden

$$\textit{Reihen } \mathfrak{P}_1\,(x) \equiv \sum_{0}^{\infty}{}^{\nu}\,a_\nu\,x^\nu \ \textit{und } \mathfrak{P}_2\,(x) \equiv \sum_{0}^{\infty}{}^{\nu}\,\beta_\nu\,x^\nu \ \textit{der Fall ist.}$$

Beweis. Unter Beibehaltung der in der vorigen Nummer benützten Bezeichnungen hat man, wie dort in Gleichung (2), zunächst für $\xi_0 < \xi < 1$:

(3) $\qquad \mathfrak{P}\,(\xi) = \mathfrak{P}\,(\xi\,|\,\xi_0) = \mathfrak{P}_1\,(\xi\,|\,\xi_0) + i\,\mathfrak{P}_2\,(\xi\,|\,\xi_0).$

Sind nun $\mathfrak{P}_1\,(x)$, $\mathfrak{P}_2\,(x)$ an der Stelle $x = 1$ beide *regulär*, so *konvergieren* $\mathfrak{P}_1\,(\xi\,|\,\xi_0)$, $\mathfrak{P}_2\,(\xi\,|\,\xi_0)$ noch für gewisse $\xi > 1$ und liefern somit längs der reellen Axe eine analytische Fortsetzung der Potenzreihe $\mathfrak{P}\,(x)$, die somit in diesem Falle an der Stelle 1 sich auch *regulär* verhält. Für das Gegenteil ist also *notwendig*, daß mindestens für eine der beiden Reihen $\mathfrak{P}_1\,(x)$, $\mathfrak{P}_2\,(x)$ die Stelle $x = 1$ eine *singuläre* sein muß.

Angenommen, dies sei für $\mathfrak{P}_1\,(x)$ zutreffend, so *divergiert* $\mathfrak{P}_1\,(\xi\,|\,\xi_0)$ für $\xi > 1$. Da $\mathfrak{P}_1\,(\xi\,|\,\xi_0)$, $\mathfrak{P}_2\,(\xi\,|\,\xi_0)$ aus lauter reellen Gliedern bestehen, so stellt die eine den *reellen*, die andere mit dem Faktor i behaftet den *imaginären* Teil der Reihe $\mathfrak{P}\,(\xi\,|\,\xi_0)$ vor. Die letztere ist aber infolge der Divergenz von $\mathfrak{P}_1\,(\xi\,|\,\xi_0)$ gleichfalls *divergent*, mag $\mathfrak{P}_2\,(\xi\,|\,\xi_0)$ für $\xi > 1$ *divergieren* oder *konvergieren*. Die Stelle $x = 1$ ist also für $\mathfrak{P}\,(x)$ eine *singuläre*, insbesondere auch dann, wenn sie es ebenfalls für $\mathfrak{P}_2\,(x)$ ist.

Da ferner:

$$\frac{1}{i}\,\mathfrak{P}\,(x) = \mathfrak{P}_2\,(x) - i\,\mathfrak{P}_1\,(x),$$

so folgt aus dem eben bewiesenen, daß die Stelle $x = 1$ für $\frac{1}{i}\,\mathfrak{P}\,(x)$, also auch für $\mathfrak{P}\,(x)$ eine *singuläre* ist, falls sie diese Eigenschaft für $\mathfrak{P}_2\,(x)$ besitzt. —

Sieht man die Singularität der Stelle $x = 1$ für $\mathfrak{P}_1\,(x)$ im Falle $a_\nu \geq 0$ als erwiesen an, so erscheint der Satz von Nr. 8 als eine unmittelbare Folgerung aus dem eben bewiesenen.

Der Vollständigkeit halber sei noch bemerkt, daß man die vorstehenden Ergebnisse (einschließlich des ehemals „Vivanti-schen" Satzes) noch etwas kürzer als hier herleiten kann aus der bekannten[1]) *notwendigen und hinreichenden* Bedingung für den singulären Charakter einer auf dem Konvergenzkreise mit dem Radius 1 gelegenen Stelle ϱ:

$$\overline{\lim_{\lambda \to \infty}}\,\tfrac{1}{2}\,\left|\sum_0^\lambda{}^\nu\,(\lambda)_\nu\,a_\nu\,\varrho^\nu\right|^{\frac{1}{\lambda}} = 1.$$

Da dieser Ausdruck immer nur ≤ 1 ausfallen kann und da andererseits, wegen Vorhandenseins mindestens *einer* singulären Stelle für $|x| = 1$, der Wert 1 mindestens *ein*mal auftreten muß, so ist das bei *reellen* $a_\nu \geq 0$ sicher der Fall für $\varrho = 1$ — womit der ehemals „Vivanti'sche" Satz bewiesen ist.

Aus den Ungleichungen:

$$\overline{\lim_{\lambda \to \infty}}\,\tfrac{1}{2}\,\left|\sum_0^\lambda{}^\nu\,(\lambda)_\nu\,a_\nu\right|^{\frac{1}{\lambda}}\;\begin{cases}\geq \overline{\lim_{\lambda \to \infty}}\,\tfrac{1}{2}\,\left|\sum_0^\lambda{}^\nu\,(\lambda)_\nu\,a_\nu\right|^{\frac{1}{\lambda}}\\[2ex]\geq \overline{\lim_{\lambda \to \infty}}\,\tfrac{1}{2}\,\left|\sum_0^\lambda{}^\nu\,(\lambda)_\nu\,\beta_\nu\right|^{\frac{1}{\lambda}}\end{cases}$$

ergibt sich dann leicht alles weitere.

---

[1]) S. z. B. dieser Berichte Jahrgang 1912, S. 19, Gleichung (14).

Über einen Satz von E. Steinitz.

Von **Otto Haupt**, Erlangen.

Vorgelegt von Georg Faber in der Sitzung am 15. Dezember.

1. **Vorbemerkung:** Es sei K ein Körper der Charakteristik $p \geq 2$[1]). Die Frage, ob bzw. wann jede Erweiterung 2. Art von K Radikale p-ten Grades über dem Grundkörper, nämlich über K enthält, wurde wohl zuerst von R. Hölzer behandelt und von E. Steinitz beantwortet. Letzterer teilte mir hierüber folgendes mit[2]): „Übrigens habe ich, durch die Hölzer'sche Vermutung angeregt, damals einige Zeit die Untersuchungen über unvollkommene Körper wieder aufgenommen und erlaube mir, Ihnen die Ergebnisse, die sich auf die Hölzer'sche Frage beziehen, mitzuteilen. Es gibt unvollkommene Körper, für die die Hölzer'sche Vermutung zutrifft, bei denen also jede Erweiterung 2. Art p-te Radikale über K enthält. Es ist dies dann und nur dann der Fall, wenn für jedes irreduzible Polynom $x^n + a_1 x^{n-1} + \ldots + a_n$ aus K gilt, daß, falls nicht $\sqrt[p]{a_1}, \ldots, \sqrt[p]{a_n}$ sämtlich zu K gehören, $K(\sqrt[p]{a_1}, \ldots, \sqrt[p]{a_n})$ über K vom Grade p ist. Es fragt sich aber, wie man diese Körper näher charakterisieren kann. Da zeigt sich, daß es zwei Arten solcher Körper (bei denen die Hölzer'sche Vermutung zutrifft) gibt. Erstens diejenigen, für welche K über K_1 von Grade p ist[3]) (Körper dieser Art erhält man z. B., indem man einem vollkommenen Körper von der Charakteristik p ein transzendentes Element adjungiert). Zweitens diejenigen, bei denen jede algebraische Er-

---

[1]) Für die im folgenden gebrauchten Bezeichnungen vgl. Haupt, Einführung in die Algebra (Leipzig, 1929), abgekürzt zitiert mit A.

[2]) Brief vom 24. IX. 27. In der nachstehenden wörtlichen Wiedergabe sind nur einige Bezeichnungen geändert.

[3]) K_1 bezeichnet den Körper der p-ten Potenzen aller Elemente von K (vgl. A., Nr. 6, 8; Satz 4). Falls $K = K_1$ ist, heißt K „vollkommen", sonst „unvollkommen".

weiterung ein Wurzelkörper[1]) ist. (Um einen solchen Körper zu erhalten, geht man von einem beliebigen unvollkommenen Körper K aus. Ist N die algebraisch abgeschlossene, algebraische Erweiterung von K, Λ der Körper zwischen K und N, der die Elemente von N umfaßt, die in Bezug auf K von 1. Art sind, so hat jeder Körper T zwischen Λ und N die geforderte Eigenschaft.) Schwierig ist der Beweis, daß mit diesen beiden Arten alle „Hölzerschen Körper" erschöpft sind." Soweit der Steinitz'sche Brief. Den am Schlusse von ihm erwähnten Beweis teilte mir Steinitz nicht mit; übrigens ist meines Wissens ein Beweis für den Steinitzschen Satz bisher überhaupt nicht veröffentlicht worden. Deshalb dürfte ein (wohl als einfach zu bezeichnender) Beweis, welchen ich inzwischen gefunden habe (vgl. weiter unten 3., Satz 2, Bew.), nicht ohne Interesse sein.

2. Wir erinnern zunächst an folgende bekannte Tatsachen, auf die wir uns später zu berufen haben:

I. Es bezeichne K einen unvollkommenen Körper der Charakteristik $p \geq 2$, ferner K_1 den Körper der p-ten Potenzen aller Elemente von K. Polynome $P(x)$, deren Koeffizienten Elemente aus K (bzw. K_1) sind, heißen Polynome über K (bzw. K_1) oder auch Polynome aus $K[x]$ (bzw. $K_1[x]$). Die im Folgenden betrachteten Polynome sollen übrigens ausnahmslos so normiert sein, daß der Koeffizient der höchsten Potenz von x Eins ist. Ein über K irreduzibles Polynom $P(x)$ heißt von 1. Art, wenn $P(x)$ nur einfache Wurzeln besitzt; sonst von 2. Art.

Ist $P(x) = Q(x^{p^l})$ von 2. Art und vom Exponenten l über K ($l \geq 1$), so ist $Q(y)$ von 1. Art über K (vgl. A., Nr. 13, 3); überdies kann $P(x)$, und damit $Q(y)$, nicht zu $K_1[x]$ gehören, weil andernfalls $P(x)$ die p-te Potenz eines Polynoms aus $K[x]$, also $P(x)$ reduzibel über K wäre. — Ist umgekehrt $R(y)$ vom Grade n und von 1. Art über K und gehört $R(y)$ nicht zu $K_1[x]$, so ist $F(x) = S(x^{p^t})$ von 2. Art über K ($t \geq 1$ beliebige natürliche Zahl). Denn wäre $F(x)$ reduzibel über K und etwa $F_1(x)$ ein irreduzibler (echter) Teiler von $F(x)$ über K, so hätte auch $F_1(x)$ den reduzierten Grad n, es wäre $F(x) = [F_1(x)]^\pi$, wo

---

[1]) Auch „Radikalkörper", vgl. im Text weiter unten (2., II.).

$\pi = p^s$, $s \geq 1$, und $F(x)$ gehörte zu $K_1[x]$ gegen die Voraussetzung.

Aus dem über Polynome 1. u. 2. Art Gesagten folgt: **Das Koeffizientensystem eines jeden, nicht zu $K_1[x]$ gehörigen (normierten) Polynoms 1. Art ist auch Koeffizientensystem von Polynomen 2. Art und umgekehrt.**

II. Eine Erweiterung Λ von K heiße „Radikalkörper" über K, wenn jedes Element α aus Λ ein π-tes Radikal, d. h. Wurzel eines irreduziblen Binoms $x^\pi - a$ über K ist, wo $\pi = p^r$ eine zu α passend gewählte Potenz von p bedeutet ($r \geq 1$). Ist der Radikalkörper Λ vom Grade p über K (Zeichen: $[\Lambda : K] = p$), so ist jedes nicht zu K gehörige Element α von Λ ein p-tes Radikal über K; ferner gilt $\Lambda = K(\alpha)$, falls α nicht zu K gehört. Ordnet man jedem Element von Λ seine p-te Potenz zu, so wird K isomorph auf K_1 abgebildet (vgl. A., Nr. 6, 8) und gleichzeitig Λ isomorph auf einen, in K enthaltenen Radikalkörper R vom Grade p über K_1 (falls $[\Lambda : K] = p$). Übrigens ist R primitiv über K_1, sodaß zwei beliebige derartige Radikalkörper R_1 und R_2 entweder identisch sind oder elementenfremd (vgl. A., Nr. 6, 5) über K_1.

Sind $b_1, \ldots, b_n$ Elemente aus K, so sind $\sqrt[p]{b_1}, \ldots, \sqrt[p]{b_n}$ dann und nur dann sämtlich in einem Radikalkörper p-ten Grades über K (aber nicht sämtlich in K) enthalten wenn $[K(\sqrt[p]{b_1}, \ldots, \sqrt[p]{b_n}) : K] = p$ ist, oder, was damit gleichbedeutend, wenn $b_1, \ldots, b_n$ zum nämlichen Radikalkörper R vom Grade p über K_1 (aber nicht sämtlich zu K_1) gehören; falls etwa $[K_1(b_1) : K_1] = p$ ist, gilt $K(b_1) = K(b_1, \ldots, b_n)$.

3. Den Ausgangspunkt für den Beweis des Steinitz'schen Satzes bildet (vgl. auch 1.) der

1. Satz: **Es sei $M = K(\beta)$ eine einfache Erweiterung von 2. Art über K; dabei sei β etwa Wurzel von $P(x)$ über K. Damit M ein Radikal $\alpha = \sqrt[p]{a}$ vom Grade p über K enthalte, ist notwendig und hinreichend, daß die Koeffizienten von $P(x)$ sämtlich zum Radikalkörper $R = K_1(a)$ vom Grade p über K_1 gehören**[1]).

---

[1]) Zufolge 2., I. gehören nicht alle Koeffizienten zu K_1, weil $P(x)$ von 2. Art über K ist. (Betr. Erweiterungen 2. Art vgl. etwa A., Nr. 23, 2.)

Beweis: A) Damit a in M enthalten sei, ist notwendig und hinreichend, daß $P(x)$ über $K(a)$ reduzibel wird. Die Bedingung ist notwendig, weil $[a:K] = p$ ist, also $[\beta : K(a)] < [\beta : K]$ sein muß, falls a in M enthalten ist. Die Bedingung ist aber auch hinreichend: Es zerfalle nämlich $P(x)$ über $K(a)$. Dann zerfällt nach dem Kronecker-Kneser'schen Satz (vgl. A., Nr. 17, 6) auch $B(x) = x^p - a$ über $K(\beta)$; aber $B(x)$ zerfällt als Normalpolynom von Primzahlgrad in lauter Linearfaktoren (vgl. A., Nr. 21, 2; oder Nr. 13, 3; Satz 3, Bew.). Mithin ist a in $K(\beta)$ enthalten.

B) Damit $P(x)$ über $K(a)$ reduzibel werde, ist notwendig, daß $P(x) = [P_1(x; a)]^p$, wo $P_1(x; a)$ irreduzibler Teiler von $P(x)$ über $K(a)$ ist; jeder Primteiler $P_1(x; a)$ muß nämlich den reduzierten Grad n besitzen, woraus wegen $[\beta : K(a)] = n\,p^{l-1}$ (vgl. A) die Behauptung folgt. Daß dies auch hinreicht, ist trivial. Nun gilt aber eine Relation $P(x) = [S(x; a)]^p$ dann und nur dann, wenn die Koeffizienten von $P(x)$ sämtlich p-te Potenzen von Elementen aus $K(a)$ sind; gleichbedeutend damit ist zufolge 2., II., daß die Koeffizienten von $P(x)$ zu $R = K_1(a)$ gehören w. z. z. w.

Mit Hilfe des 1. Satzes erhält man jetzt den Beweis des Steinitz-schen Satzes. Bezeichnen wir zur Abkürzung als „Hölzer'schen Körper" einen (unvollkommenen) Körper K von der Eigenschaft, daß jede Erweiterung 2. Art über K (mindestens) ein Radikal p-ten Grades über K enthält, so lautet die Behauptung von Steinitz:

2. Satz: K ist ein Hölzer'scher Körper dann und nur dann, wenn entweder K über K_1 den Grad p hat, oder, wenn jede algebraische Erweiterung von K ein Radikalkörper ist.

Beweis: Notwendig und hinreichend ist jedenfalls, daß jede einfache Erweiterung 2. Art über K ein Radikal p-ten Grades über K enthält. Nach dem 1. Satze tritt dies aber dann und nur dann ein, wenn die Koeffizienten eines beliebigen Polynoms 2. Art über K jeweils sämtlich einem Radikalkörper R vom Grade p über K_1 angehören. Gemäß 1., I. ist aber diese Bedingung gleichbedeutend damit, daß überhaupt für jedes über K irreduzible, nicht zu $K_1[x]$ gehörige, Polynom die Koeffizienten jeweils sämtlich zu einem R gehören.

Im Falle $[K : K_1] = p$ ist nun (vgl. 2., II.) nur ein R vorhanden ($R = K$), also K ein Hölzer'scher Körper. Ist hingegen[1]) $[K : K_1] \geqq p^2$, so kann — dem soeben Bewiesenen zufolge — K ein Hölzer'scher Körper nur dann sein, wenn ein nicht-lineares, nicht zu $K_1[x]$ gehöriges, Polynom $P(x)$ über K reduzibel ist, sobald nur $P(x)$ Koeffizienten aus mindestens zwei verschiedenen Radikalkörpern vom Grade p über K_1 (etwa aus R_1 und R_2) besitzt ($R_1 \neq R_2$). Zum Beweise des 2. Satzes genügt deshalb der Nachweis, daß jedes nicht durch x teilbare, nicht-lineare Polynom $H(x)$ über K, welches kein Binom p^l-ten Grades ist ($l \geqq 1$), sich in ein, nicht zu $K_1[y]$ gehöriges, Polynom $Q(y)$ mit (nicht zu K_1 gehörigen) Koeffizienten aus R_1 und R_2 überführen läßt ($R_1 \neq R_2$) vermöge einer (ganzen) linearen Transformation $y = a_1 x + a_2$ ($a_1 \neq 0$; a_1, a_2 Elemente aus K). Da nämlich bei derartiger linearer Transformation (der Unbestimmten x) jedes über K irreduzible Polynom wieder in ein über K irreduzibles vom gleichen Grade übergeht, und da die Transformation ein-eindeutig ist, so folgt: K kann, falls $[K : K_1] \geqq p^2$ ist, ein Hölzer'scher Körper nur dann sein, wenn jedes nicht lineare, von einem Binom p^l-ten Grades ($l \geqq 1$) verschiedene Polynom über K reduzibel ist, wenn also als algebraische Erweiterungen von K nur Radikalkörper in Frage kommen. Ein solcher Körper K ist aber auch wirklich ein Hölzer'scher Körper.

Lineare Transformationen der in Rede stehenden Art gewinnt man etwa durch folgende Überlegungen: Es sei $[K : K_1] \geqq p^2$ und es seien R_1, R_2 zwei verschiedene Radikalkörper p-ten Grades über K_1 in K. Schließlich sei

$$P(x) = x^n + a_1 x^{n-1} + \ldots + a_n, \quad a_n \neq 0$$

ein nicht-lineares Polynom über K, dessen Koeffizienten alle zu R_1 oder ev. sogar alle zu K_1 gehören ($n \geqq 2$).

Wir unterscheiden zwei Fälle:

1. Fall: $n \not\equiv 0$ (mod. p).

a) Wir können $a_1 = 0$ annehmen; ist nämlich $a_1 \neq 0$, so können wir $P(x)$ durch die Substitution $x = y - (n \times \varepsilon)^{-1} \cdot a_1$

---

[1]) Man beachte, daß $[K : K_1]$ stets eine Potenz von p sein muß, es sei denn, daß K über K_1 gar nicht endliche Erweiterung ist. Dieser letztere Fall soll bei der Aussage $[K : K_1] \geqq p^2$ stets mit einbezogen sein.

in ein Polynom $R(y)$ vom Grade n in y über K transformieren, in welchem der Koeffizient von y^{n-1} Null ist. Ferner können wir stets erreichen, daß $P(x)$ nicht zu $K_1[x]$ gehört; denn andernfalls erhalten wir durch die Substitution $x = c z$ (wobei c ein beliebiges, nicht zu K_1 gehöriges, Element aus R_1 bezeichnet) das Polynom $c^{-n} P(c z) = F(z)$ in z über K, in welchem der Koeffizient von z^0 gleich $a_n c^{-n}$ ist und (wegen $n \not\equiv 0 \pmod{p}$) gewiß nicht zu K_1 gehört, wenn $a_n \neq 0$ in K_1 liegt.

b) Zufolge a) können wir zu $P(x) = x^n + a_2 x^{n-2} + \ldots + a_n$ einen kleinsten Index $r \geq 2$ angeben, sodaß a_r nicht zu K_1 gehört, also insbesondere von Null verschieden ist. Gehört a_r, ebenso wie alle übrigen Koeffizienten von $P(x)$, etwa zu R_1, so transformieren wir $P(x)$ vermöge $x = y + f$, wobei f ein nicht in R_1 gelegenes Element aus K, etwa aus R_2 bedeutet. Wir erhalten:

$$P(y+f) = H(y) = y^n + (n \times f) y^{n-1} + \ldots + [a_r + Q(f)] y^{n-r} + \ldots,$$
$$2 \leq r \leq n.$$

Dabei ist $Q(f)$ ein Polynom in f über K_1, weil $Q(f)$ nur von den, dem $a_r x^r$ in $P(x)$ vorangehenden Gliedern x^n, $\ldots$, $a_{r-1} x^{n-r+1}$ herrührt und weil deren Koeffizienten sämtlich zu K_1 gehören. Infolgedessen gehört $a_r + Q(f)$ weder zu K_1 noch zu R_2, während $(n \times f)$ in R_2 liegt, aber nicht in K_1. Daher ist das transformierte Polynom $H(y)$ wirklich von der gewünschten Beschaffenheit; denn $a_r + Q(f)$ ist ein (nicht zu R_2 gehöriges) p-tes Radikal über K_1.

2. Fall: $n \equiv 0 \pmod{p}$.

a) Ist $P(x) = Q(x^{p^l})$ ($l \geq 1$), so kann sich die Betrachtung auf $Q(y)$ beschränken; denn ist $Q(y)$ als reduzibel über K nachgewiesen, so ist auch $P(x)$ reduzibel[1]. Demgemäß dürfen wir (im Falle $n \equiv 0 \pmod{p}$) die Existenz eines kleinsten, zu p teilerfremden Index t annehmen, für welchen $a_t \neq 0$ in $P(x)$; es ist $2 \leq n$, $1 \leq t \leq n-1$, also $n - t - 1 \geq 0$. Man kann ferner annehmen, daß a_t nicht in K_1 liegt, weil dies andernfalls durch eine Substitution $x = c z$ (wo c zu R_1, aber nicht zu K_1 gehört) erreicht wird (vgl. 1. Fall, a).

---

[1] Dabei ist $Q(y)$ als nicht-linear anzunehmen, weil andernfalls $P(x)$ Binom vom Grade p^l wäre. Ist der Grad m von $Q(y)$ in y nicht durch p teilbar, so kommen wir auf den 1. Fall zurück.

b) Es gehöre nun a_t, ebenso wie alle übrigen Koeffizienten von $P(x)$, zu R_1, überdies a_t nicht zu K_1. Wird $x = y + f$ gesetzt, wo f zu R_2, aber nicht zu R_1 gehört, so erhalten wir

$$P(y+f) = H(y) = y^n + \ldots + a_t y^{n-t} + (t \times a_t f + a_{t+1}^*) y^{n-t-1} + \ldots.$$

Da nämlich für die in $P(x)$ links von $a_t x^{n-t}$ stehenden Glieder (soweit sie von Null verschieden sind) der Exponent von x stets durch p teilbar ist und da $(y+f)^{p \cdot q} = (y^p + f^p)^q$ ist, so liefern besagte Glieder überhaupt keinen Beitrag zum Koeffizienten von y^{n-t}. Da ferner die Koeffizienten besagter Glieder sämtlich zu R_1 gehören und da f^p in K_1 liegt, so liefern besagte Glieder zum Koeffizienten von y^{n-t-1} — wenn überhaupt — lauter Elemente aus R_1 als Beiträge, sodaß a_{t+1}^* sicher zu R_1 gehört. Weiter ist $t \times a_t \not\equiv 0$ wegen $a_t \not\equiv 0$ und $t \not\equiv 0$ (mod. p), sodaß $t \times a_t f + a_{t+1}^*$ nicht zu R_1 gehört. Daher ist $H(y)$ von der gewünschten Beschaffenheit.

Über Aufnahmen der Sonne durch Ultraviolettstrahlen und Fluorescenzlicht.

Vorläufige Mitteilung von **Dr. Hermann Strebel.**

Mit 8 Tafeln.

Vorgelegt von A. Wilkens in der Sitzung am 15. Dezember 1928.

Im Arbeitsprogramm meiner Privatsternwarte steht das Sonnenproblem an erster Stelle. Als Resultat meiner und meines ständigen Mitarbeiters, Herrn O. Koebke, Bemühungen kann ich heute Folgendes berichten. Schon vor zwei Jahren hatte ich mir ein Instrumentarium hergestellt, um die Wirkung der Ultraviolettstrahlung der Sonne auf einen fluorescierenden Leuchtschirm zu studieren. Diese Arbeiten kamen aber erst im September 1928 zum Abschluß. Wenn man das ca. 9 cm große Fokalbild der Sonne unseres Spiegels mit 9,4 m Brennweite durch ein Ultraviolettfilter hindurch auf einen Zinksulfidschirm fallen läßt, so sieht man auf dem lebhaft grüngelb leuchtenden Schirm das Sonnenbild in graugrünlicher Farbe scharfbegrenzt und mit leichtem Helligkeitsabfall gegen den Sonnenrand. Die Granulation kann wegen der störenden Körnung des Schirmes nicht scharf gesehen werden. Dagegen sind die Flecken mit ihrem Detail sehr deutlich zu sehen, immer umgeben von einer heller leuchtenden Aureole. Solche heller leuchtende Stellen finden sich auch zerstreut über die ganze Sonnenscheibe hinweg, manchmal auch als Umrandung kleiner rundlicher grauer Flecken ohne sonstiges Detail. Das von mir verwendete Ultraviolettfilter stammt von der Quarzlampengesellschaft Hanau. Die mit unserem Quarzspektrographen vorgenommene Prüfung ergab Durchlässigkeit des Filters von der Linie B bis ins Ultrarot, vollständige Absorption des visuellen Spektrums von B bis dicht an H heran, von da an sehr gute Durchlässigkeit bis zur Linie P. Das Spektrum von Sonnenflecken zeigte sich deut-

lich abgehoben vom Spektrum der Photosphäre, die Absorptions-
erscheinungen der Umbra waren sichtbar, aber entschieden nicht
so stark wie im visuellen Teil des Spektrums. Die Okularbetrach-
tung des Sonnenbildes durch das für das Auge im zerstreuten Licht
dunkle Filter ließ ein blendendes rotviolettes Bild erkennen. Pro-
jektion dieses Bildes mittels Quarzokulars zeigte bei ruhiger Luft
das vergrößerte Sonnenbild mit Fleckendetail auf dem nicht
abgedunkelten Leuchtschirm sehr ausdrucksvoll. Nachdem wir uns
überzeugt hatten, daß auf Fluorescenzbildern Leuchterscheinungen
an Stellen auftraten, an denen bei Beobachtungen im gewöhnlichen Tageslicht nichts Auffallendes zu sehen war, gingen wir
zu photographischen Aufnahmen mit Hilfe des Ultraviolettfilters
auf Diapositivplatten über, und erreichten nach längeren Bemühungen mit ca. $^1/_{50}$ bis $^1/_{100}$ Belichtungsdauer Resultate, die
sehr befriedigend waren und speziell durch reiches Detail, besonders auf Diapositiven im durchscheinenden Licht, überraschten.

Während auf gewöhnlichen Aufnahmen die Granulation nur
schwer zu erhalten ist, und sich visuell und photographisch nur
auf der Mitte der Scheibe zeigt, während die Fackeln nur am
Rande mehr oder weniger deutlich auftreten, zeigt sich die
Granulation auf den Ultraviolettaufnahmen auf der ganzen Scheibe, auf mehreren Aufnahmen bis zum Rande verfolg-
bar bei mäßigem Helligkeitsabfall, der zudem auf eine schmale
Randzone beschränkt ist. Desgleichen sind die Fackelgebilde auf
der ganzen Sonnenscheibe als feine scharfe Ziselierung
zu sehen. Vor allem aber zeigen sich die Sonnenflecken von
leuchtenden Massen eng eingefaßt, die an manchen Stellen
wie in schmalen Cascaden über die Penumbra hinweg in die Flecktrichter hineinfließen. Die Penumbra hat schöne radiäre Faserung.
Während nun auf gewöhnlichen Aufnahmen wie auch bei Okular-
beobachtung die Granula hell auf weniger hellem Hinter-
grunde erscheinen, zeigen sich bei den Ultraviolettaufnahmen
dunkle Granula auf hellerem Grunde. Die Platten bieten
überhaupt mit ihren verschiedenen Helligkeitsstufen Anlaß zu eingehender Diskussion. Außerdem finden wir auf den Platten noch
eine Unmenge kleiner grauer Fleckchen inmitten der Granulation in allen Breiten, die nach unseren Messungen auf verschiedenen Platten reell sind, aber anscheinend ziemlich vergäng-

licher Natur. Interessant ist ferner, daß auf mehreren Aufnahmen
deutliche Züge von Fackeln, in Bandform sich von der Umgebung abhebend, anscheinend parallel den Breitengraden oberhalb
oder unterhalb des Äquators quer über die ganze Scheibe
laufen. Die ganze Zeichnung, obwohl fein, ist so schön und deutlich auf den Platten, daß ein direktes Studium der Sonnenscheibe
am Schreibtisch möglich ist und zwar viel besser als am Fernrohr
selbst, wo man auch die Flecken kaum schöner sehen kann. Da
aber das Kopieren so zarter Kontraste, wie sie diese Aufnahmen
zeigen, auf Schwierigkeiten stößt und die Verstärkung der Kontraste durch photographisch-technische Methoden, wie wiederholtes
Umkopieren etc., die feineren Details zerstört, suchten wir einen
Weg, die Kontraste bei der Aufnahme selbst zu steigern. Gerade
die physikalische Sonderstellung der Ultraviolettstrahlung führte mich
auf Grund von Beobachtungen und theoretischen Erwägungen zu
der Vermutung, daß sie weitere photographische Steigerungsmög-
lichkeiten in sich bergen müsse. Das Ultraviolett hat nämlich die
Eigenschaft, daß es die meisten damit bestrahlten Körper organi-
scher und anorganischer Natur zu selbständiger Fluorescenz
resp. Phosphorescenz anregt. Auch Gelatine sowie Bromsilber
werden durch Ultraviolettbestrahlung nach den Erfahrungen der
sogenannten Ultraviolett-Fluorescenz-Analyse zur Fluorescenz angeregt und die Vermutung liegt nahe, daß diese Tatsache schon
bei unseren einfachen Ultraviolettaufnahmen eine Rolle spielt. Da
wir ferner die Beobachtung machten, daß das Sonnenbild auf mit
Gelatine überzogenen Glasplatten, die mit fluorescierenden Substanzen wie Uranin, Äskulin oder Chinisulfat gefärbt waren und
als vortreffliche Mattscheiben dienten, außerordentlich kon-
trastreiche Details zeigte, unternahmen wir den Versuch, die an
sich bereits bestehende Fluorescenz einer photographischen Platte
durch Baden in einer stark fluorescierenden Flüssigkeit zu er-
höhen, um womöglich eine ähnliche Kontraststeigerung zu erzielen, wie sie sich auf fluorescierenden Mattscheiben zeigte. Da
nämlich Ultraviolett ausgesprochene Beziehungen zu photoelek-
trischen Effekten, zu den chemischen intimsten Umsetzungen in
der Platte selbst hat, da die verschiedenen Wellenlängen des Ultraviolett ganz verschiedenes Verhalten in Bezug auf Reflexion und
Absorption zeigen und dieses wieder in direkten Beziehungen zur

elektrischen Leitfähigkeit steht, da weiterhin bekannt ist, daß
Ultrarot und Ultraviolett in einem bestimmten Antagonismus
stehen, der sich in dem Auslöschphänomen der Fluorescenz und
Phosphorescenz schon visuell erkennen läßt, bei unserem Filter
aber gerade die Ultraviolettstrahlung bis zur Linie B und unter
Ausschluß der visuellen Strahlen die Spektralregion von den Linien
H und K ins Ultraviolett bis zur Linie P (336 $\mu\mu$) wirksam ist,
so war zu erwarten, daß sich als Resultante all dieser und noch
weiterer spezifischer Ultraviolettwirkungen ein bestimmter Effekt
in den rein photographischen Vorgängen ergeben würde, der vielleicht dazu führen möchte, die ganz schwachen Strahlungsdifferenzen der Sonne, die bei der Normalphotographie unter der
Schwelle bleiben, sichtbar zu machen. Wir haben uns in dieser
Vermutung nicht getäuscht, das Resultat war auffallend, es ergaben sich Bilder mit überreichem Detail und der gleichen Kraft,
wie die besten monochromatischen Aufnahmen.

Man erkennt auf derartigen durch ihre starken Kontraste
auffallenden Aufnahmen neben den schon im reinen Ultraviolett-
bild erwähnten Erscheinungen der über das ganze Sonnenbild
deutlichen Granulation sehr ausdrucksvoll die Flecken mit ihrem
Fackelhalo, in tiefem Schwarz mit schwächerer Zeichnung der
Penumbra. Ferner ist eine Menge von kleinen, dunkleren Flecken
auf dem Sonnenbild überall zerstreut bis hoch in die polaren Gebiete zu sehen, ferner Züge und Ansammlungen von Fackeln in
Reihen, auf einzelnen Platten parallel zu den Breitengraden. Vor
allem aber erkennt man Gebilde, welche auf den monochromatischen Aufnahmen in der K_3- und H_a-Linie als Filamente bezeichnet werden, und als ganz befremdliche Erscheinung findet
man Reihenanordnungen von Fackelgebilden in hell oder
dunkler, die sich wie Guirlanden z. B. von einem Fleck am Ost-
rande oberhalb des Sonnenäquators zu einem Fleck am Westrande
unterhalb des Äquators hinüberziehen und sich mit einer ebenso
großen zweiten Guirlande wie eine Achterschlinge im Äquator
kreuzen, und wahrscheinlich mit den von Deslandres so benannten „alignements" identisch sind, welche gleich den Sonnenflecken dauerhaftere Gebilde sind, die selbst mehrere Rotationsperioden überdauern können, bald mehr, bald weniger deutlich.
Da sich solche Gebilde auf verschiedenen Platten mit verschiedenem

Datum vorfinden, müssen sie als reelle Gebilde der Sonnenoberfläche angesprochen werden. Es kommen ferner vereinzelt auch
Formationen auf unseren Platten vor, welche mehr oder weniger
ausgeprägt an die Fleckwirbel der mit der H_a-Linie aufgenommenen monochromatischen Bilder erinnern.

Während nun aber die monochromatischen Bilder mit einzelnen Wellenlängen aufgenommen sind, wird bei unseren Aufnahmen gar kein Spalt verwendet, sondern wir benutzen bewußt
eine ganze Reihe von Linien aus zwei Spektralgebieten
plus dem zugehörigen kontinuierlichen Spektrum und
zwar vom Ultrarot bis Linie B und gleichzeitig alle Linien und
kontinuierliches Licht im Ultraviolett von ca. 400 bis 336 $\mu\mu$.
Ferner haben wir es mit sekundären Strahlungsumsetzungseffekten
zu tun, die direkt für sich und in Kombination mit den ant-
agonistischen Wellenlängenbezirken aus den roten und ultravio-
letten Spektralbezirken auf die lichtempfindliche Schicht der Platte
auf dem Umwege der Fluorescenzerzeugung zur Wirkung kommen.

Unsere Bilder bringen den Beweis, daß man ohne selektive
Spaltwirkungen im Stande ist, Formgebilde zu zeigen, welche
bisher ein Privilegium der monochromatischen Aufnahme-
methode gebildet haben. Unseren Bildern fehlen natürlich
diejenigen Effekte, welche speziell den Linien C bis F und G
zugerechnet werden müssen. Es scheint aber, daß man auch mit
den spektralen Regionen von und unterhalb B im Rot tief in die
Sonnenathmosphäre eindringen kann, die ja auch für die visuelle
Beobachtung in Frage kommen. Die eigentliche, visuell und normalphotographisch erkennbare Granulationsbildung ist bei monochromatischen Aufnahmen mit dem Lichte der Linien F bis H
und K nicht mehr zu sehen, nur die Aufnahme mit der reinen
C-Linie bringt viele Gebilde, welche sich den bekannten Granulationsformen nähern. Die uns als Fackelgebilde bekannten Erscheinungen werden in den monochromatischen Aufnahmen ersetzt durch die von Hale so benannten Flocculi, welche auf unseren
Aufnahmen nicht erscheinen. Während nun die mit den Linien
C bis H und K erhaltenen Bilder für eine Art Chromosphären-
physik theoretisch ausgedeutet wurden mit der Annahme, daß die
Flocculi eine Art Niveauschichtungsbilder von einzelnen Elementen
darstellen, die aber noch keineswegs einwandfrei definiert sind,

und von Julius mit anormaler Dispersion und photosphärischen
Ursprüngen sehr einfach erklärt werden, dürfte bei unseren Bildern die Sache so liegen, daß die bei ihnen zum Ausdruck kom-
menden Strahlungen (Fraunhofersche Linien plus kontinuierliches
Licht!) aus Regionen kommen, wo wir bereits mit größeren Dichten
und Drucken oberhalb 10^{-5} zu rechnen haben, statt unterhalb
10^{-5} bis 10^{-9} und weniger, welche für untere und obere Chromosphäre in Frage kommen, die also bildlich gesprochen auf einem
etwas stabileren Boden stehen, als die sehr labilen chromosphärischen Erscheinungen, die als fast absolute Vakuumvorgänge aufzufassen sind, bei welchen weniger die reine Temperaturstrahlung
als elektrische Luminiscenzvorgänge und Strahlungsdruck im einfach und mehrfach jonisierten Material einzelner spezieller Elemente
eine Rolle spielen.

Unsere Bilder zeigen die relativ stabilen Formationen der
Flecken mit ihren Störungsgebieten in großer Ausdehnung als
unteilbare, gut differenzierte Trinität, von Umbra, Penumbra und
Fackeln, die Filamente und Fackelguirlanden (alignements!) ebenfalls als stabilere Gebilde, die Granulation an Zahl und Größe
identisch mit der visuell und normalphotographisch zu registrieren-
den gleichen Erscheinung, die auf stereoskopisch betrachteten, kurz
hintereinander gemachten Aufnahmen deutliche Zeichen ihrer raschen
Veränderlichkeit erkennen läßt, wie auch die labilen Formen von
grauen Fleckchen (veiled spots?) also offenbar alle Formen, die für
die photosphärisch-physikalischen Verhältnisse Bedeutung haben.

An Stelle der heute noch nicht definitiv geklärten Niveau-
schichtbilder, welche nur nebeneinander und nacheinander betrachtet werden können, bringen unsere Bilder eine perspektivi-
sche Transparentkulissenprojektion mit Stereoeffekten durch Corona
— Chromosphäre — Photosphäre mit umkehrender Schicht hindurch bis auf den Boden der Flecktrichter auf einem und demselben Bilde. Während die monochromatischen Bilder mit Ausnahme der mit der Linie H_a aufgenommenen die Flecken selbst
mäßig oder wegen rätselhafter Verdeckungen garnicht wieder-
geben, bringt die regionale Ultraviolettaufnahme das Detail der
Flecken vorbildlich heraus, wogegen die von den monochromatischen H_a-Aufnahmen so vorzüglich wiedergegebenen Haleschen Wirbel um die Flecken nur vereinzelt angedeutet sind.

Der Wert unserer Bilder scheint mir darin zu liegen, daß sie einen Übergang bilden von den im unzerlegten Licht visuell und photographisch erhaltenen Erscheinungen zu dem im Lichte der Linien H und K registrierten monochromatischen Aufnahmen, daß sie aber mehr von den photosphärischen Effekten als von den chromosphärischen erzeugt werden. Die Aufnahmen bieten ferner ganz abgesehen von ihrem Inhalt den großen Vorteil, daß merkwürdigerweise die „schlechte Luft", welche für normalphotographische Aufnahmen eine so große Rolle spielt, für die Ultraviolettaufnahmen kein so ausgesprochenes Hindernis bildet. Unsere Aufnahmen stammen alle aus September und Oktober, wo wegen der speziellen Lage und klimatisch-meteorologischen Verhältnisse meiner Sternwarte am Ammersee in den bayerischen Vorbergen die gleichzeitig zur Kontrolle gemachten Mischlichtaufnahmen weitaus schlechtere Resultate erbrachten. Dies kommt wohl daher, daß beim Durchgang der Strahlung durch die Luft die verschiedenen Wellenlängen an den Luftmolekülen und den Staubteilchen eine verschiedene Brechung und Zerstreuung erfahren, die sich in ihrer Gesamtwirkung als Unschärfe auf dem photographischen Bild äußert. Durch die Abfiltrierung der ganzen sichtbaren Strahlung von der Linie B bis H wirken nur bestimmte Wellenlängen und wird ein großer Teil der die Unschärfe bedingenden Wellenlängen ganz ausgeschaltet und damit bessere optische Bedingungen geschaffen.

Ein weiterer großer Vorteil der neuen Methode liegt in dem Umstand, daß sie einen nur mäßig großen Spiegel von etwa 20 cm Öffnung erfordert, am besten natürlich mit größerer Brennweite, um von vornherein größere Fokalbilder zu erhalten. Ferner benötigt man nichts weiter als ein Ultraviolettfilter, vor dem Fokus, am besten aus Glas (Hanauer Dunkelglas). Die Aufnahme geschieht am vorteilhaftesten mit Schlitzverschluß auf Diapositivplatten, die vorher mit Äskulin sensibilisiert bzw. zur Fluorescenz geeignet gemacht wurden. Zur Betrachtung eignet sich am besten das Diapositiv. Dieses erlaubt tatsächlich ein Studium des Details der Sonne, viel bequemer und erfolgreicher als das direkte Sonnenbild. Wenn man von einer Aufnahme zwei gleiche Diapositive im Stereoskop betrachtet, ist der Anblick noch viel eindrucksvoller und plastischer. Zwei mit ca. 10 Minuten Abstand aufgenommene Bilder im Stereoskop betrachtet, lassen die rasche

Variabilität der Granulationsformen erkennen, da die Flecken in dieser Zeit ihre Form nicht deutlich verändern und deshalb im Stereoskop schön und deutlich erscheinen, während die einzelnen Granula, die ihre Form innerhalb der 10 Minuten verändert haben, sich nicht mehr genau zur Deckung bringen lassen und daher eine gewisse, bei einiger Übung deutliche Bildunruhe hervorrufen.

Das Kopieren von Fluorescenzlichtaufnahmen ist wegen der starken regionalen Kontraste des Sonnenbildes und deswegen, weil auch die Negativplatte noch fluoresciert, ein etwas schwieriges Problem und erfordert große Geduld und Geschicklichkeit.

Die beigegebenen drei Tafeln geben leider den tatsächlichen Inhalt der Kopien und auch solche lange noch nicht den der Originalplatten und der Diapositive wieder.

Selbstverständlich muß die Nachprüfung ergeben, ob der Inhalt der Bilder der Kritik stand hält. Erwähnt sei noch, daß die Versuche mit versilberten Quarzflächen sowie mit Uviolglaslinsen ebenfalls aufgenommen wurden, bisher aber keine so schönen Resultate ergeben haben wie die Aufnahmen mit dem Hanau-Filter.

Das neue Verfahren bietet jedem Observatorium Gelegenheit mit nur geringem Aufwand an Instrumentarium und Kosten sich praktisch am Studium der Sonnenprobleme zu beteiligen, das bisher ein Monopol für reich dotierte Sternwarten gebildet hat. Es ist zu erwarten, daß die Resultate der neuen Aufnahmetechnik in Gegenden mit besseren Luftverhältnissen noch viel schönere sein werden, als wir sie hier in unserem Observatorium erreichen konnten und daß dadurch unsere Einsicht in die Verhältnisse der Sonnenhüllen eine wesentliche Steigerung erfahren wird. Ich kann in dieser vorläufigen Mitteilung noch nicht auf alle Konsequenzen eingehen, die sich für die sonnentheoretischen Gesichtspunkte ergeben und muß dies einer späteren Arbeit vorbehalten, da zunächst eine Anzahl ganz neuer physikalisch-photochemischer Fragen aufgeworfen worden sind, die der Erledigung harren.

Ich bin gerne bereit, etwaigen Interessenten Diapositive und präparierte Platten für Aufnahmezwecke gegen Spesenersatz zu übersenden.

Herrsching bei München, 12. Nov. 1928.

Dr. Hermann Strebel
Privatsternwarte.

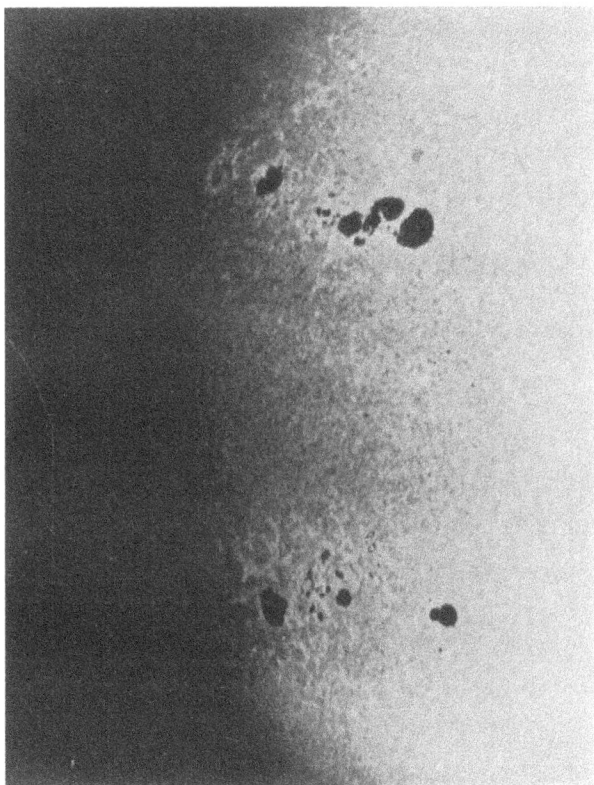

Ultraviolett

Aufnahme vom 21. September 1928

(Ostrand, vergrößert)

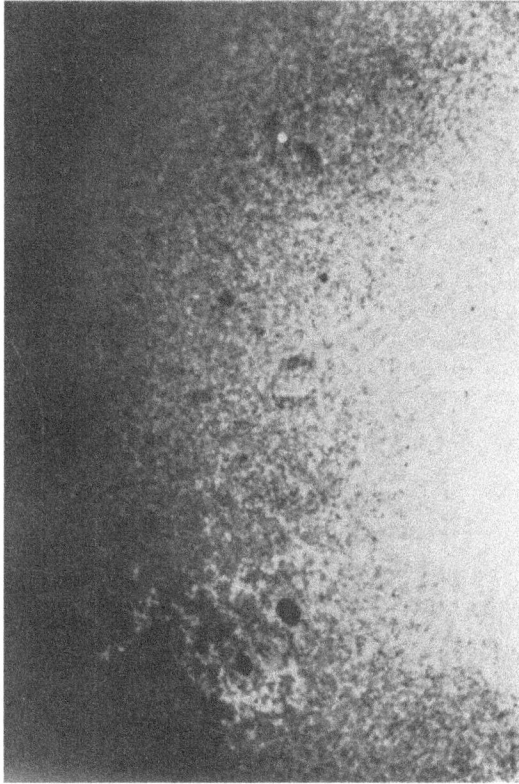

Ultraviolett-Fluorescenz

Aufnahme vom 6. Oktober 1928, 3 ^{h} 30 p. m.

(Vergrößert nach umstehend abgebildeter Fokalaufnahme)

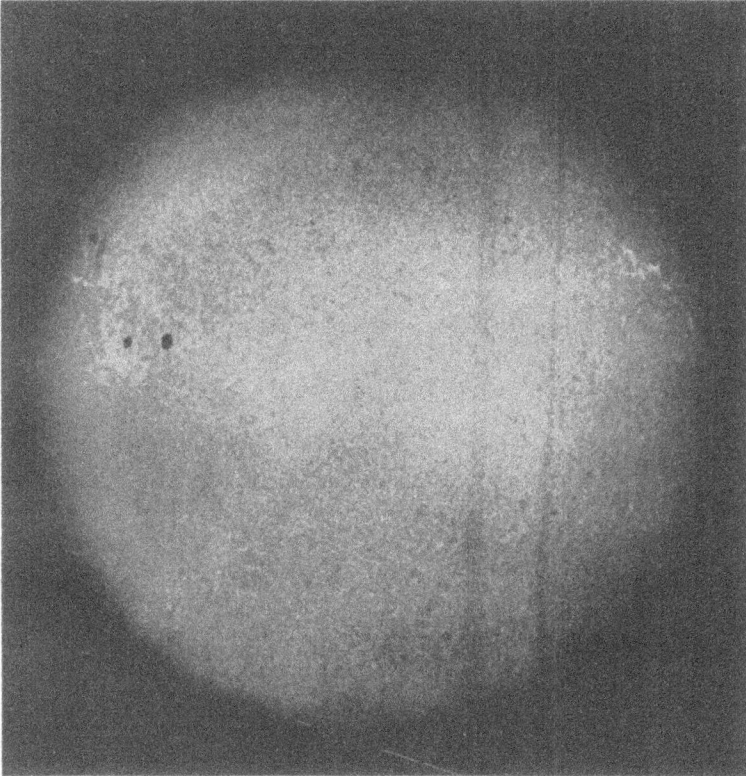

Ultraviolett-Fluorescenz

Aufnahme vom 6. Oktober 1928, 3 h 30 p. m.

Zur Klassifikation der ebenen und räumlichen Kollineationen.

Von **Richard Baldus**, Karlsruhe i. B.

Mit 3 Figuren.

Vorgetragen von S. Finsterwalder in der Sitzung am 15. Dezember 1928.

Die Klassifikation der nicht singulären[1]) räumlichen Kollineationen nach ihren Doppelelementen ist in der Fragestellung so einfach, in den Ergebnissen so wichtig, daß es den mit dem speziellen Gegenstande nicht näher Vertrauten überrascht, selbst in ausführlichen Darstellungen der projektiven Geometrie, auch solchen analytischen Charakters, dieses Problem fast nie behandelt zu finden. Als erster hat Ch. v. Staudt[2]) die 13 Typen räumlicher Kollineationen, die es außer der identischen Kollineation gibt, in der für ihn charakteristischen synthetischen, sehr gedrängten Weise abgeleitet. Da er hiebei Kenntnisse über Flächen 2. Ordnung und unebene Kurven 3. Ordnung voraussetzt, sind seine Ausführungen erst nach eingehender synthetisch-geometrischer Vorbereitung verständlich; dazu kommt eine gewisse Unübersichtlichkeit der Ableitung, die dadurch verursacht wird, daß die Typen gruppenweise durch verschieden geartete geometrische Gedankengänge gewonnen werden und daß nicht fortlaufend mit vollständigen Disjunktionen gearbeitet wird. Der letzte Umstand macht nach der Aufstellung der Typen den Nachweis der Vollständigkeit der Aufzählung nötig. Dies dürften die Gründe dafür sein, daß diese bisher wohl einzige rein synthetische Lösung nicht in die Darstellungen der projektiven Geometrie übernommen worden ist.

---

[1]) Der Zusatz „nicht singulär" wird in der Folge weggelassen werden, gemeint sind in der ganzen vorliegenden Untersuchung stets nicht singuläre Kollineationen.

[2]) Beiträge zur Geometrie der Lage, 3. Heft (1860) S. 328—333.

Geht man analytisch vor, wobei man den Vorteil hat, gleich komplex arbeiten zu können, dann kann man die verschiedenen Typen der kollokalen ebenen Kollineationen angeben, indem man die Vielfachheiten der Wurzeln und die zu den Wurzeln gehörenden Rangzahlen der für die Doppelpunkte charakteristischen Determinante aufzählt. Dieses Verfahren genügt bei den räumlichen Kollineationen nicht, weil es hier Kollineationen gibt, die sich in den Wurzelmultiplizitäten und den Rangzahlen gleich verhalten und doch zu verschiedenen Typen gehören[1]). Daher müßte man, was die schon bis hierher nicht ganz einfachen Betrachtungen noch umständlicher gestalten würde, die Ranguntersuchungen über die Determinante selbst hinausgreifen lassen. Man hat es deshalb vorgezogen, durch Verwendung der Theorie der Elementarteiler überhaupt einen anderen Weg zu gehen[2]). Hier gelangt man zu einer zwar übersichtlichen, aber, wenn man nicht erhebliche arithmetische Spezialkenntnisse voraussetzen will, recht umfangreichen Ableitung; diese hat allerdings den großen Vorteil, daß sie in Räumen beliebig hoher Dimension verwendbar ist[3]).

Im folgenden soll gezeigt werden, daß es möglich ist, mittels der einfachsten Inzidenzschlüsse die räumlichen Kollineationen auf kurzem, übersichtlichem Weg erschöpfend zu klassifizieren, lediglich unter Voraussetzung des Fundamentalsatzes der Algebra und der Tatsache, daß ein System von homogenen, linearen Gleichungen mit verschwindender Koeffizientendeterminante mindestens ein nicht aus lauter Nullen bestehendes Lösungssystem hat. Weil dabei immer vollständige Disjunktionen verwendet werden, folgt aus der Ableitung gleichzeitig die Vollständigkeit der Aufzählung.

---

[1]) Vgl. unsere Nr. 29.

[2]) G. Loria, Sulle corrispondenze proiettive fra due piani e fra due spazii, Giornale di matematiche, Vol. XXII (1884) p. 1—16 beschreitet als erster diesen Weg und bringt gleichzeitig die erste vollständige Klassifizierung aller räumlichen Kollineationen, einschließlich der singulären. Vgl. auch P. Muth, Theorie und Anwendung der Elementarteiler (1899), vor allem S. 214 ff.

[3]) C. Segre, Sulla teoria e sulla classificazione delle omografie in un spazio lineare ad un numero qualunque di dimensioni. Atti della R. Accademia dei Lincei Ser. 3, Vol. XIX (1884) p. 127—148. Vgl. auch E. Bertini, Einführung in die projektive Geometrie mehrdimensionaler Räume; deutsch von A. Duschek (1924), Kap. IV.

Da geometrisch nur die einfachsten Tatsachen über Projektivitäten und Kollineationen vorausgesetzt werden, können diese Überlegungen den Betrachtungen über Kurven und Flächen 2. Grades vorausgehen, sodaß vor der Behandlung der quadratischen Formen die Geometrie der Linearformen abgeschlossen werden kann.

Den räumlichen Kollineationen werden wir die entsprechenden Überlegungen über Projektivitäten und ebene Kollineationen vorausschicken. Dadurch tritt das Wesentliche der Schlußweisen in diesen einfacheren Fällen klar hervor, weiterhin erkennt man auf diesem Wege, daß man nach den gleichen Prinzipien vom dreidimensionalen in den vierdimensionalen Raum und höher aufsteigen kann. Die Betrachtungen würden schon im vierdimensionalen Raume ziemlich umfangreich werden, was durch die große Zahl 27 seiner Kollineationstypen bedingt ist.

§ 1. Kollokale Projektivitäten.

1. Die ganzen folgenden Betrachtungen spielen sich im Komplexen ab, Realitätsfragen scheiden aus [1]. Eine Punktreihe sei projektiv (nicht singulär) auf sich bezogen, die Gleichungen der Projektivität seien

$$\varrho\, x_1' = a_{11}\, x_1 + a_{12}\, x_2 \qquad \varrho \neq 0, \quad \varDelta \equiv \begin{vmatrix} a_{11} & a_{12} \\ a_{21} & a_{22} \end{vmatrix} \neq 0.$$
$$\varrho\, x_2' = a_{21}\, x_1 + a_{22}\, x_2$$

Für die Doppelpunkte erhält man in üblicher Weise die charakteristische Determinante der Projektivität

$$\begin{vmatrix} a_{11} - \varrho & a_{12} \\ a_{21} & a_{22} - \varrho \end{vmatrix} \equiv \varrho^2 + \dots \varrho + \varDelta = 0,$$

eine Gleichung, welche wegen $\varDelta \neq 0$ immer mindestens eine von 0 verschiedene Wurzel ϱ hat; diese Wurzel liefert mindestens einen Doppelpunkt D_1.

2. Es sind nun folgende Fälle denkbar:

A) Es gibt einen Doppelpunkt D_2 außer D_1

    a) D_1 und D_2 sind die einzigen Doppelpunkte, nicht-parabolische Projektivität

---

[1] Die Figuren veranschaulichen daher lediglich die analytischen Prozesse, welche Inzidenzbeziehungen entsprechen, stellen aber nicht notwendig reelle Gebilde dar.

b) Es gibt außer D_1 und D_2 noch einen Doppelpunkt, identische Projektivität

B) Es gibt keinen Doppelpunkt außer D_1

    c) **Parabolische Projektivität.**

3. Die Geraden a und u in Fig. 1 seien die Träger parabolischer Projektivitäten mit dem gemeinsamen Doppelpunkt X und den Paaren entsprechender Punkte $A \sim A'$, $B \sim B'$, sowie $U \sim U'$, $V \sim V'$. **Dann geht die Gerade BV durch den Schnittpunkt P der Geraden $AU \equiv B'V'$ und $A'U'$.** Das folgt unmittelbar aus der bekannten harmonischen Eigenschaft der parabolischen Projektivitäten $(XAA'B) = -1$ [1]) und $(XUU'V) = -1$, welche die identische Zuordnung $P(XAA'B) \barwedge P(XUU'V)$ gestattet.

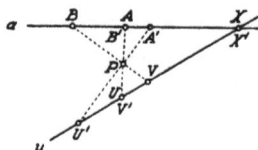

Fig. 1

§ 2. Klassifikation der ebenen Kollineationen.

4. Es liege nun eine (nicht singuläre) kollineare Beziehung einer Ebene auf sich vor. Dann erkennt man entsprechend Nr. 1 die Existenz mindestens eines Doppelpunktes, nach dem Prinzip der Dualität gibt es daher auch mindestens eine Doppelgerade. Wir unterscheiden folgende Fälle:

A) Die Kollineation enthält einen Doppelpunkt D und eine Doppelgerade d, die nicht ineinander liegen. Unterfälle: die Projektivität in d ist

    α) nicht-parabolisch, mit den Doppelpunkten D_1 und D_2,

    β) identisch,

    γ) parabolisch, Doppelpunkt D_1.

B) Jeder Doppelpunkt liegt in jeder Doppelgeraden. Unterfälle: es gibt

    δ) mehr als eine Doppelgerade,

    ε) genau eine Doppelgerade.

5. Bei der Betrachtung der Einzelfälle, in die wir jetzt eintreten, ist immer wieder der einfache Schluß zu verwenden, daß, da jedes Doppelelement sich selbst entspricht, die Verbindungs-

---

[1]) Hieraus konstruiert man, wenn eine parabolische Projektivität durch ihren Doppelpunkt und ein Punktpaar $A \sim A'$ gegeben ist, in bekannter Weise zu irgendeinem Punkte der Punktreihe den entsprechenden Punkt.

linie zweier Doppelpunkte eine Doppelgerade, der Schnittpunkt
zweier Doppelgeraden ein Doppelpunkt ist. Daraus folgt ohne
weiteres, daß im Fall A, a) der Punkt D Scheitel eines auf sich
projektiv bezogenen Strahlenbüschels ist, dessen einzige Doppelstrahlen DD_1 und DD_2 sind. Daher können nur auf diesen beiden Strahlen Doppelpunkte auftreten. Dabei sind folgende Möglichkeiten zu berücksichtigen:

1) keine der Geraden DD_1 und DD_2 enthält einen weiteren
   Doppelpunkt,

2) genau eine dieser Geraden, etwa DD_1, ist identisch auf
   sich bezogen,

3) die beiden Geraden sind identisch auf sich bezogen.

Der 1. Fall liefert den Kollineationstyp (I), die Konstellation
der Doppelelemente zeigt Fig. 2[1]) (auf die in diesem § nicht mehr

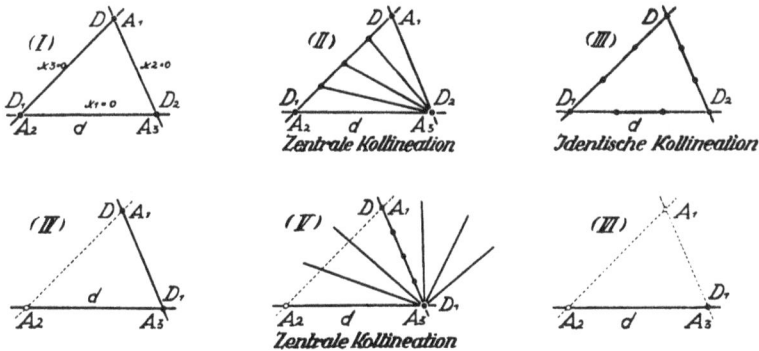

Fig. 2

besonders hingewiesen werden wird). Daß die angegebenen Doppelelemente die einzigen sind, möge bei diesem ersten Typ bewiesen
werden, bei den folgenden Typen werden wir die analogen Betrachtungen weglassen: Nach 1) liegt auf DD_1 und DD_2 kein
weiterer Doppelpunkt; gäbe es einen weiteren Doppelpunkt außerhalb dieser Geraden, dann würde er mit D verbunden eine Doppelgerade liefern, deren Schnittpunkt mit d ein weiterer Doppel-

---

[1]) Die ausgefüllten Nullkreise und die ausgezogenen Geraden bezeichnen in Fig. 2 Doppelelemente. Die gestrichelten Geraden und die nicht
ausgefüllten Nullkreise werden in späteren Betrachtungen für Koordinaten-
systeme verwendet werden.

punkt wäre, entgegen α). Es gibt aber auch keine weitere Doppelgerade, denn eine solche würde mindestens auf einer der Doppelgeraden DD_1, DD_2, D_1D_2 einen weiteren Doppelpunkt hervorrufen.

Der 2. Fall führt auf den Kollineationstyp (II), zentrale Kollineationen mit dem Zentrum D_2 und der Achse DD_1. Der 3. Fall würde die identische Kollineation liefern, im Widerspruch mit α).

A, β): Es gibt außerhalb d entweder nur den Doppelpunkt D, was wieder den Typ (II) liefert, oder noch einen weiteren Doppelpunkt $\bar{D}$, wodurch auch für die Gerade $D\bar{D}$ die identische Projektivität und als Kollineationstyp (III) die identische Kollineation folgt.

6. Für die Diskussion der weiteren Fälle benötigen wir den folgenden

Satz 1: Enthält eine ebene Kollineation zwei Doppelgerade mit parabolischen Projektivitäten, dann enthält sie eine durch den Schnittpunkt der Doppelgeraden laufende Punktreihe von Doppelpunkten[1]).

Beweis: Die Doppelgeraden seien die Geraden a und u der Fig. 1. Dann wählt man eine beliebige Gerade $AU \equiv B'V'$ und erhält nach Nr. 3 den Punkt P sowohl als Schnittpunkt von AU mit BV als auch von $A'U'$ mit $B'V'$, daher ist P Doppelpunkt der Kollineation. Auf jeder Geraden der Ebene liegt demnach ein Doppelpunkt und die Verbindungslinie zweier solcher Doppelpunkte ist Doppelgerade und trifft daher a in einem Doppelpunkte, demnach in X.

7. Wir kommen zum Fall A, γ). Ein Doppelpunkt $\bar{D}$ außerhalb DD_1 würde durch den Schnittpunkt von $D\bar{D}$ mit d auf einen Widerspruch mit γ) führen. Daher sind nur die beiden Möglichkeiten zu berücksichtigen

1) D und D_1 sind die einzigen Doppelpunkte.

2) Alle und nur die Punkte von DD_1 sind Doppelpunkte.

Der 1. Fall führt auf den Kollineationstyp (IV). Hier kann keine weitere Doppelgerade $\bar{d}$ auftreten, denn $\bar{d}$ müßte durch D_1 gehen und nach Satz 1 würde aus den beiden Doppelgeraden d und $\bar{d}$ ein Widerspruch zur Annahme 1) folgen.

---

[1]) Jede Gerade durch den Schnittpunkt der beiden Doppelgeraden ist daher Doppelgerade.

Im 2. Falle sind alle Doppelpunkte außer D_1 Träger parabolischer Projektivitäten. Irgend zwei von diesen liefern daher wegen des zu Satz 1 dualen Satzes ein Büschel von Doppelstrahlen. Diese müssen wegen γ) alle durch D_1 gehen. Damit ist der Kollineationstyp (V) gefunden, zentrale Kollineation, Zentrum auf der Achse.

8. Der Fall B, δ) ist unmöglich, denn es gäbe mindestens zwei Doppelgerade, außer ihrem Schnittpunkt dürfte nach B) kein Doppelpunkt auftreten, während diese beiden Doppelgeraden nach Satz 1 weitere Doppelpunkte liefern würden.

Im Falle B, ε) kann nur ein Doppelpunkt auf der einzigen Doppelgeraden liegen, da zwei Doppelpunkte als Träger parabolischer Projektivitäten dual zu Satz 1 ein Büschel von Doppelstrahlen hervorrufen würden. Daher gibt es nur noch den Kollineationstyp (VI).

Da immer mit vollständigen Disjunktionen gearbeitet wurde, sind damit alle Möglichkeiten ebener Kollineationstypen aufgezählt. Daß diese sechs Typen auch wirklich vorkommen, kann man entweder durch die Angabe von Beispielen zeigen, oder, wie wir es im nächsten Paragraphen tun werden, durch Aufstellung der zugehörigen Kollineationsgleichungen.

Als einfache Beispiele metrischen Charakters, die sich ohne weiteres in rechtwinkeligen Koordinaten fassen lassen, seien die folgenden erwähnt: (I) Drehung der Ebene um O, Drehwinkel $\pm n\pi$; (II) dasselbe, Drehwinkel π; (III) dasselbe, Drehwinkel 2π; (IV) Streckung der Ebene von O aus, dazu eine Affinität mit der x-Achse als Affinitätsachse und der x-Richtung als Affinitätsrichtung; (V) Parallelverschiebung der Ebene in der x-Richtung; (VI) Affinität wie bei (IV), dazu eine Parallelverschiebung in der y-Richtung.

9. Ein Blick auf Fig. 2 zeigt, daß eine ebene Kollineation, die eine Punktreihe von Doppelpunkten enthält, auch ein Strahlenbüschel von Doppelstrahlen enthält, ein Satz, dessen raumduales Gegenstück im Bündel wir wiederholt benützen werden. Dieser Satz über ebene Kollineationen ist ein Spezialfall des allgemeineren Satzes, den man auch ohne weiteres aus Fig. 2 abliest:

Satz 2: Die Konstellation der Doppelelemente einer ebenen Kollineation ist in sich dual.

Hätten wir unsere Betrachtungen zur Klassifikation der ebenen Kollineationen in dualer Weise in der Ebene ausgeführt, dann hätten wir statt jeder Konstellation der Doppelelemente eine zu ihr duale, das ist aber nach Satz 2 wieder sie selbst, erhalten, d. h. jeder Kollineationstyp wäre an der gleichen Stelle aufgetreten.

Liegt eine nicht identische, involutorische ebene Kollineation vor, und sind AA' und UU' zwei ihrer Punktpaare, dann ist der Schnittpunkt von AA' mit UU' ein Doppelpunkt, ebenso der Schnittpunkt von AU und $A'U'$. Daraus erkennt man im Anschluß an Fig. 2 leicht die bekannte Tatsache, daß jede nicht identische ebene involutorische Kollineation zum Typ (II) gehört.

§ 3. Kanonische Gleichungen der ebenen Kollineationen.

10. Ist $x_1 = 0$, $x_2 = 0$ ein Doppelpunkt einer Kollineation, dann fehlen in Ausdrücken für $\varrho x_1'$ und $\varrho x_2'$ die Glieder mit x_3; ist $x_1 = 0$ eine Doppelgerade, dann reduziert sich der Ausdruck für $\varrho x_1'$ auf das Glied mit x_1. Daher wird man, um die Kollineationsgleichungen der einzelnen Typen zu vereinfachen, in jedem Fall ein Koordinatensystem suchen, das möglichst viele Doppelelemente als Ecken und Seiten des Koordinatendreiecks enthält. Die so gewonnenen einfachen Kollineationsgleichungen gelten inbezug auf das gleiche Koordinatensystem für alle Kollineationen des betreffenden Typs, welche dieselben Doppelelemente haben, sie mögen als kanonische Gleichungen des betreffenden Typs bezeichnet werden. Es ist bemerkenswert, daß es bei jedem Kollineationstyp nur eine Form der kanonischen Gleichungen gibt. Die Lage des Koordinatensystems bei den verschiedenen Typen zeigt Fig. 2.

Beim Typ (I) erhält man aus der Bedingung, daß die Koordinatengeraden und nur diese sich selbst entsprechen sollen, sofort die

$$\text{Kanonischen Gln.}\quad \begin{aligned} \varrho\,x_1' &= x_1 & a \cdot b &\neq 0 \\ \varrho\,x_2' &= a\,x_2 & a,\,b &\neq 1 \\ \varrho\,x_3' &= b\,x_3 & a &\neq b \end{aligned}$$

Hieraus entstehen für $a = 1$ die

$$\text{Kanonischen Gln.} \quad \begin{aligned} \varrho\, x_1' &= x_1 \\ \varrho\, x_2' &= x_2 \\ \varrho\, x_3' &= b\, x_3 \end{aligned} \quad b \neq 0,\ \neq 1$$

zu (II)

$b = 1$ entspricht dem Typ (III) der identischen Kollineation.

11. Im Falle (IV) führen die beiden Doppelgeraden, der Doppelpunkt A_1 und der parabolische Charakter der Projektivität in $x_1 = 0$ auf die

$$\text{Kanonischen Gln.} \quad \begin{aligned} \varrho\, x_1' &= a\, x_1 \\ \varrho\, x_2' &= x_2 \\ \varrho\, x_3' &= b\, x_2 + x_3 \end{aligned} \quad \begin{aligned} a \cdot b &\neq 0 \\ a &\neq 1 \end{aligned}$$

zu (IV)

Wählt man hier den Einheitspunkt auf der Geraden g', welche der Geraden $x_3 = 0$ entspricht, dann wird $b = 1$. Die so vereinfachte Form der Kollineationsgleichungen ist zwar bei jeder einzelnen Kollineation (IV) zu erreichen, sie gilt aber, im Gegensatze zu den kanonischen Gleichungen, nicht mehr bei gemeinsamem Koordinatensystem für alle Kollineationen (IV), welche die gleichen Doppelelemente haben.

Aus den kanonischen Gleichungen (IV) entstehen für $a = 1$ die

$$\text{Kanonischen Gln.} \quad \begin{aligned} \varrho\, x_1' &= x_1 \\ \varrho\, x_2' &= x_2 \\ \varrho\, x_3' &= b\, x_2 + x_3 \end{aligned} \quad b \neq 0$$

zu (V)

Nimmt man auch hier den Einheitspunkt auf der $x_3 = 0$ entsprechenden Geraden g' an, dann wird $b = 1$, wieder eine in jedem Einzelfall erreichbare Vereinfachung.

12. Der Typ (VI) liefert aus dem parabolischen Charakter der Projektivitäten auf der Doppelgeraden und im Doppelpunkte die

$$\text{Kanonischen Gln.} \quad \begin{aligned} \varrho\, x_1' &= x_1 \\ \varrho\, x_2' &= a\, x_1 + x_2 \\ \varrho\, x_3' &= b\, x_1 + c\, x_2 + x_3 \end{aligned} \quad a \cdot c \neq 0$$

zu (VI)

Besonders einfach und übersichtlich werden hier die Gleichungen bei der folgenden, in jedem Einzelfall erreichbaren Wahl des Koordinatensystems: $x_1 = 0$ und A_3 sind die Doppelelemente; man wählt A_1 willkürlich, $A_1 A_1'$ als die Gerade $x_3 = 0$ und den Einheitspunkt als Schnittpunkt von $A_3 A_1'$ und $A_1 A_2'$. Dann erhält man, wie man sofort berechnet, die vereinfachten

Gln. jeder
Kollineation (VI)
$$\varrho\, x_1' = x_1$$
$$\varrho\, x_2' = x_1 + x_2$$
$$\varrho\, x_3' = x_2 + x_3.$$

§ 4. Klassifikation der räumlichen Kollineationen.

13. Zu den Typen der räumlichen Kollineationen gelangen wir nun durch die gleichen einfachen Schlüsse, die bei den ebenen Kollineationen angewendet wurden. Dabei bezeichnen wir im folgenden die Kollineationstypen im Bündel nach ihrem raumdualen Gegenstück in der Ebene mit (I)′, (II)′ usw.

Zunächst findet man, analog zu Nr. 1, wieder die einzige benötigte algebraische Tatsache, daß immer mindestens ein Doppelpunkt und dual mindestens eine Doppelebene existiert. Nun sind wieder die zwei einzig möglichen Hauptfälle zu unterscheiden:

A) Die Kollineation enthält einen Doppelpunkt A_1 und eine Doppelebene ε_1, die nicht ineinander liegen.

B) Jeder Doppelpunkt liegt in jeder Doppelebene.

Dabei werden wir bei A) in ε_1 die Kollineationstypen (I) bis (VI) zu berücksichtigen haben.

14. Wir beginnen mit A, I), d. h. dem Falle, in dem die soeben ausgesprochene Annahme A) gilt und in ε_1 der Kollineationstyp (I) auftritt. Im Bündel A_1, das ja ε_1 projiziert, liegt dann der Typ (I)′ vor. Sind A_2, A_3, A_4 die Doppelpunkte in ε_1, dann können weitere Doppelpunkte der räumlichen Kollineation nur auf den drei Doppelstrahlen $A_1 A_2$, $A_1 A_3$, $A_1 A_4$ auftreten[1]). Das gibt drei Möglichkeiten:

1) Keine der Geraden $A_1 A_2$, $A_1 A_3$, $A_1 A_4$ ist punktweise identisch auf sich bezogen.

2) Genau eine dieser Geraden, etwa $A_1 A_2$, ist identisch auf sich bezogen.

3) Mindestens zwei der Geraden, etwa $A_1 A_2$ und $A_1 A_3$, sind identisch auf sich bezogen.

---

[1]) Das Schnitt- oder Verbindungselement zweier Doppelelemente ist wieder ein Doppelelement. Auch hier führen wir die lediglich mit dieser Tatsache operierenden Schlüsse nicht aus; dazu gehört auch bei jedem einzelnen Typ der Nachweis, daß die Aufzählung der Doppelelemente vollständig ist.

15. Der 1. Fall liefert den Kollineationstyp (1), vgl. Fig. 3[1]). Die Doppelelemente sind die folgenden:

Typ (1): Doppelpunkte A_1, A_2, A_3, A_4. Die vier Doppelebenen ε_1, ε_2, ε_3, ε_4 zeigen den Typ (I). Die Doppelgeraden sind die sechs Kanten des Tetraeders der Doppelpunkte und Doppelebenen.

Der 2. Fall führt unmittelbar zum

Typ (2): Doppelpunkte sind alle Punkte der Geraden $A_1 A_2$ sowie die Punkte A_3 und A_4. Doppelebenen sind die Ebenen des Büschels $\varepsilon_1 \varepsilon_2$ nach Typ (I), die Ebenen ε_3 und ε_4 nach Typ (II). Die Doppelgeraden sind $A_1 A_2$, $A_3 A_4$ sowie die Strahlen der Büschel $A_3 (A_1 A_2)$ und $A_4 (A_1 A_2)$.

Der 3. Fall würde die identische Kollineation in ε_4 und damit auch die identische Projektivität in der Geraden $A_2 A_3$ liefern, in Widerspruch zur Annahme (I) in ε_1.

16. A, II): In ε_1 sei A_1 das Kollineationszentrum, $A_2 A_3$ die Kollineationsachse. Ist A_1 der einzige Doppelpunkt außerhalb ε_1, dann liegt wieder Typ (2) vor; gibt es aber noch weitere Doppelpunkte außerhalb ε_1, dann können sie nur entweder in der Ebene $A_1 A_2 A_3$ auftreten, die damit identisch auf sich bezogen ist, oder auf der Geraden $A_1 A_4$, die dann Träger einer identischen Projektivität ist[2]). Das Ergebnis dieser beiden Möglichkeiten sind die beiden folgenden Typen:

Typ (3): Doppelpunkte sind A_4 und alle Punkte von ε_4. Doppelebenen sind alle Ebenen des Bündels A_4 nach Typ (II), weiterhin ε_4 nach Typ (III). Doppelgerade sind alle Strahlen des Bündels A_4 und alle Strahlen in ε_4. Zentrale Kollineation mit dem Zentrum A_4 und der Kollineationsebene ε_4, die das Zentrum nicht enthält.

Typ (4): Doppelpunkte sind alle Punkte von $A_2 A_3$ und von $A_1 A_4$, Doppelebenen alle Ebenen der Büschel $A_2 A_3$ und $A_1 A_4$

---

[1]) Auf diese Figur, die sich am Ende der Abhandlung befindet, wird weiterhin nicht ausdrücklich verwiesen. Die Bezeichnung ε_i der Koordinatenebenen ist nur bei der Figur zu (1) eingetragen, sie gilt auch für die übrigen Typen. Die Doppelebenen sind durch Winkelbogen bezeichnet.

[2]) Träte beides gleichzeitig ein, dann wäre jede Ebene des Raumes Doppelebene; identische Kollineation, im Widerspruch mit der Annahme (II)

nach Typ (II), Doppelgerade alle Geraden, welche gleichzeitig die Geraden $A_2 A_3$ und $A_1 A_4$ treffen. Gescharte Kollineation.

A, III): Ist A_1 einziger Doppelpunkt außerhalb ε_1, dann liegt wieder Typ (3) vor, gibt es noch einen Doppelpunkt außerhalb ε_1, dann erhält man den

Typ (5): Identische Kollineation.

17. A, IV): A_2 und A_4 seien in ε_1 die Doppelpunkte, $A_2 A_4$ und $A_3 A_4$ die Doppelgeraden. Da jeder weitere Doppelpunkt auf $A_1 A_2$ oder $A_1 A_4$ liegen muß, sind folgende Möglichkeiten zu unterscheiden:

1) A_1 ist einziger Doppelpunkt außerhalb ε_1;

2) $A_1 A_2$ ist identisch auf sich bezogen, aber nicht $A_1 A_4$;

3) $A_1 A_4$ ist identisch auf sich bezogen, aber nicht $A_1 A_2$;

4) $A_1 A_2$ und $A_1 A_4$ sind identisch auf sich bezogen.

Der 1. Fall führt auf den

Typ (6): Die Doppelpunkte sind A_1, A_2, A_4. Die Doppelebenen sind ε_1 und ε_2 nach Typ (IV), ε_3 nach Typ (I). Die Doppelgeraden sind $A_1 A_2$, $A_1 A_4$, $A_2 A_4$, $A_3 A_4$.

Der 2. Fall liefert den

Typ (7): Doppelpunkte sind alle Punkte von $A_1 A_2$, weiterhin A_4. Doppelebenen sind die Ebenen des Büschels $\varepsilon_1 \varepsilon_2$ nach Typ (IV), außerdem ε_3 nach Typ (II). Die Doppelgeraden sind $A_1 A_2$, $A_3 A_4$ und die Geraden des Büschels $A_4 (A_1 A_2)$.

Im 3. Falle tritt in ε_2 die identisch auf sich bezogene Doppelgerade $A_1 A_4$ auf und die Doppelgerade $A_3 A_4$ mit dem einzigen Doppelpunkt A_4. Daher ist ε_2 nach Typ (V) auf sich bezogen und jede ihrer Geraden durch A_4 ist Doppelgerade. Dadurch gewinnt man den

Typ (8): Die Doppelpunkte sind A_2 und die Punkte der Geraden $A_1 A_4$. Doppelebenen sind ε_2 nach Typ (V), ε_3 nach Typ (II), alle anderen Ebenen des Büschels $\varepsilon_1 \varepsilon_3$ nach Typ (IV). Die Doppelgeraden sind die Geraden der Büschel $A_2 (A_1 A_4)$ und $A_4 (A_1 A_3)$.

Der 4. Fall scheidet aus, da er in ε_3 und folglich auch in $A_2 A_4$ die Identität liefern würde, entgegen der Annahme (IV).

18. A, V): In ε_1 sei A_4 das Kollineationszentrum, $A_2 A_4$ die Kollineationsachse. Entweder ist A_1 der einzige Doppelpunkt außerhalb ε_1, was wieder den Typ (8) liefert, oder es tritt noch ein

Doppelpunkt auf, dann notwendig in ε_3, das damit identisch auf sich bezogen ist. Das Ergebnis hievon ist

Typ (9): Doppelpunkte sind alle Punkte von ε_3. Doppelebenen sind ε_3 nach Typ (III), alle übrigen Ebenen des Bündels A_4 nach Typ (V). Doppelgerade sind alle Geraden in ε_3 und alle durch A_4. Zentrale Kollineation, Kollineationszentrum A_4, Kollineationsebene ε_3 durch das Zentrum.

A, VI): In ε_1 sei A_4 der Doppelpunkt, $A_3 A_4$ die Doppelgerade. A_1 ist entweder einziger Doppelpunkt außerhalb ε_1 oder $A_1 A_4$ geht punktweise in sich über. Aus der ersten Annahme entsteht der

Typ (10): Doppelpunkte sind A_1 und A_4. Die Ebene ε_1 ist Doppelebene nach Typ (VI), ε_2 nach Typ (IV). $A_1 A_4$ und $A_3 A_4$ sind die Doppelgeraden.

Bei der zweiten Annahme ist die Doppelebene ε_2 wegen der identischen Projektivität in $A_1 A_4$ und der parabolischen in $A_3 A_4$ nach Typ (V) in sich übergeführt. Daher enthält sie ein Büschel A_4 von Doppelstrahlen. Im Bündel A_4 tritt demnach in der Doppelebene ε_2 eine identische Projektivität der Bündelstrahlen auf, in der Doppelebene ε_1 eine parabolische, daher wird dieses Bündel nach Typ (V)′ in sich transformiert, es enthält demnach die Ebenen des Büschels $\varepsilon_1 \varepsilon_2$ als Doppelebenen. Damit kennt man den

Typ (11): Doppelpunkte sind alle Punkte von $A_1 A_4$. ε_2 ist Doppelebene nach Typ (V), alle übrigen Ebenen des Büschels $\varepsilon_1 \varepsilon_2$ sind Doppelebenen nach Typ (VI). Die Strahlen des Büschels $A_4 (A_1 A_3)$ sind die Doppelgeraden.

Damit ist die Betrachtung des Hauptfalles A) von Nr. 13 abgeschlossen.

19. Wir kommen zur Annahme B) von Nr. 13, daß jeder Doppelpunkt in jeder Doppelebene liegt, die wir mittels folgender Disjunktion fassen:

    a) Es gibt mindestens zwei Doppelebenen der Kollineation, etwa ε_1 und ε_3.

    b) Es gibt genau eine Doppelebene, ε_1.

Wir betrachten zunächst den Fall a). Wegen der Annahme B) müssen alle Doppelpunkte auf der Schnittlinie von ε_1 und ε_3 liegen. Daher kommt für jede dieser beiden Ebenen nur einer der

Typen (IV), (V), (VI) in Frage. Das führt uns auf folgende Unterfälle: ε_1 enthält eine Kollineation

    α) vom Typ (IV),

    β) vom Typ (V),

    γ) vom Typ (VI).

20. Im Fall α) enthalte ε_1 die Doppelgeraden $A_2 A_4$ und $A_3 A_4$ sowie die Doppelpunkte A_2 und A_4. Diese Doppelpunkte bestimmen in ε_3 ebenfalls den Typ (IV), und zwar mit der einen Doppelgeraden $A_2 A_4$; die andere Doppelgerade geht durch A_2, denn ginge sie durch A_4, dann würde sie mit $A_3 A_4$ eine Doppelebene bestimmen, die A_2 nicht enthielte, entgegen Annahme B). Damit kennt man den

Typ (12): Die Doppelpunkte sind A_2 und A_4; ε_1 und ε_3 sind Doppelebenen, u. z. nach Typ (IV); die Doppelgeraden sind $A_1 A_2$, $A_2 A_4$ und $A_4 A_3$.

Im Falle β) trägt die Schnittlinie von ε_1 und ε_3 lauter Doppelpunkte von ε_1, daher weist auch ε_3 den Typ (V) auf, und $A_2 A_4$ ist die Kollineationsachse für beide Ebenen. A_4 sei das Kollineationszentrum für ε_1, dann muß das Kollineationszentrum für ε_3 davon verschieden sein, etwa in A_2 liegen, da sonst jede nicht durch $A_2 A_4$ gehende Ebene des Bündels A_4 eine A_2 nicht enthaltende Doppelebene wäre, im Widerspruch zu B). Das Bündel A_4 enthält in ε_1 ein Büschel von Doppelstrahlen, folglich, nach dem raumdualen Gegenstück des Satzes 2 von Nr. 9, auch ein Büschel von Doppelstrahlen, dessen Achse zufolge Annahme B) die Gerade $A_2 A_4$ sein muß. Jede dieser Büschelebenen muß wieder nach Typ (V) auf sich bezogen sein und irgend zwei dieser Ebenen haben, aus dem gleichen Grunde wie ε_1 und ε_3, verschiedene Büschelscheitel. Damit kennen wir den

Typ (13): Die Doppelpunkte sind die Punkte der Geraden $A_2 A_4$. Die Doppelebenen sind die Ebenen des Büschels $A_2 A_4$, und zwar nach Typ (V). Jeder Punkt von $A_2 A_4$ ist Scheitel eines Büschels von Doppelstrahlen in einer Doppelebene.

Die zuletzt genannte Eigenschaft folgt daraus, daß in dem Bündel um den Punkt ein Büschel von Doppelebenen auftritt. Die naheliegende Vermutung, daß die Ebenen der Doppelstrahlenbüschel den Scheiteln projektiv zugeordnet sind und daß damit die Doppelstrahlen ein parabolisches Strahlennetz bilden, werden

wir erst nach Aufstellung der Gleichungen dieses Kollineations-
typs beweisen können (Nr. 27).

Der Fall γ) führt aus folgendem Grund zu keinem Kollineationstyp: Zufolge B) müßte auch ε_3 den Typ (VI) aufweisen, der ge-
meinsame Doppelpunkt der beiden Ebenen wäre etwa A_2. Das
Bündel A_2 enthielte zwei Doppelebenen, folglich nach den Typen
der Bündelkollineationen mindestens zwei Doppelstrahlen, deren
Ebene hätte nach den Typen der ebenen Kollineationen mindestens
zwei Doppelpunkte, einer davon würde außerhalb ε_1 liegen, entgegen Annahme B).

Damit sind die Betrachtungen über die Annahme a) von Nr. 19
abgeschlossen.

21. Wir kommen zur Annahme b), deren Betrachtung auf
folgendem Wege sehr einfach wird: Die bisher abgeleiteten 13 Typen der räumlichen Kollineationen zeigen alle, wie man aus der
Fig. 3 erkennt, eine raumduale Konstellation der Doppelelemente,
d. h. es treten immer gleich viel Doppelpunkte und Doppelebenen
auf, liegt eine Punktreihe von Doppelpunkten vor, dann liegt
auch ein Ebenenbüschel von Doppelebenen vor, enthält eine Doppelebene drei Doppelpunkte, dann gibt es auch einen Doppelpunkt
mit drei Doppelebenen in dem betreffenden Typ usf. Wir haben
im bisherigen alle Fälle untersucht, in denen mindestens zwei
D o p p e l e b e n e n auftreten. Hätten wir alle Fälle untersucht, in
denen mindestens zwei D o p p e l p u n k t e auftreten, dann wäre die
Untersuchung zu der bisherigen dual gewesen, statt jeder Konstellation der Doppelelemente hätten wir die zu ihr duale, das
ist aber nach dem soeben Gesagten wieder sie selbst, erhalten.
Daher kennen wir in den bisherigen 13 Typen nicht nur alle
Fälle mit mindestens zwei Doppelebenen, sondern gleichzeitig auch
alle Fälle mit mindestens zwei Doppelpunkten. Demnach verschärft
sich die Annahme b) zu der Aussage: es gibt genau eine Doppelebene und genau einen Doppelpunkt. Dadurch kennt man als
letzten den

Typ (14): A_4 ist der einzige Doppelpunkt; ε_1 ist die einzige Doppelebene, sie hat den Typ (VI); $A_3 A_4$ ist die einzige
Doppelgerade[1]).

---

[1]) Eine weitere Doppelgerade müßte durch A_4 laufen und würde nach
Nr. 6, Satz 1 mit $A_3 A_4$ zusammen weitere Doppelpunkte liefern.

22. Da auch diese letzte Konstellation der Doppelelemente in sich dual ist, gilt als räumliches Gegenstück zu Nr. 9, Satz 2 der

Satz 3: Jede Gesamtheit der Doppelelemente einer räumlichen Kollineation ist zu sich selbst (raum-)dual.

Die Tatsache, daß jede räumliche Kollineation, die unendlich viele Doppelpunkte enthält, auch unendlich viele Doppelebenen enthält, ist ein Spezialfall dieses Satzes.

Ist der Raum involutorisch auf sich bezogen, dann muß jede Doppelebene auf sich identisch oder involutorisch bezogen sein, d. h. den Kollineationstyp (III) oder, zufolge Nr. 9, den Typ (II) aufweisen. Diese Bedingung erfüllen, wie man aus Fig. 3 sofort erkennt, außer dem trivialen Falle der identischen Kollineation nur die räumlichen Typen (3) und (4), sie liefern daher als die beiden einzigen räumlichen Involutionstypen die zentrale Involution und die gescharte Involution.

Auch hier ist nachzuweisen, daß die gefundenen 14 Typen tatsächlich vorkommen, dies kann wieder entweder durch die Angabe von Beispielen oder durch Aufstellung der den einzelnen Typen entsprechenden Kollineationsgleichungen geschehen. Wir werden im folgenden beides tun.

§ 5. Beispiele räumlicher Kollineationen.

23. Wir geben, ähnlich wie in Nr. 8, auch für die räumlichen Kollineationen metrische Beispiele an, die sich in rechtwinkeligen Koordinaten ganz einfach behandeln lassen. Die Angaben über die bestimmenden Elemente sollen nur die Beispiele möglichst rasch beschreiben und übersichtlich gestalten, sie könnten erweitert oder teilweise ganz weggelassen werden. Die Nummern vor den Beispielen geben die Kollineationstypen an.

(1) Streckung von O aus, dazu Drehung um die z-Achse[1]), Drehwinkel $\neq n\,\pi$.

(2) Drehung um die z-Achse, Drehwinkel $\neq n\,\pi$.

(3) Streckung von O aus.

(4) Drehung um die z-Achse, Drehwinkel π.

(5) Drehung um die z-Achse, Drehwinkel $2\,\pi$.

---

[1]) Das ist kürzer als die Angabe, daß der Ruhepunkt ein eigentlicher Punkt sein soll, die Drehachse eine eigentliche, anisotrope Gerade.

(6) Schraubung um die z-Achse, Drehwinkel $\neq n\,\pi$.

(7) Schraubung um die z-Achse, Drehwinkel π.

(8) Spiegelung an der x, z-Ebene, dazu Verschiebung in der z-Richtung.

(9) Verschiebung in der z-Richtung.

(10) Aufeinanderfolge folgender Kollineationen: erstens Affinität mit der Affinitätsebene $y = 0$ und der x-Richtung als Affinitätsrichtung; zweitens Affinität mit der Affinitätsebene $z = 0$ und der y-Richtung als Affinitätsrichtung; drittens Streckung von O aus.

(11) Wie (10), aber ohne Streckung.

(12) Zwei Affinitäten wie in (10), dann gleich große Streckung des Raumes in der x-Richtung mit der Ruheebene $x = 0$ und in der y-Richtung mit der Ruheebene $y = 0$; zuletzt Verschiebung in der z-Richtung.

(13) Folgende Verzerrung des Raumes: die z-Koordinaten jedes Punktes bleiben erhalten; die Parallelen zur z-Achse werden so umgelagert, daß ihre Spurpunkte in der Ebene $z = 0$ eine konstante Verschiebung in der x-Richtung erfahren, ihre Spurpunkte in der Ebene $z = 1$ eine gleich große Verschiebung in der y-Richtung.

(14) Zwei Affinitäten wie in (10), dann Verschiebung in der z-Richtung.

§ 6. Kanonische Gleichungen der räumlichen Kollineationen.

24. Die dem 1. Absatze von Nr. 10 entsprechenden Überlegungen führen zu den kanonischen Gleichungen der räumlichen Kollineationen. Da man aus § 2 die kanonischen Gleichungen für die Doppelebenen kennt, kann man die kanonischen Gleichungen der räumlichen Kollineationen fast unmittelbar hinschreiben. Die Lage des Koordinatensystems zu den Doppelelementen der einzelnen Typen zeigt Fig. 3. Man erhält so folgende Systeme kanonischer Gleichungen:

$$\text{Typ (1)} \quad \begin{aligned} \varrho\,x_1' &= x_1 \\ \varrho\,x_2' &= a\,x_2 \\ \varrho\,x_3' &= b\,x_3 \\ \varrho\,x_4' &= c\,x_4 \end{aligned} \quad \begin{array}{l} a,\,b,\,c \text{ von } 0, \text{ von } 1 \text{ und} \\ \text{voneinander verschieden.} \end{array}$$

$$\text{Typ (2)} \quad \begin{aligned} \varrho\, x_1' &= x_1 \\ \varrho\, x_2' &= x_2 \\ \varrho\, x_3' &= b\, x_3 \\ \varrho\, x_4' &= c\, x_4 \end{aligned} \qquad \begin{aligned} &b, c \text{ von 0, von 1 und} \\ &\text{voneinander verschieden.} \end{aligned}$$

$$\text{Typ (3)} \quad \begin{aligned} \varrho\, x_1' &= x_1 \\ \varrho\, x_2' &= x_2 \\ \varrho\, x_3' &= x_3 \\ \varrho\, x_4' &= c\, x_4 \end{aligned} \qquad c \neq 0;\ 1$$

Die Kollineation (3) ist für $c = -1$ involutorisch, zentrische Involution.

$$\text{Typ (4)} \quad \begin{aligned} \varrho\, x_1' &= x_1 \\ \varrho\, x_2' &= a\, x_2 \\ \varrho\, x_3' &= a\, x_3 \\ \varrho\, x_4' &= x_4 \end{aligned} \qquad a \neq 0;\ 1$$

Die Gleichungen (4) liefern für $a = -1$ die gescharte Involution, für $a = 1$ erhält man die identische Kollineation, Typ (5). Bei diesen ersten fünf Typen, die man alle aus den Gleichungen (1) durch Spezialisierung der Konstanten erhält, sind sämtliche Elemente des Koordinatensystems, mit Ausnahme des Einheitspunktes, Doppelelemente. Dies ist bei den weiteren Typen nicht mehr der Fall, dadurch werden deren kanonische Gleichungen etwas umständlicher.

25. Bei den nun folgenden Typen kann man wieder, ähnlich wie in Nr. 11 und 12, die Gleichungen jeder einzelnen Kollineation einfacher gestalten als die kanonischen Gleichungen. Wir geben immer zuerst die kanonischen Gleichungen an.

$$\begin{array}{ll} \text{Typ (6)} \\ \text{und} \\ \text{Typ (7)} \end{array} \quad \begin{aligned} \varrho\, x_1' &= x_1 \\ \varrho\, x_2' &= a\, x_2 \\ \varrho\, x_3' &= b\, x_3 \\ \varrho\, x_4' &= c\, x_3 + b\, x_4 \end{aligned} \qquad \begin{aligned} a \cdot b \cdot c &\neq 0 \\ b &\neq 1 \\ a &\neq b \end{aligned} \qquad \begin{aligned} a &\neq 1 \quad \text{Typ (6)} \\ \\ a &= 1 \quad \text{Typ (7)} \end{aligned}$$

Bei jeder einzelnen Kollineation vom Typ (6) oder (7) wird $c = b$, wenn man den Einheitspunkt in der $x_4 = 0$ entsprechenden Ebene ε_4' wählt.

$$\begin{array}{ll} \text{Typ (8)} \\ \text{und} \\ \text{Typ (9)} \end{array} \quad \begin{aligned} \varrho\, x_1' &= x_1 \\ \varrho\, x_2' &= a\, x_2 \\ \varrho\, x_3' &= x_3 \\ \varrho\, x_4' &= c\, x_3 + x_4 \end{aligned} \qquad a \cdot c \neq 0 \qquad \begin{aligned} a &\neq 1 \quad \text{Typ (8)} \\ \\ a &= 1 \quad \text{Typ (9)} \end{aligned}$$

Bei jeder Kollineation vom Typ (8) oder (9) wird $c = 1$, wenn man wieder den Einheitspunkt in der $x_4 = 0$ entsprechenden Ebene ε_4' wählt. Die Typen (7) bis (9) ergeben sich aus den Gleichungen (6) durch Spezialisierung der Konstanten.

26. Ebenfalls aus den kanonischen Gleichungen der Kollineationen in den Doppelebenen erhält man die kanonischen Gleichungen von

$$
\begin{aligned}
\text{Typ (10)} && \varrho\, x_1' &= a\, x_1 & a \neq 1 &\quad \text{Typ (10)}\\
\text{und} && \varrho\, x_2' &= x_2 \\
\text{Typ (11)} && \varrho\, x_3' &= b\, x_2 + x_3 & a \cdot b \cdot d \neq 0 \\
&& \varrho\, x_4' &= c\, x_2 + d\, x_3 + x_4 & a = 1 &\quad \text{Typ (11)}
\end{aligned}
$$

Wählt man das Koordinatensystem in der Ebene $x_1 = 0$ nach der Angabe von Nr. 12, dann erhält man die folgenden vereinfachten

$$
\begin{aligned}
\text{Gln. jeder Einzel-} && \varrho\, x_1' &= a\, x_1 & a \neq 1 \\
\text{kollineation} && \varrho\, x_2' &= x_2 & & \text{Kollineation (10);} \\
\text{(10) oder (11)} && \varrho\, x_3' &= x_2 + x_3 & a \neq 0 \quad a = 1 \\
&& \varrho\, x_4' &= x_3 + x_4 & & \text{Kollineation (11).}
\end{aligned}
$$

27. Die kanonischen Gleichungen in den Doppelebenen ε_1 und ε_3 liefern die folgenden kanonischen Gleichungen für den

$$
\begin{aligned}
\text{Typ (12)} && \varrho\, x_1' &= x_1 & b \neq 1 &\quad \text{Typ (12)}\\
\text{und} && \varrho\, x_2' &:= a\, x_1 + x_2 \\
\text{Typ (13)} && \varrho\, x_3' &= b\, x_3 & a \cdot b \cdot c \neq 0 \\
&& \varrho\, x_4' &= c\, x_3 + b\, x_4 & b = 1 &\quad \text{Typ (13)}
\end{aligned}
$$

Wählt man hier, im Anschluß an Nr. 11, den Einheitspunkt in der Geraden g', welche der Geraden $x_2 = 0$, $x_4 = 0$ entspricht, dann erhält man die

$$
\begin{aligned}
\text{Gln. jeder Einzel-} && \varrho\, x_1' &= x_1 & b \neq 1 \\
\text{kollineation} && \varrho\, x_2' &= x_1 + x_2 & & \text{Kollineation (12);} \\
\text{(12) oder (13)} && \varrho\, x_3' &= b\, x_3 & b \neq 0 \quad b = 1 \\
&& \varrho\, x_4' &= b\,(x_3 + x_4) & & \text{Kollineation (13)}
\end{aligned}
$$

Nun erkennt man ohne weiteres bei Typ (13) die in Nr. 20 vermutete Projektivität zwischen der Punktreihe der Doppelpunkte und dem Büschel der Doppelebenen: aus der letzten Gleichungsform berechnet man leicht, daß für den Doppelpunkt $(0;\, p_2;\, 0;\, p_4)$

die Doppelebene $p_4 x_1 - p_2 x_3 = 0$ die Trägerin seines Büschels von Doppelstrahlen ist.

28. Bei der Aufstellung der kanonischen Gleichungen des Typs (14) hat man, Fig. 3, zu berücksichtigen, daß A_4 Doppelpunkt, weiterhin ε_1 Doppelebene nach Typ (VI) sein soll, und daß im Ebenenbüschel mit der Achse $A_3 A_4$ eine parabolische Projektivität herrschen soll. Daraus erhält man die kanonischen Gleichungen für den

$$\text{Typ (14)} \quad \begin{aligned} \varrho\, x_1' &= x_1 \\ \varrho\, x_2' &= a\, x_1 + x_2 \\ \varrho\, x_3' &= b\, x_1 + c\, x_2 + x_3 \\ \varrho\, x_4' &= d\, x_1 + e\, x_2 + f\, x_3 + x_4 \end{aligned} \qquad a \cdot c \cdot f \neq 0$$

In engem Zusammenhang mit Nr. 12 findet man auch hier wieder eine besonders einfache und übersichtliche Form der Kollineationsgleichungen, wenn man das Koordinatensystem folgendermaßen annimmt: man wählt A_1 beliebig außerhalb der Doppelebene; $A_1 A_1'$ trifft die Doppelebene in A_2; $A_2 A_2'$ trifft die Doppelgerade in A_3; A_4 ist der Doppelpunkt; der Einheitspunkt wird bestimmt durch die Koordinatenannahmen A_1' (1; 1; 0; 0), A_2' (0; 1; 1; 0), A_3' (0; 0; 1; 1). Dann lauten, wie man sofort berechnet, die

$$\begin{aligned} \text{Gln. jeder Einzel-} \qquad \varrho\, x_1' &= x_1 \\ \text{kollineation (14)} \qquad \varrho\, x_2' &= x_1 + x_2 \\ \varrho\, x_3' &= x_2 + x_3 \\ \varrho\, x_4' &= x_3 + x_4. \end{aligned}$$

29. Damit ist die Aufstellung der 14 Typen räumlicher Kollineationen und ihrer kanonischen Gleichungen abgeschlossen[1]). Man ist nun in der Lage die entsprechenden Betrachtungen im vierdimensionalen Raume durchzuführen oder im dreidimensionalen Raume weitere Probleme einfach zu behandeln, als Beispiel sei die vollständige Diskussion der automorphen Kollineationen der Flächen 2. Grades genannt.

---

[1]) Da die kanonischen Gleichungen allein durch die Doppelelemente bestimmt sind, haben die aus den kanonischen Gleichungen eines Typs gewonnenen Ausdrücke für die σx_i durch die x_i' wieder die Form der kanonischen Gleichungen des Typs. Bei den Typen (1) bis (5) treten an die Stelle der Konstanten einfach deren reziproke Werte.

Um den Zusammenhang mit den bisher üblichen Ableitungen herzustellen, sei zum Schluß eine Vergleichstabelle gegeben. Dabei sind die ϱ_i in üblicher Weise die Wurzeln der entsprechend Nr. 1 gebildeten charakteristischen Determinante der Kollineation.

Unser Typ	Typ bei v. Staudt [1]	Wurzeln [2]	Rang [3]	Elementarteiler
(1)	4	$\varrho_1; \varrho_2; \varrho_3; \varrho_4$	3; 3; 3; 3	[1111]
(2)	3	$\varrho_1, \varrho_1; \varrho_2; \varrho_3$	2; 3; 3	[(11)11]
(3)	1	$\varrho_1, \varrho_1, \varrho_1; \varrho_2$	1; 3	[(111)1]
(4)	2	$\varrho_1, \varrho_1; \varrho_2, \varrho_2$	2; 2	[(11)(11)]
(5)	fehlt	$\varrho_1, \varrho_1, \varrho_1, \varrho_1$	0	[(1111)]
(6)	8	$\varrho_1, \varrho_1; \varrho_2; \varrho_3$	3; 3; 3	[211]
(7)	6	$\varrho_1, \varrho_1; \varrho_2, \varrho_2$	3; 2	[2(11)]
(8)	7	$\varrho_1, \varrho_1, \varrho_1; \varrho_2$	2; 3	[(21)1]
(9)	5	$\varrho_1, \varrho_1, \varrho_1, \varrho_1$	1	[(211)]
(10)	12	$\varrho_1, \varrho_1, \varrho_1; \varrho_2$	3; 3	[31]
(11)	11	$\varrho_1, \varrho_1, \varrho_1, \varrho_1$	2	[(31)]
(12)	10	$\varrho_1, \varrho_1; \varrho_2, \varrho_2$	3; 3	[22]
(13)	9	$\varrho_1, \varrho_1, \varrho_1, \varrho_1$	2	[(22)]
(14)	13	$\varrho_1, \varrho_1, \varrho_1, \varrho_1$	3	[4]

Bei den Typen (11) und (13) hat die charakteristische Determinante die gleichen Wurzelmultiplizitäten und die gleichen zugehörigen Rangzahlen.

Karlsruhe i. B., im Oktober 1928.

---

[1] Bei v. Staudt sind a. a. O. die Typen nicht numeriert, haben aber diese Reihenfolge.

[2] Gleiche (verschiedene) Indizes bezeichnen gleiche (verschiedene) Wurzeln.

[3] Die Rangzahlen beziehen sich auf die charakteristische Determinante für die durch Strichpunkte getrennten Wurzelgruppen.

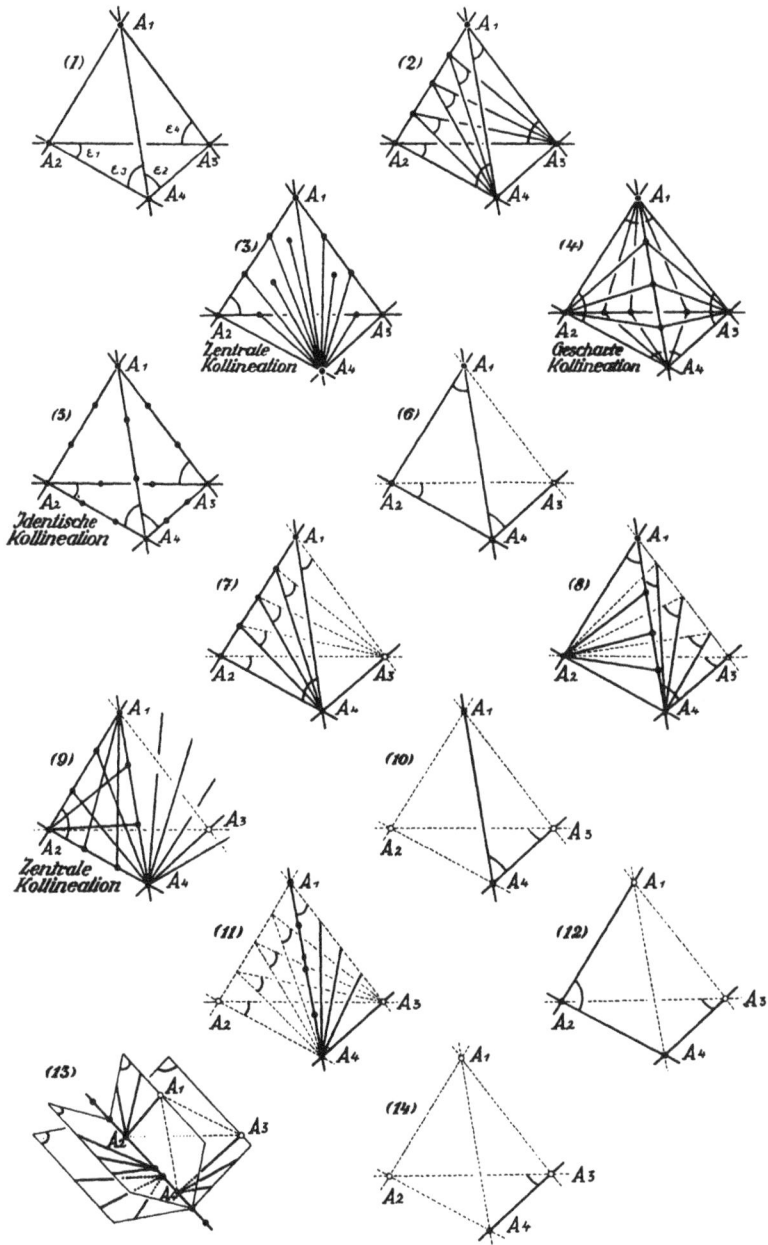

Fig. 3

Inhalt.

Akademische Buchdruckerei F. Straub in München.